Supersymmetric Heisenberg Ferromagnetic Models

超对称Heisenberg铁磁链模型

颜昭雯　著

中国科学技术大学出版社

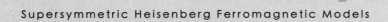

内容简介

超对称 Heisenberg 铁磁链模型是 Heisenberg 铁磁链模型的超对称推广情形，其与强电子关联的 Hubbard 模型具有紧密联系．本书介绍了推广的（超对称）Heisenberg 铁磁链模型、高阶（超对称）Heisenberg 铁磁链模型以及推广的（超对称）非均匀 Heisenberg铁磁链模型．

延拓结构理论是研究可积非线性微分方程的重要方法，本书对协变延拓结构理论进行深入研究，构造(2+1)维（费米）协变延拓结构理论，推导相应的延拓结构基本方程，并给出（费米）协变延拓结构理论的一些应用．此外，本书还利用（费米）延拓结构理论研究（超对称）Heisenberg 铁磁链模型、超的非线性演化方程及相应的可积性质．

本书可作为高等院校数学、物理等相关专业的研究生及科研工作者的参考书．

图书在版编目(CIP)数据

超对称 Heisenberg 铁磁链模型/颜昭雯著．—合肥：中国科学技术大学出版社，2021．6

ISBN 978-7-312-05161-6

Ⅰ．超…　Ⅱ．颜…　Ⅲ．铁磁体—数学模型　Ⅳ．TM22

中国版本图书馆 CIP 数据核字(2021)第 035716 号

超对称 Heisenberg 铁磁链模型

CHAO DUICHEN HEISENBERG TIECI LIAN MOXING

出版　中国科学技术大学出版社
安徽省合肥市金寨路 96 号，230026
http://press.ustc.edu.cn
http://zgkxjsdxcbs.tmall.com

印刷　安徽国文彩印有限公司

发行　中国科学技术大学出版社

经销　全国新华书店

开本　710 mm×1000 mm　1/16

印张　8.25

字数　162 千

版次　2021 年 6 月第 1 版

印次　2021 年 6 月第 1 次印刷

定价　45.00 元

前 言

孤立子理论是数学物理的一个重要组成部分，在很多学科中具有重要应用. 因此近年来对孤立子理论的研究工作十分活跃，其中不乏涉及铁磁链方面的相关著作，但是目前关于(超对称)Heisenberg 铁磁链模型的学术专著较少.

铁磁链模型由 Landau 和 Lifshitz 在研究铁磁体磁导率的色散理论时提出，该模型是一个重要的磁化运动方程，后来在凝聚态物理中也发现了这类方程. 众多数学家和物理学家研究了 Landau-Lifshitz 的孤立子理论，其中包括反散射方法、无穷多守恒律、几何表示法以及非线性 Schrödinger 方程的规范等价性、几何等价性. 周毓麟院士和郭柏灵院士从偏微分方程理论角度研究了铁磁链方程解的存在性、初值/边值问题及无穷维动力系统等.

本书详细地介绍了(超对称)Heisenberg 铁磁链模型的物理背景，讨论其研究方法、研究成果以及最新研究进展. 本书作为数学、物理专业研究生及科研工作者的参考书籍，系统地介绍了(1+1)维和(2+1)维(超对称)Heisenberg 铁磁链模型的结构和可积性质，利用(费米)协变延拓结构构造(超对称)可积方程. 本书还包括作者近年来关于 Heisenberg 铁磁链模型的一些研究成果. 希望本书的出版能激发读者对相关问题的兴趣和关注，并能促进和推动该方向的研究工作.

全书共分 5 章. 第 1 章主要介绍 Heisenberg 铁磁链模型在凝聚态磁学中的由来和物理背景，并且介绍了均匀、非均匀、各向同性的 Heisenberg 铁磁链模型.

第 2 章详细地介绍延拓结构理论、协变延拓结构理论以及费米协变延拓结构理论. 这些理论是研究非线性微分方程非常重要的方法，也是本书主要的研究方法. 本章通过构造(2+1)维(费米)协变延拓结构理论，给出延拓结构基本方程，从而确定了(超对称)可积方程的延拓结构，进而得到其 Lax 表示.

第 3 章主要介绍 Heisenberg 铁磁链模型的研究成果. 本章首先介绍(1+1)维高阶推广的 Heisenberg 铁磁链模型及其几何等价方程；其次构造(2+1)维 Heisenberg铁磁链模型，其规范等价和几何等价方程均为(2+1)维非线性 Schrödinger 方程；最后利用(2+1)维协变延拓结构理论构造(2+1)维推广的 Heisenberg 铁磁链方程并且得到其 Lax 表示，利用几何等价性研究其可积性质.

第 4 章主要概述超对称 Heisenberg 铁磁链模型及其推广模型的最新研究成果. 本章对超自旋变量分别在约束 $\boldsymbol{S}^2=\boldsymbol{S}$ 和 $\boldsymbol{S}^2=3\boldsymbol{S}-2\boldsymbol{I}$ 下进行研究，通过引入带有超自旋矩阵的附加辅助场，构造(2+1)维高阶超对称 Heisenberg 铁磁链模型，利用规范变换构造其规范等价方程，即(2+1)维超的非线性 Schrödinger 方程和费米型的非线性 Schrödinger 方程.

第 5 章主要介绍费米协变延拓结构理论的应用. 5.1 节利用(1+1)维费米协变延拓结构理论研究超对称推广的非均匀 Hirota 方程，通过求解延拓结构基本方程，可得到该方程的延拓结构，从而给出其 Lax 表示，通过构造 Bäcklund 变换研究其解的情况；5.2 节利用(2+1)维费米协变延拓结构理论，研究(2+1)维超的非线性演化方程，同时研究其相应的可积结构和性质.

本书的出版得到了国家自然科学基金(项目编号：11965014，11605096)和青海省自然科学基金(项目编号：2021-2J-708)的资助. 本书以作者的博士论文为基础，经过全面修改补充而成. 衷心感谢吴可教授、赵伟忠教授、楼森岳教授、陈斌教授、刘青平教授给予的支持、鼓励和帮助. 感谢本人工作单位内蒙古大学给予的支持. 感谢西北农林科技大学的林开亮博士对本书提出的宝贵意见. 对中国科学技术大学出版社所做的大量工作，表示诚挚的谢意.

由于作者水平有限，谬误和疏漏之处在所难免，恳请读者批评指正.

颜昭雯

2020 年 10 月

目　录

第 1 章　Heisenberg 铁磁链模型的物理背景

孤立子理论在自然科学的各个领域里都具有重要的应用,例如在量子场论、经典场论、粒子物理、等离子体物理、凝聚态物理、流体物理、超导物理和非线性光学等物理学的各个分支以及数学、生物、化学等其他自然科学领域都具有广泛应用.孤立子理论研究的一个重要内容是寻找非线性演化方程的精确解、分析方程的可积性质.目前已经有很多求解非线性演化方程行之有效的方法,如反散射方法、Darboux 变换法、Bäcklund 变换法、Hirota 方法、Wronskian 技巧、Painlevé 截断展开法等,这些方法与众多数学分支的研究紧密相关,互相促进.本书的主要研究对象是 Heisenberg 铁磁链模型,本章将介绍 Heisenberg 铁磁链模型的物理背景.

1.1　Heisenberg 交换作用模型

1928 年,Frenkel 和 Heisenberg 各自提出交换作用模型[1].Frenkel 首先指出分子场可以用原子之间的特殊作用来解释,Heisenberg 把铁磁物质的自发磁化归结为原子磁矩之间的直接交换作用(一种量子效应),"分子场"实际是电子之间交换作用的一种平均近似场,这种交互作用导致了自发磁化的产生.这一发现正确地揭示了自发磁化的量子本质,定性地给出了产生铁磁性的条件,对分子场的起源给出了令人满意的解释.这一理论不但成功地解释了物质存在的铁磁性、反铁磁性和亚铁磁性等实验事实,而且为进一步导出低温自旋波理论、铁磁量子理论、铁磁相变理论以及铁磁共振理论奠定了基础.

各种交换作用的理论模型都是以磁性物质中的原子(或离子)具有固定的磁矩为基本前提的,这种认为对磁性有贡献的电子(称为磁电子)被定域于原子范围内形成一个固有磁矩的模型被称为局域电子模型或 Heisenberg 铁磁链模型.稀土金属、合金、化合物的磁电子等都属于这个类型.

Heisenberg 铁磁链模型受氢分子的量子理论启发而产生,氢分子模型的基态能量同自旋的关系为

$$\mathscr{H} = -J\boldsymbol{S}_1 \cdot \boldsymbol{S}_2, \tag{1.1.1}$$

其中，$\mathscr{H}$为氢分子的基态能量，J 为两个氢原子电子交换所产生的交换能，$\boldsymbol{S}_1$，$\boldsymbol{S}_2$ 为电子自旋算子. 氢分子的基态能量与两个电子的自旋矢量 $\boldsymbol{S}_1$ 和 $\boldsymbol{S}_2$ 的相对取向有关，对氢分子的计算表明，$J<0$. 对另外一些物质则可能有 $J>0$. 正是从这样一种分析出发，Heisenberg 建立了铁磁性物质的自发磁化理论.

Heisenberg 成功地用量子力学理论讨论了自发磁化起源问题，他主要做了下述两方面工作：① 把氢分子交换作用模型直接推广到多原子的情况，这里是很大数量的 N 个原子体系，并指出交换积分 $J>0$ 是产生自发磁化的必要条件；② 利用交换作用模型得到了 N 个原子体系交换能，计算了铁磁物质自发磁化强度与温度的关系.

Heisenberg 首先将氢分子的交换作用模型推广到多原子系统，他提出两条假设：① 在由 N 个原子组成的系统中，每个原子仅有一个电子对铁磁性有贡献；② 原子无极化状态，即不存在两个电子处于同一个原子中的情况，因此只需要考虑不同原子中电子的交换作用. 这样得到 N- 电子系统的交换能（也称交换哈密顿量）为

$$\mathscr{H}_{\mathrm{ex}} = -\sum_{i<j} J_{ij}\boldsymbol{S}_i \cdot \boldsymbol{S}_j, \tag{1.1.2}$$

其中，$\boldsymbol{S}_i$，$\boldsymbol{S}_j$ 分别为第 i 个原子的电子和第 j 个原子的电子的自旋矢量，J_{ij} 为第 i 个原子的电子与第 j 个原子的电子交换时产生的能量，通常称为两电子间的交换积分. $\mathscr{H}_{\mathrm{ex}}$所表示的交换作用是一种和库仑作用类似的作用，是一种静电作用.

交换能的产生是量子力学的结果，基于 Pauli 不相容原理而引入. 对于式(1.1.2)，考虑到交换作用是近程作用，可以认为只对近邻原子对求和，考虑到晶格结构的对称性，可以假设 $J_{ij}=J$，式(1.1.2)可写成

$$\mathscr{H}_{\mathrm{ex}} = -J\sum_{i<j} \boldsymbol{S}_i \cdot \boldsymbol{S}_j, \tag{1.1.3}$$

式(1.1.3)为 Heisenberg 交换模型. 关于交换积分 J，分下面 3 种情况讨论：

(1) $J>0$，铁磁链中各个电子自旋方向一致，此时交换能最小，是稳定状态，因而产生自发磁矩，因此宏观上看该物质呈铁磁性.

(2) $J<0$，铁磁链中电子自旋方向与近邻自旋方向呈相反状态，此时交换能最小，是稳定状态，因而无自发磁矩，这样宏观上该物质呈反铁磁性.

(3) $J\approx 0$，系统能量与近邻原子电子自旋的相对取向无关，此时物质呈顺磁性. 可见，J 是决定物质磁性的一个重要参数.

1.2 Landau-Lifshitz 方程

本书主要研究各向同性的 Heisenberg 铁磁链模型，该模型是 Landau-Lifshitz

方程的一种特例[2].

1935 年,Landau 和 Lifshitz 在研究铁磁体磁导率的色散理论时提出了如下磁化运动方程:

$$\frac{\partial \boldsymbol{S}}{\partial t} = \lambda_1 \boldsymbol{S} \times \boldsymbol{H}^e - \lambda_2 \boldsymbol{S} \times (\boldsymbol{S} \times \boldsymbol{H}^e), \tag{1.2.1}$$

其中,λ_1, λ_2 为常数,$\lambda_2 > 0$,$\boldsymbol{S} = (S_1, S_2, S_3)$为磁化强度,$\boldsymbol{H}^e$ 为有效磁场强度,即

$$\boldsymbol{H}^e = -\frac{\partial}{\partial \boldsymbol{S}} e_{\mathrm{mag}}(\boldsymbol{S}), \tag{1.2.2}$$

这里,$e_{\mathrm{mag}}(\boldsymbol{S})$表示整个磁场能量密度,$\boldsymbol{H}^e$ 与 Maxwell 方程相关联.

考虑所有原子之间的相互作用,可得 Landau-Lifshitz 方程为

$$\frac{\partial \boldsymbol{S}}{\partial t} = \lambda_1 \boldsymbol{S} \times \boldsymbol{H}^e - \lambda_2 \boldsymbol{S} \times (\boldsymbol{S} \times \boldsymbol{H}^e) \quad (\text{在 } \Omega \times (0, T) \text{ 中}), \tag{1.2.3}$$

$$\boldsymbol{H}^e = -\frac{\partial \Phi(\boldsymbol{S})}{\partial \boldsymbol{S}} + \sum_{l,m} a_{lm} \frac{\partial^2 \boldsymbol{S}}{\partial x_l \partial x_m} + \boldsymbol{H} \quad (\text{在 } \Omega \times (0, T) \text{ 中}), \tag{1.2.4}$$

其中,Ω 是有界的、多连通的区域,且 $\Omega \subset \mathbb{R}^3$.

设铁磁体充满在 Ω 中,如果忽略力学效应并设温度为常数且低于居里温度,则有如下结论:

(1) 各向异性能量

各向异性能量为

$$\varepsilon_{\mathrm{an}}(\boldsymbol{S}) = \int_\Omega \Phi(\boldsymbol{S}) \mathrm{d}x, \tag{1.2.5}$$

其中,凸函数 $\Phi: \mathbb{R}^3 \to \mathbb{R}^+$ 依赖于物质的晶体结构.

在居里温度附近,作为一阶近似可设

$$\Phi(\boldsymbol{S}) = \sum_{l,m} b_{lm} S_l S_m, \tag{1.2.6}$$

其中,$\{b_{lm}\}$为对称、正定张量.

(2) 交换能

铁磁的行为实质上是由于量子效应所产生的力使得分子磁场有序地排列,最重要的量子能就是交换能

$$\varepsilon_{\mathrm{ex}}(\boldsymbol{S}) = \frac{1}{2} \sum_{l,m} a_{lm} \int_\Omega \frac{\partial \boldsymbol{S}}{\partial x_l} \frac{\partial \boldsymbol{S}}{\partial x_m} \mathrm{d}x, \tag{1.2.7}$$

其中,$\{a_{lm}\}$为对称、正定张量.

(3) 磁场 $\boldsymbol{H}$ 的能量

磁场 $\boldsymbol{H}$ 的能量为

$$\varepsilon_H(\boldsymbol{S}) = \frac{1}{8\pi} \int_{\mathbb{R}^3} \boldsymbol{H}^2 \mathrm{d}x, \tag{1.2.8}$$

其中,$\boldsymbol{H}$ 和 $\boldsymbol{S}$ 耦合满足 Maxwell 方程.

在定常平衡态时,整个磁场的能量

$$\varepsilon_{\mathrm{mag}}(\boldsymbol{S}) := \varepsilon_{\mathrm{an}}(\boldsymbol{S}) + \varepsilon_{\mathrm{ex}}(\boldsymbol{S}) + \varepsilon_H(\boldsymbol{S}) \tag{1.2.9}$$

达到局部极小，磁静态 Maxwell 方程为

$$\begin{aligned} &\nabla \cdot (\boldsymbol{H} + 4\pi \boldsymbol{S}) = 0 \quad (\text{在}\mathbb{R}^3\text{中}), \\ &\nabla \times \boldsymbol{H} = 0 \quad (\text{在}\mathbb{R}^3\text{中}), \end{aligned} \tag{1.2.10}$$

其中，$\nabla\cdot = \mathrm{div}$，$\nabla\times = \mathrm{curl}$，“$\cdot$”表示数量积，“$\times$”表示向量积，$\boldsymbol{S}$ 满足约束：

$$|\boldsymbol{S}(x)| = S_0 \quad (\text{在 } \Omega \text{ 中}). \tag{1.2.11}$$

考虑式(1.2.3)和式(1.2.4)的初始条件：

$$\boldsymbol{S}(x,0) = \boldsymbol{S}_0(x) \quad (x \in \Omega), \tag{1.2.12}$$

由式(1.2.3)得

$$\frac{\partial}{\partial t} |\boldsymbol{S}|^2 = 2\boldsymbol{S} \cdot \frac{\partial \boldsymbol{S}}{\partial t} = 0, \tag{1.2.13}$$

因此，如果 $\boldsymbol{S}_0(x)$满足式(1.2.11)，则有$|\boldsymbol{S}(x,t)| = S_0$，$x\in\Omega$，$t\geqslant 0$，如果 $\boldsymbol{S}\times\boldsymbol{H}^e \neq \boldsymbol{0}$，则 $\boldsymbol{S}\times\boldsymbol{H}^e$ 和 $\boldsymbol{S}\times(\boldsymbol{S}\times\boldsymbol{H}^e)$形成一个正交集. 它们在球$|\boldsymbol{S}| = S^0$ 的切平面上，故式(1.2.3)对应于 $\boldsymbol{S}$ 在球面上的一个耗散的非线性演化方程.

众多学者对 Landau-Lifshitz 方程进行了大量的深入研究. Nakamura 和 Sasada[3] 给出了周期性行波解，Lakshmanan[4] 等推导出孤子解. Takhtajan[5] 利用反散射方法研究了 Landau-Lifshitz 方程的精确解，Fogedby[6] 推广了 Takhtajan 的工作，详细地论述了经典连续 Heisenberg 链在长波极限下的一些力学行为.

1.3 各向同性的 Heisenberg 铁磁链模型

1.3.1 均匀介质、各向同性的 Heisenberg 铁磁链模型

考虑一组相互作用的经典自旋系统的哈密顿量 $\mathscr{H}(\boldsymbol{S}_1, \boldsymbol{S}_2, \cdots, \boldsymbol{S}_N)$，$N$ 是铁磁链中原子总个数，相应的经典运动方程[7]为

$$\frac{\mathrm{d}\boldsymbol{S}_i}{\mathrm{d}t} = \{\boldsymbol{S}_i, \mathscr{H}\} \quad (i = 1,2,\cdots,N), \tag{1.3.1}$$

其中，$\boldsymbol{S}_i = (S_i^1, S_i^2, S_i^3)$为自旋矢量，该方程通过对量子力学中自旋算子随时间演化方程取经典极限得到，其中 Possion 括号$\{A,B\}$定义如下：

$$\{A, B\} = \varepsilon_{\alpha\beta\gamma} \sum_{i=1}^{N} \frac{\partial A}{\partial S_i^\alpha} \frac{\partial B}{\partial S_i^\beta} S_i^\gamma, \tag{1.3.2}$$

其中，$\alpha, \beta = 1,2,3$，Possion 括号除了具有一般性质外，还满足 Jacobi 恒等式.

方程(1.3.1)的哈密顿量为

$$\mathscr{H}(\boldsymbol{S}_1,\boldsymbol{S}_2,\cdots,\boldsymbol{S}_N) = -J\sum_i \boldsymbol{S}_i\cdot\boldsymbol{S}_{i+1} - \boldsymbol{H}_0\sum_i \boldsymbol{S}_i, \tag{1.3.3}$$

其中，J 为邻近原子的交换能，$\boldsymbol{H}_0$ 表示磁场强度.

只考虑近邻原子对发生相互作用的情况. 此时 $\boldsymbol{H}_0=0$，则相应的哈密顿量为

$$\mathscr{H} = -\frac{1}{2}J\sum_{i<j}\boldsymbol{S}_i\cdot\boldsymbol{S}_j, \tag{1.3.4}$$

其中，求和指标 $i<j$ 表示只对近邻原子求和. 此时运动方程(1.3.1)应改写为

$$\frac{\mathrm{d}\boldsymbol{S}_i}{\mathrm{d}t} = J\boldsymbol{S}_i\times\sum_j^{(i)}\boldsymbol{S}_j, \tag{1.3.5}$$

其中，$\sum_j^{(i)}$ 表示对与第 i 个原子距离最近的所有原子 j 求和. 令距离最近的两个原子之间的晶格长度 a 趋于零，原子的自旋最大值 S 都较大时，其行为将接近于经典行为，即 $\boldsymbol{S}_i(t)$ 可以近似为 $\boldsymbol{S}(\boldsymbol{r},t)$，其中 $\boldsymbol{r}$ 表示连续的坐标变量，即将离散分布的自旋变量连续化. 在立方体晶格中，当 $a\to 0$ 时，将离散的 $\boldsymbol{S}_i$ 连续化，得到方程

$$\frac{\partial\boldsymbol{S}(\boldsymbol{r},t)}{\mathrm{d}t} = J\boldsymbol{S}(\boldsymbol{r},t)\times\nabla^2\boldsymbol{S}(\boldsymbol{r},t), \tag{1.3.6}$$

将式(1.3.6)限制到一维空间，则可得均匀介质、各向同性的经典连续 Heisenberg 铁磁链模型如下：

$$\frac{\partial\boldsymbol{S}(x,t)}{\partial t} = \boldsymbol{S}(x,t)\times\frac{\partial^2\boldsymbol{S}(x,t)}{\partial x^2}, \tag{1.3.7}$$

该方程可以简写为

$$\boldsymbol{S}_t = \boldsymbol{S}\times\boldsymbol{S}_{xx}, \tag{1.3.8}$$

其中，自旋变量 $\boldsymbol{S}=(S_1,S_2,S_3)$，满足约束 $\boldsymbol{S}\cdot\boldsymbol{S}=1$.

该模型的能量密度 $\mathscr{E}(x,t)$ 和能量流 $j(x,t)$ 分别为

$$\mathscr{E}(x,t) = \frac{1}{2}\left|\frac{\partial\boldsymbol{S}}{\partial x}\right|^2,\quad j(x,t) = \boldsymbol{S}\cdot\left(\frac{\partial\boldsymbol{S}}{\partial x}\times\frac{\partial^2\boldsymbol{S}}{\partial x^2}\right), \tag{1.3.9}$$

且满足方程

$$\frac{\partial\mathscr{E}}{\partial x}+\frac{\partial j}{\partial x} = 0, \tag{1.3.10}$$

Heisenberg 铁磁链模型是一个非常重要的可积模型，利用该模型可以研究材料磁化程度随温度变换的关系，研究一些物理量的关系，如动量和准动量，色散关系等，另外 Heisenberg 铁磁链模型在超弦和拓扑场中也具有非常重要的作用. 非线性 Schrödinger 方程在双光子自激发透光性和光纤中的短脉冲传播方面有着广泛的应用，研究发现 Heisenberg 铁磁链方程与非线性 Schrödinger 方程不仅存在规范等价关系[8]，还存在几何等价关系[9].

1.3.2 非均匀介质、各向同性的 Heisenberg 铁磁链模型

非均匀、各向同性的 Heisenberg 铁磁链模型的交换哈密顿量为

$$\mathscr{H} = -J\sum_{i=1}^{N-1} f_i \boldsymbol{S}_i \cdot \boldsymbol{S}_{i+1}, \tag{1.3.11}$$

$\boldsymbol{S}_i$ 的运动方程为

$$\frac{\mathrm{d}\boldsymbol{S}_i}{\mathrm{d}t} = Jf_i(\boldsymbol{S}_i \times \boldsymbol{S}_{i+1}) + Jf_{i-1}(\boldsymbol{S}_i \times \boldsymbol{S}_{i-1}). \tag{1.3.12}$$

令 $\boldsymbol{S}_i \to \boldsymbol{S}(x,t)$，$f_i \to f(x,t)$，且 $\boldsymbol{S}_i$，f_i 在一个晶格（长度为 a）上慢变. 对 $\boldsymbol{S}(x+a,t)$，$f(x-a,t)$作 Taylor 展开，由式(1.3.12)可得连续的运动方程为

$$\boldsymbol{S}_t(x,t) = f(x)(\boldsymbol{S} \times \boldsymbol{S}_{xx}) + f_x(\boldsymbol{S} \times \boldsymbol{S}_x), \tag{1.3.13}$$

其中，时间变元具有伸缩因子 Ja^2.

第 2 章　延拓结构理论

2.1　基本的延拓结构理论

1975 年，Wahlquist 和 Estabrook[10]提出了(1+1)维非线性演化方程的延拓结构理论，该理论基于 Cartan 外微分形式的方法来研究非线性演化方程，其实质是用微分几何的方法来研究孤子方程，其关键是给出了延拓代数的具体表示形式，如用微分算子表示或矩阵表示. 延拓结构理论是构造非线性方程 Lax 对的系统有效的方法，该理论促进了利用微分几何与群论来研究非线性偏微分方程的发展.

给定一个偏微分方程，在流形 M 上定义一组外微分形式与之对应，将其限制在嵌入子流形上且恒等于零后，则等价于原来的偏微分方程. 这种对外微分形式做限制的方法称作对外微分形式的截取. 如果一个外微分理想 I 在微分算子的作用下是闭理想，即 $\mathrm{d}I\subset I$，则一定可以保证原方程的可积性.

2.1.1　(1+1)维延拓结构理论

以(1+1)维非线性演化方程为例. 设所考虑的非线性演化方程形式为

$$F(x,t;u,u_1,u_2,u_{12},\cdots)=0, \tag{2.1.1}$$

其中，x，t 是两个独立变量，u_1 表示 u 关于 x 求导，u_2 表示 u 关于 t 求导，以此类推. 考虑一个维数为 $m+2$ 的流形 $M=\{x,t,u^\beta,\beta=3,\cdots,m+2\}=\{x^\mu,\mu=1,\cdots,m+2\}$，非线性方程的解流形是流形 M 中的一个二维子流形，记作 U. 定义一组 2-形式 α^γ，

$$\alpha^\gamma=\rho^\gamma_{\mu\nu}\mathrm{d}x^\mu\wedge\mathrm{d}x^\nu\quad(\gamma=1,\cdots,l;\mu,\nu=1,\cdots,m+2), \tag{2.1.2}$$

这些 2-形式的集合 $I=\{\alpha^\gamma;\gamma=1,\cdots,l\}$满足以下条件：

(1) I 满足闭条件

$$\mathrm{d}\alpha^\gamma\subset I,\quad 即\quad \mathrm{d}\alpha^\gamma=0\quad \mathrm{mod}(\alpha^1,\cdots,\alpha^l) \tag{2.1.3}$$

(2) 将 α^γ 限制到解流形 U 上为零,即

$$\alpha^\gamma|_U = 0, \tag{2.1.4}$$

此时可以重新得到非线性演化方程(2.1.1).所谓延拓就是在原来的闭理想 I 中加入一组新的 1-形式 ω^i,同时引入势函数(赝势函数,或延拓变量) y^i $(i=1,\cdots,n)$,相应的延拓形式为

$$\omega^i = \mathrm{d}y^i + F^i(x,t,u^\beta)\mathrm{d}x + G^i(x,t,u^\beta)\mathrm{d}t, \tag{2.1.5}$$

为了将流形 M 和理想 I 延拓到一个新的流形 $M\times Y$ 以及新的理想 $I'=\{\alpha^\beta,\omega^i\}$,要求 I' 仍然是一个闭理想.

(3) I' 满足闭条件

$$\mathrm{d}\omega^i \subset I', \tag{2.1.6}$$

(4) 将 ω^i 限制到解流形 U 上为零,即

$$\omega^i|_U = 0, \tag{2.1.7}$$

闭条件(2.1.6)可以写成

$$\mathrm{d}\omega^i = f_a^i\alpha^a + \eta_j^i \wedge \omega^j, \tag{2.1.8}$$

其中,f_a^i 和 η_j^i 分别为 0-形式和 1-形式.

将式(2.1.5)代入式(2.1.8),可以得到

$$\mathrm{d}F^i \wedge \mathrm{d}x + \mathrm{d}G^i \wedge \mathrm{d}t = f_a^i\alpha^a + \eta_j^i \wedge \omega^j, \tag{2.1.9}$$

如果方程(2.1.9)的解存在,则延拓结构对这组非线性演化方程有效.由条件(4)可以得到 Lax 表示,通过该方法还可以得到相应的 Raccati 方程、Bäcklund 变换以及守恒律等.

2.1.2 (2+1)维延拓结构理论

Wahlquist 和 Estabrook 最早提出的延拓结构理论可用于研究(1+1)维可积系统,如 KdV 方程.随后 Morris[11]将延拓结构理论推广到研究(2+1)维可积方程,本节将介绍(2+1)维延拓结构理论.

首先考虑(2+1)维非线性演化方程所对应的(1+1)维方程,该方程可由一组 2-形式$\{\alpha^i, i=1,\cdots,N\}$表示,并且具有线性延拓结构$\{\alpha^i,\Omega^\beta, i=1,\cdots,N,\beta=1,\cdots,M\}$,其中 1-形式$\Omega^\beta$ 表示如下:

$$\Omega^\beta = \sum_{\alpha=1}^{M}(F_\alpha^\beta\mathrm{d}x + G_\alpha^\beta\mathrm{d}t)\boldsymbol{\zeta}^\alpha + \mathrm{d}\boldsymbol{\zeta}^\beta, \tag{2.1.10}$$

且$\{\alpha^i,\Omega^\beta\}$构成扩展的闭理想,即满足以下方程:

$$\mathrm{d}\Omega^\beta = \sum_{i=1}^{N} f_i^\beta\alpha^i + \sum_{\gamma=1}^{M}\eta_\gamma^\beta \wedge \Omega^\gamma, \tag{2.1.11}$$

其中,f_i^β,η_γ^β 分别为 0-形式和 1-形式.

考虑(2+1)维的非线性演化方程,该方程可以表示成一组3-形式:

$$\begin{aligned}\bar{\alpha}^j &= \alpha^j \wedge \mathrm{d}y \quad (j = 1,\cdots,K),\\ \bar{\alpha}^j &= \alpha^j \wedge \mathrm{d}y + \beta_j \quad (j = K+1,\cdots,N),\end{aligned} \tag{2.1.12}$$

其中,$\{\alpha^i, i=1,\cdots,N\}$是2-形式,$\beta_j$ 是$N-K$ 个3-形式.

考虑如下2-形式:

$$\bar{\Omega}^\beta = \Omega^\beta \wedge \mathrm{d}y + \sum_{\gamma=1}^{M} \boldsymbol{H}_\gamma^\beta \boldsymbol{\zeta}^\gamma \mathrm{d}x \wedge \mathrm{d}t + \sum_{\gamma=1}^{M} (\boldsymbol{A}_\gamma^\beta \mathrm{d}x + \boldsymbol{B}_\gamma^\beta \mathrm{d}t) \wedge \mathrm{d}\boldsymbol{\zeta}^\gamma, \tag{2.1.13}$$

其中,$\boldsymbol{A},\boldsymbol{B}$ 为$\boldsymbol{M}\times\boldsymbol{M}$ 的常值矩阵,矩阵 $\boldsymbol{H}=\boldsymbol{GA}-\boldsymbol{FB}$.可以得到

$$\mathrm{d}\bar{\Omega}^\beta = \sum_{k=1}^{N} f_i^\beta \bar{\alpha}^i + \sum_{\gamma=1}^{\beta} \eta_\gamma^\beta \wedge \bar{\Omega}^\gamma, \tag{2.1.14}$$

并且

$$\sum_{i=K+1}^{N} f_i^\beta \beta_i = [(\mathrm{d}\boldsymbol{GA} - \mathrm{d}\boldsymbol{FB})\boldsymbol{\zeta}]^\beta \wedge \mathrm{d}x \wedge \mathrm{d}t. \tag{2.1.15}$$

将 $\bar{\Omega}^\beta$ 嵌入到解流形,可以得到

$$\begin{aligned}\boldsymbol{\zeta}_x &= -\boldsymbol{F\zeta} - \boldsymbol{A\zeta}_y,\\ \boldsymbol{\zeta}_t &= -\boldsymbol{G\zeta} - \boldsymbol{B\zeta}_y,\\ \boldsymbol{A\zeta}_t - \boldsymbol{B\zeta}_x &= -\boldsymbol{H\zeta}.\end{aligned} \tag{2.1.16}$$

由式(2.1.16)的相容性可得 $\boldsymbol{A},\boldsymbol{B}$ 满足:

$$\begin{aligned}&[\boldsymbol{A},\boldsymbol{B}] = 0,\\ &[\boldsymbol{G},\boldsymbol{A}] + [\boldsymbol{B},\boldsymbol{F}] = 0.\end{aligned} \tag{2.1.17}$$

通过求解式(2.1.17),可以得到(2+1)维非线性演化方程的Lax表示.

2.2　协变延拓结构理论

陆启铿等[12]通过规范场与非线性联络理论推动了Wahlquist和Estabrook提出的延拓结构理论的发展,国内一批学者如郭汉英、吴可、向延育等在此基础上提出了非线性演化方程的协变延拓结构理论,建立了完整的协变几何理论.该理论主要利用伴丛上的联络[13,14],从几何协变性要求出发,给出了延拓结构的基本方程.该理论保持了延拓结构方程的协变性,因而被广泛应用于非线性微分方程的研究,利用该理论可以得到非线性演化方程的Lax对、Bäcklund变换以及非线性可积方程的其他性质.

2.2.1 非线性联络

给定纤维丛 $E(M,F,G,\phi_{UV})$，其对应的主丛为 $P(M,G)$，则 $P(M,G)$上的联络 Γ 可以在E 上诱导出一个联络. 给定 $P(M,G)$上的一个联络，是指在任意流形 M 上的邻域U，有一个函数集合$\{\Gamma_\mu^a(x)\}$，使得当$\{\Gamma_\mu^a(x)\}$定义在另一个邻域 V 上时，在 $U\cap V$ 上满足：

$$\frac{\partial\tilde{x}^\nu}{\partial x^\mu}\tilde{\Gamma}_\nu^a(\tilde{x}) = \mathrm{Ad}(\phi_{UV}^{-1}(x))_b^a\Gamma_\mu^b(x) + v_b^a(\phi_{UV}(x))\frac{\partial[\phi_{UV}(x)]^b}{\partial x^\mu}, \tag{2.2.1}$$

其中，v_b^a 是李群 G 的左不变微分形式 $\theta^a(\sigma) = v_b^a(\sigma)\mathrm{d}\sigma^b$ 的系数，$v_b^a = \left.\frac{\partial(\chi^{-1}\sigma)^a}{\partial\sigma^b}\right|_{\sigma=\chi}$，这里 $a,b=1,\cdots,r$，r 为李群的维数，$\mu,\nu=1,\cdots,m$，m 为底流形 M 的维数，$x=(x^\mu)$和 $\tilde{x}=(\tilde{x}^\nu)$分别为 U 和 V 上的局部坐标，$\phi_{UV}: U\cap V\rightarrow G$ 是转移函数.

命题 2.1 假定 G 的局部坐标为(τ^a)，F 的局部坐标为(y^i)，记 $\tilde{y}^i=\varphi^i(\tau,y)$. 定义

$$\lambda_a^i(y) = \left.\frac{\partial\varphi^i(\tau,y)}{\partial\tau^a}\right|_{\tau=e}, \tag{2.2.2}$$

则有

$$\lambda_a^i(\tilde{y}) = \mathrm{Ad}(\tau^{-1})_a^b\lambda_b^k(y)\frac{\partial\varphi^i(\tau,y)}{\partial y^k}, \tag{2.2.3}$$

这里 $\mathrm{Ad}(\sigma)_a^b = \left.\frac{\partial(\sigma\tau\sigma^{-1})^b}{\partial\tau^a}\right|_{\tau=e}$，$\mathrm{Ad}(\sigma)_a^b$ 是映射 $\sigma:\tau\rightarrow\sigma\tau\sigma^{-1}(\forall\,\tau\in G)$的伴随映射，$e$ 是G 的单位元.

证明 令 $\chi=\tau^{-1}\sigma\tau$，$z^j=(\chi y)^j$，则有

$$\begin{aligned}\frac{\partial\varphi^k(\chi,y)}{\partial\chi^b} &= \left.\frac{\partial\varphi^k(\sigma,y)}{\partial\sigma^b}\right|_{\sigma=\chi}\\ &= \left.\frac{\partial\varphi^k(\sigma\chi^{-1},\varphi(\chi,y))}{\partial\sigma^b}\right|_{\sigma=\chi}\\ &= \left.\frac{\partial\varphi^k(\sigma\chi^{-1},z)}{\partial(\sigma\chi^{-1})^c}\frac{\partial(\sigma\chi^{-1})^c}{\partial\sigma^b}\right|_{\sigma=\chi}\\ &= \lambda_c^k(z)W_b^c(\chi),\end{aligned} \tag{2.2.4}$$

其中

$$W_b^c(\chi) = \left.\frac{\partial(\sigma\chi^{-1})^c}{\partial\sigma^b}\right|_{\sigma=\chi}. \tag{2.2.5}$$

由于

$$\varphi^j(\sigma,\tilde{y}) = \varphi^j(\sigma,\varphi(\tau,y)) = \varphi^j(\sigma\tau,y) = \varphi^j(\tau\chi,y) = \varphi^j(\tau,\varphi(\chi,y)), \tag{2.2.6}$$

从而得

$$\frac{\partial\varphi^j(\sigma,\widetilde{y})}{\partial\sigma^a}=\frac{\partial\varphi^j(\tau,z)}{\partial z^k}\frac{\partial\varphi^k(\chi,y)}{\partial\chi^b}\frac{\partial\chi^b}{\partial\sigma^a}$$

$$=\frac{\partial\varphi^j(\tau,z)}{\partial z^k}\lambda_c^k(z)W_b^c(\chi)\frac{\partial\chi^b}{\partial\sigma^a}. \tag{2.2.7}$$

取 $\sigma=e$ 时，$\chi=e$，$z^j=\varphi^j(e,y)=y^j$，$W_b^c(\chi)=W_b^c(e)=\delta_b^c$ 以及$\left.\frac{\partial\chi^b}{\partial\sigma^a}\right|_{\sigma=e}=$ $\mathrm{Ad}(\tau^{-1})_a^b$，则

$$\lambda_a^i(\widetilde{y})=\frac{\partial\varphi^j(\tau,y)^i}{\partial y^k}\lambda_b^k(y)\mathrm{Ad}(\tau^{-1})_a^b. \tag{2.2.8}$$

命题得证.

令 y^j 为纤维 F 的局部坐标，且 F 的维数为(p,q). 由定义，G 有效地作用在 F 上，故任意元素 $\tau\in G$，诱导了 F 上的一个同胚 $\tau:F\to F$，用局部坐标表示为

$$\widetilde{y}^j=\varphi^j(\tau,y). \tag{2.2.9}$$

取 $\tau=\phi_{UV}^{-1}$，则有

$$\widetilde{y}^j=\varphi^j(\phi_{UV}^{-1}(x),y). \tag{2.2.10}$$

并且由式(2.2.3)，可知

$$\lambda_a^i(\widetilde{y})=\mathrm{Ad}(\phi_{UV}(x))_a^b\lambda_b^k(y)\frac{\partial\widetilde{y}^j}{\partial y^k}. \tag{2.2.11}$$

由式(2.2.1)、式(2.2.4)和式(2.2.11)，可知

$$\frac{\partial\widetilde{x}^\nu}{\partial x^\mu}\widetilde{\Gamma}_\nu^a(\widetilde{x})\lambda_a^j(\widetilde{y})=\mathrm{Ad}(\phi_{UV}^{-1}(x))_b^a\Gamma_\mu^b(x)\mathrm{Ad}(\phi_{UV}(x))_a^c\lambda_c^k(y)\frac{\partial\widetilde{y}^j}{\partial y^k}$$

$$+v_b^a(\phi_{UV}(x))\frac{\partial[\phi_{UV}(x)]^b}{\partial x^\mu}\mathrm{Ad}(\phi_{UV}(x))_a^c\lambda_c^k(y)\frac{\partial\widetilde{y}^j}{\partial y^k}$$

$$=\Gamma_\mu^c(x)\lambda_c^k(y)\frac{\partial\widetilde{y}^j}{\partial y^k}+\frac{\partial[\phi_{UV}(x)]^b}{\partial x^\mu}W_b^c(\phi_{UV}(x))\lambda_c^k(y)\frac{\partial\widetilde{y}^j}{\partial y^k}$$

$$=\Gamma_\mu^c(x)\lambda_c^k(y)\frac{\partial\widetilde{y}^j}{\partial y^k}+\frac{\partial[\phi_{UV}(x)]^b}{\partial x^\mu}\frac{\partial y^k}{\partial\phi_{UV}(x)^b}\frac{\partial\widetilde{y}^j}{\partial y^k}, \tag{2.2.12}$$

式中用到了以下公式：

$$W_b^c(\phi_{UV}(x))=[\mathrm{Ad}\phi_{UV}(x)]_a^c v_b^a(\phi_{UV}(x)). \tag{2.2.13}$$

由于 $\widetilde{y}^j=\varphi^j(\phi_{UV}^{-1},\varphi(\phi_{UV},\widetilde{y}))$，因此

$$\frac{\partial\widetilde{y}^j}{\partial x^\mu}\equiv\frac{\partial\widetilde{y}^j}{\partial(\phi_{UV}^{-1})^a}\frac{\partial(\phi_{UV}^{-1})^a}{\partial x^\mu}+\frac{\partial\widetilde{y}^j}{\partial y^k}\left(\frac{\partial y^k}{\partial\phi_{UV}^a}\frac{\partial\phi_{UV}^a}{\partial x^\mu}+\frac{\partial y^k}{\partial\widetilde{y}^l}\frac{\partial\widetilde{y}^l}{\partial x^\mu}\right)$$

$$=\frac{\partial\widetilde{y}^j}{\partial(\phi_{UV}^{-1})^a}\frac{\partial(\phi_{UV}^{-1})^a}{\partial x^\mu}+\frac{\partial\widetilde{y}^j}{\partial y^k}\frac{\partial y^k}{\partial\phi_{UV}^a}\frac{\partial\phi_{UV}^a}{\partial x^\mu}+\frac{\partial\widetilde{y}^j}{\partial x^\mu}. \tag{2.2.14}$$

从而得

$$\frac{\partial\widetilde{y}^j}{\partial(\phi_{UV}^{-1})^a}\frac{\partial(\phi_{UV}^{-1})^a}{\partial x^\mu}+\frac{\partial\widetilde{y}^j}{\partial y^k}\frac{\partial y^k}{\partial\phi_{UV}^a}\frac{\partial\phi_{UV}^a}{\partial x^\mu}=0. \tag{2.2.15}$$

由式(2.2.10)可得

$$\frac{\partial \widetilde{y}^j}{\partial x^\mu} = -\frac{\partial \widetilde{y}^j}{\partial y^k}\frac{\partial y^k}{\partial \phi^a_{UV}}\frac{\partial \phi^a_{UV}}{\partial x^\mu}. \tag{2.2.16}$$

根据式(2.2.12)和式(2.2.16),则有如下的定理:

定理 2.2 给定主丛 $P(M,G)$上的联络 $\Gamma^\mu_a(x)$,则在纤维丛 $E(M,F,G,P)$上有联络 $\Gamma^j_\mu(x,y)$,使得 $\Gamma^j_\mu(x,y)=\lambda^j_a(y)\Gamma^a_\mu(x)$,且在坐标变换

$$\widetilde{x}^\nu = \widetilde{x}^\nu(x), \quad \widetilde{y}^j = \varphi^j(\phi^{-1}_{UV}(x),y) \tag{2.2.17}$$

下,有变换规律

$$\frac{\partial \widetilde{x}^\nu}{\partial x^\mu}\widetilde{\Gamma}^j_\nu(\widetilde{x},\widetilde{y}) = \Gamma^k_\mu(x,y)\frac{\partial \widetilde{y}^j}{\partial y^k} - \frac{\partial \widetilde{y}^j}{\partial x^\mu}. \tag{2.2.18}$$

引进 E 上的非线性联络形式

$$\omega^j = \mathrm{d}y^j + \Gamma^j_\mu(x,y)\mathrm{d}x^\mu. \tag{2.2.19}$$

在坐标变换(2.2.17)下,有如下变换规律:

$$\widetilde{\omega}^j = \omega^k\frac{\partial \widetilde{y}^j}{\partial y^k}. \tag{2.2.20}$$

证明 利用式(2.2.18),有

$$\begin{aligned}\widetilde{\omega}^j &= \mathrm{d}\widetilde{y}^j + \widetilde{\Gamma}^j_\mu(\widetilde{x},\widetilde{y})\mathrm{d}\widetilde{x}^\mu \\ &= \frac{\partial \widetilde{y}^j}{\partial y^k}\mathrm{d}y^k + \frac{\partial \widetilde{y}^j}{\partial x^\mu}\mathrm{d}x^\mu + \left[\frac{\partial \widetilde{y}^j}{\partial y^k}\Gamma^k_\mu(x,y) - \frac{\partial \widetilde{y}^j}{\partial x^\mu}\right]\mathrm{d}x^\mu \\ &= \frac{\partial \widetilde{y}^j}{\partial y^k}[\mathrm{d}y^k + \Gamma^k_\mu(x,y)\mathrm{d}x^\mu] = \frac{\partial \widetilde{y}^j}{\partial y^k}\omega^k.\end{aligned} \tag{2.2.21}$$

切向量 $Z=f^i\frac{\partial}{\partial x^\mu}+g^j\frac{\partial}{\partial y^j}$称为水平的,如果 $\omega(Z)=\omega^j(Z)\frac{\partial}{\partial y^j}=0$,则 $\omega^j(Z)=0$.由式(2.2.19)可得 $g^j=-\Gamma^j_\mu(x,y)f^\mu$,则有

$$Z_\mu = \frac{\partial}{\partial x^\mu} - \Gamma^j_\mu(x,y)\frac{\partial}{\partial y^j}, \tag{2.2.22}$$

因此,$Z_1,\cdots,Z_m$ 是线性独立的且 $\omega^j(Z_\mu)=0$.

在坐标变换(2.2.17)下,有变换规律:

$$\widetilde{Z}_\mu = \frac{\partial x^\nu}{\partial \widetilde{x}^\mu}Z_\nu. \tag{2.2.23}$$

定理 2.3 令 $F_{\mu\nu}=[Z_\mu,Z_\nu]$,则 $F_{\mu\nu}$满足:

① 在坐标变换(2.2.17)下,有

$$\widetilde{F}_{\mu\nu} = \frac{\partial x^\sigma}{\partial \widetilde{x}^\mu}\frac{\partial x^\tau}{\partial \widetilde{x}^\nu}F_{\sigma\tau}. \tag{2.2.24}$$

② $F_{\mu\nu}=F^k_{\mu\nu}\frac{\partial}{\partial y^k}$,其中

$$F^k_{\mu\nu}(x,y) = F^a_{\mu\nu}(x)\lambda^k_a(y), \tag{2.2.25}$$

且

$$F^a_{\mu\nu}(x) = \frac{\partial \Gamma^a_\mu(x)}{\partial x_\nu} - \frac{\partial \Gamma^a_\nu(x)}{\partial x_\mu} + C^a_{bc}\Gamma^b_\mu\Gamma^c_\nu(x). \tag{2.2.26}$$

定理 2.4　设 $y^j(x)$是 E 的局部截面，且截面 $y: W\to E$ 可微，W 是M 中的开集，令 x^i 为M 中的局部坐标系，$y^i(x)$为 y 在x 点的局部坐标系，则有

$$y^j_{\|\mu} = \frac{\partial y^j}{\partial x^\mu} + \Gamma^j_\mu(x,y), \tag{2.2.27}$$

则在坐标变换(2.2.17)下，具有如下的变换规律：

$$\widetilde{y}^j_{\|\mu} = y^k_{\|\nu}\frac{\partial \widetilde{y}^j}{\partial y^k}\frac{\partial x^\nu}{\partial \widetilde{x}^\mu}. \tag{2.2.28}$$

引入线性联络 $\Gamma^\lambda_{\mu\nu}$及$L^j_{k\nu}$：

$$(y^j_{\|\mu})_{\|\nu} = \frac{\partial y^j_{\|\mu}}{\partial x^\nu} + L^j_{k\nu}(x,y)y^k_{\|\mu} - \Gamma^\lambda_{\mu\nu}y^j_{\|\lambda}, \tag{2.2.29}$$

其中，$\Gamma^\lambda_{\mu\nu}(x)$依赖于 $x\in M$，$L^j_{k\nu}$依赖于 $x\in M$ 以及截面 $y^j(x)$，$\Gamma^\lambda_{\mu\nu}$是无挠的切丛联络.

假设无穷小变换满足下面两个条件：

① 存在函数 λ^a_k，使得

$$\lambda^j_a\lambda^a_k = \delta^j_k. \tag{2.2.30}$$

② 在坐标变换(2.2.17)下，有

$$\widetilde{\lambda}^a_j(\widetilde{y}) = \mathrm{Ad}(\Phi^{-1}_{UV}(x))^a_b\lambda^b_k(y)\frac{\partial y^k}{\partial \widetilde{y}^j}. \tag{2.2.31}$$

定理 2.5　假设 $\lambda^a_i(y)$满足上面的两个条件，则对任意截面，其局部坐标表示为 $y^i(x)$，定义向量丛场(M,F,G,ϕ_{UV})上的线性联络

$$\begin{aligned} L^j_{k\mu}(x,y(x)) &= \left[\frac{\partial\lambda^a_k(y)}{\partial x^\mu} + C^a_{cb}\Gamma^c_\mu(x)\lambda^b_k(y)\right]\lambda^j_a(y) \\ &= \frac{\partial(\Gamma^a_\mu\lambda^j_a)}{\partial y^k} - \lambda^a_k\frac{\partial\lambda^j_a}{\partial y^l}y^l_{\|\mu}, \end{aligned} \tag{2.2.32}$$

则在坐标变换(2.2.17)下，具有如下变换规律：

$$\frac{\partial\widetilde{x}^\nu}{\partial x^\mu}\widetilde{L}^i_{k\nu} = L^i_{l\mu}\frac{\partial y^l}{\partial\widetilde{y}^k}\frac{\partial\widetilde{y}^j}{\partial y^i} - \frac{\partial y^l}{\partial\widetilde{y}^k}\frac{\partial}{\partial x^\mu}\left(\frac{\partial\widetilde{y}^j}{\partial y^l}\right). \tag{2.2.33}$$

给定截面 $y: M\to E$，总有 $\omega^j = \left[\frac{\partial y^j}{\partial x^\mu} + \Gamma^j_\mu(x,y)\right]\mathrm{d}x^\mu = y^j_{\|\mu}\mathrm{d}x^\mu$. 令 $L^j_k = L^j_{k\mu}(x,y)\mathrm{d}x^\mu$，定义 ω^j 的协变导数为

$$\begin{aligned} \mathrm{D}^*\omega^j &= \mathrm{d}\omega^j + L^j_k\wedge\omega^k \\ &= \left(\frac{\partial y^j_{\|\mu}}{\partial x^\nu} + L^j_{k\nu}y^k_{\|\mu}\right)\mathrm{d}x^\mu\wedge\mathrm{d}x^\nu \\ &= -\left(\frac{\partial y^j_{\|\mu}}{\partial x^\nu} + L^j_{k\nu}y^k_{\|\mu} - \Gamma^\lambda_{\mu\nu}y^j_{\|\lambda}\right)\mathrm{d}x^\mu\wedge\mathrm{d}x^\nu \\ &= -y^j_{\|\mu\nu}\mathrm{d}x^\mu\wedge\mathrm{d}x^\nu. \end{aligned} \tag{2.2.34}$$

将式(2.2.32)代入式(2.2.34)，可以得到如下定理：

定理 2.6 对任意截面 $y:M\to E$,下面结构方程成立:

$$\begin{aligned}D^*\omega^j &= d\omega^j + L^j_k\omega^k\\ &= -\frac{1}{2}\lambda^j_a F^a_{\mu\nu}dx^\mu\wedge dx^\nu + \frac{1}{2}M^j_{kl}\omega^k\wedge\omega^l,\end{aligned}\tag{2.2.35}$$

其中,F 由式(2.2.26)给出,M^j_{kl} 由下式给出:

$$M^j_{kl} = \lambda^a_k\frac{\partial\lambda^j_a}{\partial y^l} - \lambda^a_l\frac{\partial\lambda^j_a}{\partial y^k}.\tag{2.2.36}$$

2.2.2 (1+1)维协变延拓结构理论

本节将基于非线性联络理论给出(1+1)维协变延拓结构理论[13.14].

给定一个(1+1)维非线性演化方程,将其写成一阶偏微分方程的形式.考虑一个维数为 $m+2$ 的流形 $X=\{x,t,u^n,n=1,\cdots,m\}$.

定义一组 2-形式

$$\alpha^i = \alpha^i_{\mu\nu}dx^\mu\wedge dx^\nu\quad(i=1,\cdots,s),\tag{2.2.37}$$

这些 2-形式构成闭理想 I,即满足

$$d\alpha^i\subset I\quad \mathrm{mod}(\alpha^1,\cdots,\alpha^s).\tag{2.2.38}$$

令 2-形式为零时,可得原来的非线性演化方程.

考虑主丛 $P(M,G)$,其相应的伴丛为 $E(M,Y,G,P)$,其中 M 为底空间,且 $X\subseteq M$,G 为延拓代数相应的结构群,Y 是标准纤维(延拓空间).

定义局部截面:$y:M\to E$,定义 E 上的非线性联络:

$$\omega^j = dy^j + \Gamma^j_\mu(x,y)dx^\mu\quad(j=1,\cdots,s),\tag{2.2.39}$$

其中,$x\in M$,$x=\{x^\mu,\mu=1,\cdots,m+2\}$,$y=\{y^l,l=1,\cdots,n\}$,且伴丛 E 上的联络系数满足

$$\Gamma^j_\mu(x,y) = \Gamma^a_\mu(x)\lambda^j_a(y),\tag{2.2.40}$$

其中,$\Gamma^a_\mu(x)$和 $\Gamma^j_\mu(x,y)$分别为主丛 P 和伴丛 E 上的联络,$\lambda^j_a(y)$是延拓代数生成元的系数.$y^j(x)$是 y 在 x 对应像点的局部坐标.

引入由非线性联络 1-形式 ω^j 诱导出的联络:

$$L^i_k = L^i_{k\mu}dx^\mu = \left[\lambda^i_a(y)\frac{\partial\lambda^a_k}{\partial x^\mu} + C^a_{cb}\Gamma^c_\mu(x)\lambda^b_k(y)\lambda^i_a(y)\right]dx^\mu,\tag{2.2.41}$$

上述诱导联络 L^i_k 是线性的,其中 C^a_{cb}是延拓代数的结构常数.

利用诱导联络 $L^i_{k\mu}$,给出如下的协变微分:

$$\begin{aligned}D^*\omega^j &= d\omega^j + L^j_i\wedge\omega^i\\ &= -\frac{1}{2}F^a_{\mu\nu}\lambda^j_a dx^\mu\wedge dx^\nu + \frac{1}{2}M^j_{kl}\omega^k\wedge\omega^l\\ &= f^j_\beta\alpha^\beta + \eta^j_l\wedge\omega^l,\end{aligned}\tag{2.2.42}$$

其中，f_{β}^{j} 和 η_{l}^{i} 分别是 0-形式和 1-形式，$F_{\mu\nu}^{a}$ 和 M_{kl}^{j} 分别由式(2.2.26)和式(2.2.36)给出. 将 M 上的闭理想 I 扩展到 E 上的闭理想 $I'=\{\alpha^{i},\omega^{j}\}$，且满足

$$\mathrm{D}^{*}\omega^{j}\subset I'. \tag{2.2.43}$$

对比方程(2.2.42)的两边并利用闭理想条件，上式可分解为以下两个基本方程：

$$-\frac{1}{2}F_{\mu\nu}^{a}\lambda_{a}^{j}\mathrm{d}x^{\mu}\wedge\mathrm{d}x^{\nu}=f_{\beta}^{j}\alpha^{\beta}, \tag{2.2.44}$$

$$\frac{1}{2}M_{kl}^{j}\omega^{k}\wedge\omega^{l}=\eta_{l}^{j}\wedge\omega^{l}. \tag{2.2.45}$$

通过求解上述基本方程，便可确定非线性系统的延拓结构.

2.2.3　(2+1)维协变延拓结构理论

对于一个(2+1)维的非线性演化方程，通过添加合适的变量，可以将其写成一阶偏微分方程的形式. 考虑一个维数为 $m+3$ 的流形$\{x,y,t,u^{\nu},\nu=4,\cdots,m+3\}$. 定义一组 3-形式$\{\alpha^{h}\}$，这些 3-形式构成一个闭理想 I，即满足 $\mathrm{d}\alpha^{h}\subset I$.

定义 E 上的非线性联络：

$$\begin{aligned}\omega^{j}&=\mathrm{d}y^{j}+\Gamma_{\mu}^{j}(\hat{x},\hat{y})\mathrm{d}x^{\mu}\\&=\mathrm{d}y^{j}+\Gamma_{\mu}^{a}(\hat{x})\lambda_{a}^{j}(\hat{y})\mathrm{d}x^{\mu},\end{aligned} \tag{2.2.46}$$

其中，$\hat{x}=\{x^{\mu},\mu=1,\cdots,m+3\}$，$\hat{y}=\{y^{j},j=1,\cdots,n\}$，$\lambda_{a}^{j}(\hat{y})$是延拓代数生成元的系数，$\Gamma_{\mu}^{a}(\hat{x})$和 $\Gamma_{\mu}^{j}(\hat{x},\hat{y})$分别为主丛 P 和伴丛E 上的联络.

对任意截面 $z:M\to E$，定义联络

$$L_{k\mu}^{j}=\lambda_{a}^{j}\left(\frac{\partial\lambda_{k}^{a}}{\partial x^{\mu}}+C_{cb}^{a}\Gamma_{\mu}^{c}\lambda_{k}^{b}\right), \tag{2.2.47}$$

其中，C_{cb}^{a}是延拓代数的结构常数.

利用诱导联络 $L_{k\mu}^{i}$，给出如下的协变微分：

$$\begin{aligned}\mathrm{D}^{*}\omega^{j}&=\mathrm{d}\omega^{j}+L_{k}^{j}\wedge\omega^{k}\\&=-\frac{1}{2}F_{\mu\nu}^{a}\lambda_{a}^{j}\mathrm{d}x^{\mu}\wedge\mathrm{d}x^{\nu}+\frac{1}{2}M_{kl}^{j}\omega^{k}\wedge\omega^{l},\end{aligned} \tag{2.2.48}$$

其中，$L_{k}^{j}=L_{k\mu}^{j}\mathrm{d}x^{\mu}$，$F_{\mu\nu}^{a}$ 和 M_{kl}^{j} 分别由式(2.2.26)和式(2.2.36)给出.

利用联络(2.2.46)，在 E 上引入一组待定 2-形式Ω^{j}，即

$$\Omega^{j}=\beta\wedge\omega^{j}, \tag{2.2.49}$$

其中，β 是定义在M 上的待定 1-形式，并且$\{\Omega^{j},\alpha^{i}\}$构成一个闭理想 I'，即

$$\mathrm{D}\Omega^{j}\subset I'. \tag{2.2.50}$$

利用式(2.2.48)和闭理想条件(2.2.50)，可以得到

$$-\frac{1}{2}F_{\mu\nu}^{a}\lambda_{a}^{j}\mathrm{d}x^{\mu}\wedge\mathrm{d}x^{\nu}+\frac{1}{2}M_{kl}^{j}\omega^{k}\wedge\omega^{l}+\mathrm{d}\beta\wedge\omega^{j}=f_{h}^{j}\alpha^{h}+\eta_{l}^{j}\wedge\Omega^{l}, \tag{2.2.51}$$

其中，f_h^j 和 η_l^j 分别为 E 上的 0-形式和 1-形式.

对比方程(2.2.51)的两边，上式可分解为以下两个基本方程：

$$-\frac{1}{2}(F_{\mu\nu}^a\lambda_a^j)\beta\wedge \mathrm{d}x^\mu\wedge \mathrm{d}x^\nu = f_h^j\alpha^h, \tag{2.2.52}$$

$$\frac{1}{2}M_{kl}^j\omega^k\wedge\omega^l = \eta_l^j\wedge\Omega^l, \tag{2.2.53}$$

并且满足约束条件

$$\mathrm{d}\beta = 0. \tag{2.2.54}$$

通过求解满足约束条件的基本方程，可以确定这个(2+1)维的非线性演化方程的延拓结构.

2.3 费米协变延拓结构理论

随着数学物理的发展以及超弦理论的进展，非线性演化方程的超对称化以及研究超对称可积系统的可积性质引起了人们的广泛关注，将普通理论和方法扩展为相应的超对称理论和方法，已成为研究热点. 本节将研究协变延拓结构理论超对称化问题. 首先简要介绍超流形、超李群以及超李代数的相关概念，作为预备知识[15,16].

2.3.1 预备知识

定义 2.7 向量空间 $\mathbb{V}$ 是一个超空间，子空间 $\mathbb{V}_0$ 和 $\mathbb{V}_1$ 满足

$$\mathbb{V} = \mathbb{V}_0\oplus\mathbb{V}_1, \tag{2.3.1}$$

其中，$\mathbb{V}_0$ 与 $\mathbb{V}_1$ 中的元素分布称为偶元素和奇元素. $\mathbb{V}_i$ ($i=0$ 或 1)中元素与 $\mathbb{V}$ 的分次代数 Z_2 的度数是齐次的，在这里引入函数宇称，A 的宇称记作 $p(A)$，宇称用来描述两个乘积因子交换时的行为. 规定偶元素的宇称为 0，奇元素的宇称为 1，$AB=(-1)^{p(A)p(B)}BA$，其中 $p(A)\in\{0,1\}$，$p(B)\in\{0,1\}$，本书中用 $\hat{A}$ 表示 $p(A)$.

定义 2.8 $\mathbb{A}$ 是定义在 $\mathbb{R}$ 或 $\mathbb{C}$ 上的代数. 称 $\mathbb{A}$ 是一个超代数，则 $\mathbb{A}$ 是超空间且满足下式：

$$\begin{aligned}&\mathbb{A}_0\mathbb{A}_0\subset\mathbb{A}_0, \quad \mathbb{A}_0\mathbb{A}_1\subset\mathbb{A}_0,\\ &\mathbb{A}_1\mathbb{A}_0\subset\mathbb{A}_1, \quad \mathbb{A}_1\mathbb{A}_1\subset\mathbb{A}_0.\end{aligned} \tag{2.3.2}$$

超代数 $\mathbb{A}$ 超交换，即 $\mathbb{A}$ 的齐次元 A，B 满足

$$AB = (-1)^{\hat{A}\hat{B}}BA. \tag{2.3.3}$$

由此说明偶元素与其他所有元素可交换，奇元素与奇元素反交换，奇元素的平方为零.

由超代数定义式(2.3.2)，可以将超代数总结为

$$\mathbb{A}_i\mathbb{A}_i \subset \mathbb{A}_{i+j} \quad (i,j=0,1), \tag{2.3.4}$$

Grassmann 代数是特殊的超交换代数.

定义 2.9　称$\mathbb{R}_S$是$\mathbb{R}$ 上的 Grassmann 代数，生成元满足

$$1,\beta_{[1]},\cdots \tag{2.3.5}$$

且满足关系

$$\begin{aligned} 1\beta_{[i]} &= \beta_{[i]} = \beta_{[i]}1, \\ \beta_{[i]}\beta_{[j]} &= -\beta_{[j]}\beta_{[i]}, \end{aligned} \tag{2.3.6}$$

其中，$[i],[j]=1,2,\cdots$.

$\mathbb{R}_S$中元素表示如下：

$$A = \sum_{\lambda\in M_\infty} A_\lambda\beta_{[\lambda]}, \tag{2.3.7}$$

其中，$\beta_{[\lambda]}$是 Grassmann 代数的生成元，λ 是一个乘积指标，$\lambda=\lambda_1\cdots\lambda_k\cdots,1\leqslant\lambda_1<\cdots<\lambda_k$，$M_\infty$是所有乘积指标的集合，包括空指标集$\varnothing$，每个 a_λ 是一个实数，并且$\beta_{[\lambda]}=\beta_{[\lambda_1]}\cdots\beta_{[\lambda_k]}$(取 $\beta_{[\varnothing]}=1$).

Grassmann 代数$\mathbb{R}_S$可以分解为$\mathbb{R}_S=\mathbb{R}_{S[0]}\oplus\mathbb{R}_{S[1]}$，其中$\mathbb{R}_{S[0]}$是由交换生成元中的偶元素构成的集合，$\mathbb{R}_{S[1]}$是由所有交换生成元中的奇元素构成的集合.

$$\mathbb{R}_{S[0]} = \{\xi \mid \xi\in\mathbb{R}_S, \xi = \sum_{\lambda\in M_0}\xi_\lambda\beta_{[\lambda]}\}, \tag{2.3.8}$$

$$\mathbb{R}_{S[1]} = \{\eta \mid \eta\in\mathbb{R}_S, \eta = \sum_{\lambda\in M_1}\eta_\lambda\beta_{[\lambda]}\}. \tag{2.3.9}$$

记 M_0 为由 M_∞ 中所有偶指标构成的集合，M_1 为由 M_∞ 中所有奇指标构成的集合.

对于交换超代数$\mathbb{R}_S$，其(m,n)维子空间可以表示为

$$\mathbb{R}_S^{m,n} = \underbrace{\mathbb{R}_{S[0]}\times\cdots\times\mathbb{R}_{S[0]}}_{m个}\ \underbrace{\mathbb{R}_{S[1]}\times\cdots\times\mathbb{R}_{S[1]}}_{n个}, \tag{2.3.10}$$

$\mathbb{R}_S^{m,n}$中元素记为$(\xi^1,\cdots,\xi^m,\eta^1,\cdots,\eta^n)$. 存在一个从$\mathbb{R}_S$到$\mathbb{R}$ 的加法同态映射，使得将元素 1 映到 1，将生成元 β_i 映到 0，因此有

$$\begin{aligned} &\varepsilon:\mathbb{R}_S\to\mathbb{R}, \\ &\sum_{\lambda\in M_\infty} A_\lambda\beta_{[\lambda]}\to A_\varnothing. \end{aligned} \tag{2.3.11}$$

定义 2.10　$\mathbb{R}_S^{m,n}$的子集 U 称为 DeWitt 拓扑中的开集，当且仅当存在$\mathbb{R}^m$中的开集 V，使得下式成立：

$$U = \varepsilon_{m,n}^{-1}(V), \tag{2.3.12}$$

其中

$$\begin{aligned}&\varepsilon_{m,n}:\mathbb{R}_S^{m,n}\to\mathbb{R}^m,\\&(\xi^1,\cdots,\xi^m,\eta^1,\cdots,\eta^n)\mapsto(\varepsilon(\xi^1),\cdots,\varepsilon(\xi^m)).\end{aligned}\tag{2.3.13}$$

在 DeWitt 拓扑下,该空间不再是 Hausdorff 空间,DeWitt 拓扑是众多拓扑中普遍使用的拓扑,因为不需要收敛条件,同时在子空间中 DeWitt 拓扑也是最有用的拓扑.

定义 2.11 设 M 是(m,n)维的超流形,$(\mathscr{U}_A,\phi_A)$是一组有序对,其中 $\mathscr{U}_A$ 是 M 中的开集,ϕ_A 是从 $\mathscr{U}_A$ 到$\mathbb{R}^m_{[0]}\times\mathbb{R}^n_{[1]}$的一一映射(在 DeWitt 拓扑下).这组有序对满足下面性质:

① $\bigcup\limits_A\mathscr{U}_A=M$;

② $\phi_A\circ\phi_B{}^{-1}$在非空集合 $\mathscr{U}_A\cap\mathscr{U}_B$ 中是可微的.

如果 p 是 $\mathscr{U}_A$ 中的一个点,且 $\phi_A(p)=(x^1,\cdots,x^m,x^{-1},\cdots,x^{-n})$,则称 x^i 为由 ϕ_A 定义的p 点的坐标.称满足性质①,②的有序对$(\mathscr{U}_A,\phi_A)$为局部坐标系,也称为坐标卡.一个超流形可能含有多个坐标卡,这些坐标卡在一定条件下是相容的.

建立了局部坐标系后,可以引出 M 的切空间和余切空间.

T_pM 表示M 在p 处的全体切向量的集合,称向量空间 T_pM 为M 在p 处的切空间.任何一个切向量都可由 $m+n$ 个切向量$\frac{\partial}{\partial x^i}(i=1,\cdots,m+n)$线性表示.因此切空间 $T_pM=\mathrm{span}\{e_i\}_{i=1}^{m+n}$,这里 $e_i=\frac{\partial}{\partial x^i}(i=1,\cdots,m+n)$.任何一个切向量 $X\in T_pM$ 可以局部地写成$X=X^ie_i$.T_pM 的元素称为p 点的反变向量.

余切空间是切空间 T_pM 的对偶空间,记为 T_p^*M.余切空间 T_p^*M 的元素称为超流形在点 p 处的余切向量,余切空间 $T_p^*M=\mathrm{span}\{e^i\}_{i=1}^{m+n}$,这里 $e^i=\mathrm{d}x^i(i=1,\cdots,m+n)$.$T_p^*M$ 的元素称为p 点的协变向量.任何协变向量$\boldsymbol{\omega}\in T_p^*M$ 可以局部写成$\boldsymbol{\omega}=e^i\omega_i$.特别地,当 f 为p 点的可微函数时,定义 $\mathrm{d}f|_p=\mathrm{d}x^if_i$,这里 $f_i=\frac{\partial}{\partial x^i}f|_p$.全体切向量构成的集合称为切丛,记为 TM,全体余切向量构成的集合记为 T^*M.

超李括号由下面的反变向量定义:

$$[X,Y]=XY-(-1)^{\hat{X}\hat{Y}}YX.\tag{2.3.14}$$

类似于普通流形,可以在超流形上定义张量、外积和外微分.引入笛卡尔乘积空间:

$$\prod{}_r^s(p)=\underbrace{T_p^*\times\cdots\times T_p^*}_{r个}\times\underbrace{T_p\times\cdots\times T_p}_{s个}.\tag{2.3.15}$$

映射 T:$\prod{}_r^s(p)\to\wedge_\infty$,将$\prod{}_r^s(p)$ 中的每一个元素$(\omega^{A_1},\cdots,\omega^{A_r},X_{A_{r+s}},\cdots,X_{A_{r+s}})$映到超数 $T(\omega^{A_1},\cdots,X_{A_{r+s}})$.这个映射称为点 p 处秩为(r,s)的张量,满足下面关系式:

$$T(\cdots,\omega+\sigma,\cdots)=T(\cdots,\omega,\cdots)+T(\cdots,\sigma,\cdots),$$

$$
\begin{aligned}
&T(\cdots,X+Y,\cdots)=T(\cdots,X,\cdots)+T(\cdots,Y,\cdots),\\
&T(\cdots,\omega\alpha,\sigma,\cdots)=T(\cdots,\omega,\alpha\sigma,\cdots),\\
&T(\cdots,\omega\alpha,X,\cdots)=T(\cdots,\omega,\alpha X,\cdots),\\
&T(\cdots,X\alpha,Y,\cdots)=T(\cdots,X,\alpha Y,\cdots),\\
&T(\cdots,X\alpha)=T(\cdots,X)\alpha,
\end{aligned}\tag{2.3.16}
$$

其中，$\omega,\sigma\in T_p^*$，$X,Y\in T_p$，且 $\alpha\in\Lambda_\infty$.

超向量空间 $T_s^r(p)$表示形式如下：

$$T_s^r(p)=\underbrace{T_p\otimes\cdots\otimes T_p}_{r\text{个}}\otimes\underbrace{T_p^*\otimes\cdots\otimes T_p^*}_{s\text{个}}.\tag{2.3.17}$$

张量积 $Y_{B_1}\otimes\cdots\otimes Y_{B_r}\otimes\sigma^{B_{r+1}}\otimes\cdots\otimes\sigma^{B_{r+s}}$定义为$T:\prod_r^s(p)\to\Lambda_\infty$ 的映射，并且遵循以下法则：

$$
\begin{aligned}
&(Y_{B_1}\otimes\cdots\sigma^{B_{r+s}})(\omega^{A_1},\cdots,X_{A_{r+s}})\\
&\quad=(-1)^{\Delta_{r+s}(A,B)}(Y_{B_1}\cdot\omega^{A_1})\cdots(\sigma_{r+s}^B\cdot X_{A_{r+s}}).
\end{aligned}
$$

每一个张量可以表示成如下形式：

$$T=(-1)^{\Delta_{r+s}(a)}T^{a_1\cdots a_r}_{a_{r+1}\cdots a_{r+s}}a_1e\otimes\cdots\otimes a_{r+s}e.\tag{2.3.18}$$

显然，$a_1e\otimes\cdots\otimes a_{r+s}e$ 构成了 $T_s^r(p)$的一组基. 如果 $r=0$，T 称为秩为 s 的协变张量；如果 $s=0$，T 称为秩为 r 的反变张量.

下面给出外积的定义. U 上的 r-协变张量是指阶化反对称的 r 形式 α，满足

$$
\begin{aligned}
&\langle X_1,\cdots,X_{i-1},X_{i+1},X_i,\cdots,X_r\mid\alpha\rangle\\
&\quad=(-1)^{\hat{X}_i\hat{X}_{i+1}+1}\langle X_1,\cdots,X_{i-1},X_i,X_{i+1},\cdots,X_r\mid\alpha\rangle.
\end{aligned}\tag{2.3.19}
$$

其中，$X_1,\cdots,X_r$ 在$D(U)$中，$i=1,\cdots,r-1$.

U 上的 r-形式记作$\Omega^r(U)$. 所有形式构成的全空间定义为

$$\Omega(U)=\bigoplus_{r=0}^{\infty}\Omega^r(U),\tag{2.3.20}$$

并有 $\Omega^0(U)=G^\infty(U)$.

令 α 为U 上的r-形式，β 为U 上的s-形式. 则 $\alpha\wedge\beta$ 定义为如下映射：

$$
\begin{aligned}
&\alpha\wedge\beta:(D(U))^{r+s}\to G^\infty(U)\\
&\quad(X_1,\cdots,X_{r+s})\mapsto\sum_{\lambda\in M_{r+s}}(-1)^{\sigma(X_\lambda,X_{\lambda^C})+\hat{\beta}\hat{X}_\lambda}\langle X_\lambda\mid\alpha\rangle\langle X_{\lambda^C}\mid\beta\rangle,
\end{aligned}\tag{2.3.21}
$$

其中，λ 是多重指标$\lambda=\lambda_1\cdots\lambda_k$ 并且 $1\leqslant\lambda_1<\cdots<\lambda_k\leqslant r+s$，$M_{r+s}$是所有多重指标的集合(包括空指标)，$\lambda^C$ 是所有的复多重指标，$\lambda^C=\{k\in\mathbb{Z}\mid 1\leqslant k\leqslant r+s\}\backslash\{\lambda\}$，$X_\lambda=(X_{\lambda_1},\cdots,X_{\lambda_k})$并且 $\hat{X}_\lambda=\sum_{t=1}^{k}\hat{X}_{\lambda_t}$. $\sigma(X_\lambda,X_{\lambda^C}):=\sum(1+\hat{X}_{\lambda_t}\hat{X}_{\lambda_{t'}})$，其中求和表示对所有 $\lambda\times\lambda^C$ 中的(t,t')求和，其中 $t>t'$. 外积可以推广到所有的集合$\Omega(U)$.

外积运算满足

$$\begin{aligned}&\alpha\wedge\beta=(-1)^{\hat{\alpha}\hat{\beta}+rs}\beta\wedge\alpha,\\&(\alpha\wedge\beta)\wedge\gamma=\alpha\wedge(\beta\wedge\gamma),\\&\alpha\wedge(\beta+\gamma)=\alpha\wedge\beta+\alpha\wedge\gamma,\end{aligned}\tag{2.3.22}$$

其中，α 和 β 分别为 r-形式和 s-形式.

在 U 的局部坐标领域下，r-形式 α 可以表示为

$$\alpha=\sum_{j_1=1,\cdots,j_r=1,j_1\leqslant\cdots\leqslant j_r}^{r}\mathrm{d}x^{j_1}\wedge\cdots\wedge\mathrm{d}x^{j_r}\alpha_{j_1\cdots j_r}.\tag{2.3.23}$$

外微分有如下性质：

(1) $\mathrm{d}(\alpha_1+\alpha_2)=\mathrm{d}\alpha_1+\mathrm{d}\alpha_2$.

(2) 如果 $\alpha\in\Omega^r(M)$，$\mathrm{d}(\alpha\wedge\beta)=\mathrm{d}\alpha\wedge\beta+(-1)^r\alpha\wedge\mathrm{d}\beta$.

(3) 如果 f 是 0-形式，则

$$\mathrm{d}f\mid_U=\sum_{k=1}^{m+n}\mathrm{d}x^i\frac{\partial f}{\partial x^i}.\tag{2.3.24}$$

(4) $\mathrm{d}^2=0$.

定义在复空间 $\mathbb{C}_S$ 上的 Grassmann 代数生成元及其交换关系如下：

$$1,\beta_{[1]},\cdots$$

以及满足的关系为

$$\begin{aligned}&1\beta_{[i]}=\beta_{[i]}=\beta_{[i]}1,\\&\beta_{[i]}\beta_{[j]}=-\beta_{[j]}\beta_{[i]},\end{aligned}\tag{2.3.25}$$

其中，$[i]$，$[j]=1,2,\cdots$. $\mathbb{C}_S$ 中的元素表示为

$$B=\sum_{\lambda\in M_\infty}b_\lambda\beta_{[\lambda]},\tag{2.3.26}$$

其中，每个系数 b_λ 都是复数. 同样的可以定义相应的开集、局部坐标系、切空间、余切空间、张量以及外代数，这里不再赘述.

超李群最先由 Berezin 和 Kac[17]通过分次李代数的概念提出，他们提出了“有交换和反交换参数的李群”，后来，Kostant[18]在代数几何超流形中，对“分次李群”给出了详尽的说明，超李群与李群具有紧密的联系[19].

定义 2.12 设 G 是一个非空集合，如果① G 是一个群（群运算记成乘法）；② G 是一个 (m,n) 维超流形；③ 群运算是可微的，即映射

$$\begin{aligned}&\sigma:G\times G\to G,\\&(g_1,g_2)\to g_1g_2^{-1}.\end{aligned}\tag{2.3.27}$$

如果 σ 是可微映射，则称 G 是一个 (m,n) 维超李群.

定义 2.13 设 M 是一个超流形，G 是一个超李群，如果 $\varphi:G\times M\to M$ 是可微映射，并且满足：

(1) 对任意的 $x\in G,\psi\in M$，有 $\varphi(e,\psi)=\varphi$.

(2) 对任意的 $x,y\in G,\psi\in M$，有 $\varphi(xy,\psi)=\varphi(x,\varphi(y,\psi))$.

则称超李群作用在超流形上.

定义 2.14　李代数 L 是一个超李代数,如果满足:

(1) 双线性性质

$$[cx+c'y,z]=c[x,z]+c'[y,z],\quad [z,cx+c'y]=c[z,x]+c'[z,y]. \tag{2.3.28}$$

(2) 超反对称性

$$[x,y]=-(-1)^{\hat{x}\hat{y}}[y,x]. \tag{2.3.29}$$

(3) 超 Jacobi 恒等式

$$[[x,y],z]=[x,[y,z]]-(-1)^{\hat{x}\hat{y}}[y,[x,z]], \tag{2.3.30}$$

其中,$x,y,z\in L,c,c'\in\mathbb{R}$ 或$\mathbb{C}$.

令 τ^a 和 y^i 分别为 G 和 M 的局部坐标.记 $\tilde{y}^i=(\tau y)^i$,定义

$$\lambda_a^i(y)=\left.\frac{\partial(\tau y)^i}{\partial\tau^a}\right|_{\tau=e}. \tag{2.3.31}$$

令 $\chi=\tau^{-1}\sigma\tau$ 和 $z^j=(\chi y)^j$,则有

$$\begin{aligned}\frac{\partial\varphi^k(\chi,y)}{\partial\chi^b}&=\left.\frac{\partial\varphi^k(\sigma\chi^{-1},\varphi(\chi,y))}{\partial\sigma^b}\right|_{\sigma=\chi}\\&=\left.\frac{\partial(\sigma\chi^{-1})^c}{\partial\sigma^b}\frac{\partial\varphi^k(\sigma\chi^{-1},z)}{\partial(\sigma\chi^{-1})^c}\right|_{\sigma=\chi}\\&=W_b^c(\chi)\lambda_c^k(z),\end{aligned} \tag{2.3.32}$$

其中

$$W_b^c(\chi)=\left.\frac{\partial(\sigma\chi^{-1})^c}{\partial\sigma^b}\right|_{\sigma=\chi}. \tag{2.3.33}$$

由 $\varphi^j(\sigma,\tilde{y})=\varphi^j(\sigma,\varphi(\tau,y))=\varphi^j(\sigma\tau,y)=\varphi^j(\tau\chi,y)=\varphi^j(\tau,\varphi(\chi,y))$,则有

$$\begin{aligned}\frac{\partial\varphi^j(\sigma,\tilde{y})}{\partial\sigma^a}&=\frac{\partial\chi^b}{\partial\sigma^a}\frac{\partial\varphi^k(\chi,y)}{\partial\chi^b}\frac{\partial\varphi^j(\tau,z)}{\partial z^k}\\&=\frac{\partial\chi^b}{\partial\sigma^a}W_b^c(\chi)\lambda_c^k(z)\frac{\partial\varphi^j(\tau,z)}{\partial z^k}.\end{aligned} \tag{2.3.34}$$

当 $\sigma=e,\chi=e,z^j=\varphi^j(e,y)=y^j,W_b^c(\chi)=\delta_b^c$ 并且$\left.\frac{\partial\chi^b}{\partial\sigma^a}\right|_{\sigma=e}=\mathrm{Ad}(\tau^{-1})_a^b$ 时,由式(2.3.39),有如下的性质:

$$\lambda_a^i(\tilde{y})=\mathrm{Ad}(\tau^{-1})_a^b\lambda_b^k(y)\frac{\partial(\tau y)^i}{\partial y^k}, \tag{2.3.35}$$

其中,$\mathrm{Ad}(\sigma)_a^b=\left.\frac{\partial(\sigma\tau\sigma^{-1})^b}{\partial\tau^a}\right|_{\tau=e}$.

超李群 G 的生成元为 $X_a:=\lambda_a^i\frac{\partial}{\partial y^i}$.交换关系满足

$$[X_a,X_b]:=X_aX_b-(-1)^{\hat{a}\hat{b}}X_bX_a:=C_{ab}^cX_c, \tag{2.3.36}$$

其中,结构常数 $C_{ab}^c=-(-1)^{\hat{a}\hat{b}}C_{ba}^c$,可以证明交换关系式(2.3.36)满足

$$\lambda_a^j \frac{\partial \lambda_b{}^i}{\partial y^j} - (-1)^{\hat{a}\hat{b}} \lambda_b^j \frac{\partial \lambda_a^i}{\partial y^j} = C_{ab}^c \lambda_c^i. \tag{2.3.37}$$

2.3.2 超的非线性联络

给定超纤维丛 $E(M,F,G,\phi_{UV})$，设对应的超主丛为 $P(M,G)$，M 是超流形，F 是纤维，G 是超李群，则 $P(M,G)$ 上的联络 Γ 可以在 E 上诱导出一个联络. 给定 $P(M,G)$ 上的一个联络，是指在任意一个 M 上的邻域 U，有一个函数集合 $\{\Gamma_\mu^a(x)\}$，使得当 $\Gamma_\mu^a(x)$ 定义在另一个邻域 V 上时，在 $U \cap V$ 上满足：

$$\frac{\partial \widetilde{x}^\nu}{\partial x^\mu} \widetilde{\Gamma}_\nu^a(\widetilde{x}) = \Gamma_\mu^b(x) \mathrm{Ad}(\phi_{UV}^{-1}(x))_b^a + \frac{\partial [\phi_{UV}(x)]^b}{\partial x^\mu} v_b^a(\phi_{UV}(x)), \tag{2.3.38}$$

其中，$v_b^a = \left.\dfrac{\partial(\chi^{-1}\sigma)^a}{\partial \sigma^b}\right|_{\sigma=\chi}$.

命题 2.15 假定 G 的局部坐标为(τ^a)，(y^i)是 F 的局部坐标，并记 $\widetilde{y}^i = (\tau y)^i$. 定义

$$\lambda_a^i(y) = \left.\frac{\partial(\tau y)^i}{\partial \tau^a}\right|_{\tau=e}, \tag{2.3.39}$$

则有

$$\lambda_a^i(\widetilde{y}) = \mathrm{Ad}(\tau^{-1})_a^b \lambda_b^k(y) \frac{\partial(\tau y)^i}{\partial y^k}, \tag{2.3.40}$$

这里 $\mathrm{Ad}(\sigma)_a^b = \dfrac{\partial(\sigma\tau\sigma^{-1})^b}{\partial \tau^a}\Big|_{\tau=e}$.

证明 首先，令 $\chi = \tau^{-1}\sigma\tau$ 以及 $z^j = (\chi y)^j$，则有

$$\begin{aligned}
\frac{\partial \varphi^k(\chi, y)}{\partial \chi^b} &= \left.\frac{\partial \varphi^k(\sigma, y)}{\partial \sigma^b}\right|_{\sigma=\chi} \\
&= \left.\frac{\partial \varphi^k(\sigma\chi^{-1}, \varphi(\chi, y))}{\partial \sigma^b}\right|_{\sigma=\chi} \\
&= \left.\frac{\partial(\sigma\chi^{-1})^c}{\partial \sigma^b} \frac{\partial \varphi^k(\sigma\chi^{-1}, z)}{\partial(\sigma\chi^{-1})^c}\right|_{\sigma=\chi} \\
&= W_b^c(\chi) \lambda_c^k(z).
\end{aligned} \tag{2.3.41}$$

其中

$$W_b^c(\chi) = \left.\frac{\partial(\sigma\chi^{-1})^c}{\partial \sigma^b}\right|_{\sigma=\chi}. \tag{2.3.42}$$

由

$$\varphi^j(\sigma, \widetilde{y}) = \varphi^j(\sigma, \varphi(\tau, y)) = \varphi^j(\sigma\tau, y) = \varphi^j(\tau\chi, y) = \varphi^j(\tau, \varphi(\chi, y)). \tag{2.3.43}$$

从而有

$$\frac{\partial\varphi^j(\sigma,\tilde{y})}{\partial\sigma^a}=\frac{\partial\chi^b}{\partial\sigma^a}\frac{\partial\varphi^k(\chi,y)}{\partial\chi^b}\frac{\partial\varphi^j(\tau,z)}{\partial z^k}=\frac{\partial\chi^b}{\partial\sigma^a}W_b^c(\chi)\lambda_c^k(z)\frac{\partial\varphi^j(\tau,z)}{\partial z^k}.\tag{2.3.44}$$

取 $\sigma=e$ 时，$\chi=e$，$z^j=\varphi^j(e,y)=y^j$，$W_b^c(\chi)=\delta_b^c$，$\left.\frac{\partial\chi^b}{\partial\sigma^a}\right|_{\sigma=e}=\mathrm{Ad}(\tau^{-1})_a^b$，得到 $\lambda_a^i(\tilde{y})=\mathrm{Ad}(\tau^{-1})_a^b\lambda_b^k(y)\frac{\partial(\tau y)^i}{\partial y^k}$. 命题得证.

令 y^j 为纤维 F 的局部坐标，且 F 的维数为 (p,q). 由定义，G 有效地作用在 F 上，故任意元素 $\tau\in G$，诱导了 F 上的一个同胚 $\tau:F\to F$，用局部坐标写出来即

$$\tilde{y}^j=\varphi^j(\tau,y).\tag{2.3.45}$$

取 $\tau=\phi_{UV}^{-1}$，则有

$$\tilde{y}^j=\varphi^j(\phi_{UV}^{-1}(x),y).\tag{2.3.46}$$

且由式(2.3.40)，可知

$$\lambda_a^i(\tilde{y})=\mathrm{Ad}(\phi_{UV}(x))_a^b\lambda_b^k(y)\frac{\partial\tilde{y}^j}{\partial y^k}.\tag{2.3.47}$$

由式(2.3.41)、式(2.3.38)和式(2.3.47)，可知

$$\begin{aligned}\frac{\partial\tilde{x}^\nu}{\partial x^\mu}\tilde{\Gamma}_\nu^a(\tilde{x})\lambda_a^j(\tilde{y})&=\Gamma_\mu^c(x)\mathrm{Ad}(\phi_{UV}^{-1}(x))_c^a\mathrm{Ad}(\phi_{UV}(x))_a^b\lambda_b^k(y)\frac{\partial\tilde{y}^j}{\partial y^k}\\&\quad+\frac{\partial[\phi_{UV}(x)]^b}{\partial x^\mu}v_b^a(\phi_{UV}(x))\mathrm{Ad}(\phi_{UV}(x))_a^c\lambda_c^k(y)\frac{\partial\tilde{y}^j}{\partial y^k}\\&=\Gamma_\mu^c(x)\lambda_c^k(y)\frac{\partial\tilde{y}^j}{\partial y^k}+\frac{\partial[\phi_{UV}(x)]^b}{\partial x^\mu}W_b^c(\phi_{UV}(x))\lambda_c^k(y)\frac{\partial\tilde{y}^j}{\partial y^k}\\&=\Gamma_\mu^c(x)\lambda_c^k(y)\frac{\partial\tilde{y}^j}{\partial y^k}+\frac{\partial[\phi_{UV}(x)]^b}{\partial x^\mu}\frac{\partial y^k}{\partial\phi_{UV}(x)^b}\frac{\partial\tilde{y}^j}{\partial y^k}.\end{aligned}\tag{2.3.48}$$

上式的证明用到了公式

$$W_b^c(\phi_{UV}(x))=v_b^a(\phi_{UV}(x))\mathrm{Ad}[\phi_{UV}(x)]_a^c.\tag{2.3.49}$$

由于

$$W_b^c(\sigma)=\left.\frac{\partial(\eta\sigma^{-1})^c}{\partial\eta^b}\right|_{\eta=\sigma}=\left.\frac{\partial(\sigma^{-1}\eta)^a}{\partial\eta^b}\frac{\partial(\sigma(\sigma^{-1}\eta)\sigma^{-1})^c}{\partial(\sigma^{-1}\eta)^a}\right|_{\eta=\sigma}=v_b^a(\sigma)\mathrm{Ad}(\sigma)_a^c,\tag{2.3.50}$$

式(2.3.49)得证.

$$\begin{aligned}\frac{\partial\tilde{y}^j}{\partial x^\mu}&\equiv\frac{\partial(\phi_{UV}^{-1})^a}{\partial x^\mu}\frac{\partial\tilde{y}^j}{\partial(\phi_{UV}^{-1})^a}+\left(\frac{\partial\phi_{UV}^a}{\partial x^\mu}\frac{\partial y^k}{\partial\phi_{UV}^a}+\frac{\partial\tilde{y}^l}{\partial x^\mu}\frac{\partial y^k}{\partial\tilde{y}^l}\right)\frac{\partial\tilde{y}^j}{\partial y^k}\\&=\frac{\partial(\phi_{UV}^{-1})^a}{\partial x^\mu}\frac{\partial\tilde{y}^j}{\partial(\phi_{UV}^{-1})^a}+\frac{\partial\phi_{UV}^a}{\partial x^\mu}\frac{\partial y^k}{\partial\phi_{UV}^a}\frac{\partial\tilde{y}^j}{\partial y^k}+\frac{\partial\tilde{y}^j}{\partial x^\mu}.\end{aligned}\tag{2.3.51}$$

从而有等式

$$\frac{\partial(\phi_{UV}^{-1})^a}{\partial x^\mu}\frac{\partial\tilde{y}^j}{\partial(\phi_{UV}^{-1})^a}+\frac{\partial\phi_{UV}^a}{\partial x^\mu}\frac{\partial y^k}{\partial\phi_{UV}^a}\frac{\partial\tilde{y}^j}{\partial y^k}=0.\tag{2.3.52}$$

由式(2.3.46)可得

$$\frac{\partial \widetilde{y}^j}{\partial x^\mu} = -\frac{\partial \phi^a_{UV}}{\partial x^\mu}\frac{\partial y^k}{\partial \phi^a_{UV}}\frac{\partial \widetilde{y}^j}{\partial y^k}. \tag{2.3.53}$$

根据式(2.3.48)和式(2.3.53)，则有如下的定理：

定理 2.16 给定超主丛 $P(M,G)$ 上的联络 Γ^μ_a，在超伴丛 $E(M,F,G,P)$ 上就有一个超联络 $\Gamma^j_\mu(x,y)$，使得 $\Gamma^j_\mu(x,y)=\lambda^j_a(y)\Gamma^a_\mu(x)$，则在坐标变换

$$\widetilde{x}^\nu = \widetilde{x}^\nu(x), \quad \widetilde{y}^j = \varphi^j(\phi^{-1}_{UV}(x),y), \tag{2.3.54}$$

下，有变换规律

$$\frac{\partial \widetilde{x}^\nu}{\partial x^\mu}\widetilde{\Gamma}^j_\nu(\widetilde{x},\widetilde{y}) = \Gamma^k_\mu(x,y)\frac{\partial \widetilde{y}^j}{\partial y^k} - \frac{\partial \widetilde{y}^j}{\partial x^\mu}. \tag{2.3.55}$$

这就是 E 上的联络.

下面需要对线性联络作一些说明.

超李代数生成元可以写为 $X_a \coloneqq \lambda^i_a \frac{\partial}{\partial y^i}$，并且有

$$[X_a,X_b] \coloneqq X_aX_b-(-1)^{ab}X_bX_a \coloneqq C^c_{ab}X_c.$$

进而有

$$\begin{aligned}
[X_a,X_b] &= \left(\lambda^i_a\frac{\partial}{\partial y^i}\right)\left(\lambda^j_b\frac{\partial}{\partial y^j}\right)-(-1)^{\hat{a}\hat{b}}\left(\lambda^j_b\frac{\partial}{\partial y^j}\right)\left(\lambda^i_a\frac{\partial}{\partial y^i}\right)\\
&= \lambda^i_a\frac{\partial\lambda^j_b}{\partial y^i}\frac{\partial}{\partial y^j}+(-1)^{\hat{i}(\hat{b}+\hat{j})}\lambda^i_a\lambda^j_b\frac{\partial}{\partial y^i}\frac{\partial}{\partial y^j}\\
&\quad -(-1)^{\hat{a}\hat{b}}\lambda^j_b\frac{\partial\lambda^i_a}{\partial y^j}\frac{\partial}{\partial y^i}-(-1)^{\hat{j}(\hat{a}+\hat{i})+\hat{a}\hat{b}}\lambda^j_b\lambda^i_a\frac{\partial}{\partial y^j}\frac{\partial}{\partial y^i}\\
&= \lambda^i_a\frac{\partial\lambda^j_b}{\partial y^i}\frac{\partial}{\partial y^j}+(-1)^{\hat{i}(\hat{b}+\hat{j})}\lambda^i_a\lambda^j_b\frac{\partial}{\partial y^i}\frac{\partial}{\partial y^j}-(-1)^{\hat{a}\hat{b}}\lambda^j_b\frac{\partial\lambda^i_a}{\partial y^j}\frac{\partial}{\partial y^i}\\
&\quad -(-1)^{\hat{j}(\hat{a}+\hat{i})+\hat{a}\hat{b}+(\hat{b}+\hat{j})(\hat{a}+i)+\hat{i}\hat{j}}\lambda^i_a\lambda^j_b\frac{\partial}{\partial y^i}\frac{\partial}{\partial y^j}\\
&= \left\{\lambda^j_a\frac{\partial\lambda^i_b}{\partial y^j}-(-1)^{\hat{a}\hat{b}}\lambda^j_b\frac{\partial\lambda^i_a}{\partial y^j}\right\}\frac{\partial}{\partial y^i} = C^c_{ab}\lambda^i_c\frac{\partial}{\partial y^i}.
\end{aligned} \tag{2.3.56}$$

则有

$$\lambda^j_a\frac{\partial\lambda^i_b}{\partial y^j}-(-1)^{\hat{a}\hat{b}}\lambda^j_b\frac{\partial\lambda^i_a}{\partial y^j} = C^c_{ab}\lambda^i_c, \tag{2.3.57}$$

其中，$C^c_{ab}=-(-1)^{\hat{a}\hat{b}}C^c_{ba}$.

下面考虑特殊情形：线性的情形，即 $\widetilde{y}^i=y^jA(\sigma)^i_j$. 这里

$$\lambda^i_a(y) = \left.\frac{\partial[y^jA(\sigma)^i_j]}{\partial\sigma^a}\right|_{\sigma=e} = (-1)^{\hat{a}\hat{j}}y^j\left.\frac{\partial A(\sigma)^i_j}{\partial\sigma^a}\right|_{\sigma=e} = y^jT^i_{aj}, \tag{2.3.58}$$

这里定义 $T^i_{aj}=(-1)^{\hat{a}\hat{j}}\left.\frac{\partial A(\sigma)^i_j}{\partial\sigma^a}\right|_{\sigma=e}$，则可得

$$\begin{aligned}
\lambda^j_a\frac{\partial\lambda^i_b}{\partial y^j}-(-1)^{\hat{a}\hat{b}}\lambda^j_b\frac{\partial\lambda^i_a}{\partial y^j} &= y^lT^j_{al}T^i_{bj}-(-1)^{\hat{a}\hat{b}}y^lT^j_{bl}T^i_{aj}\\
&= (-1)^{\hat{l}(\hat{a}+\hat{b}+\hat{c})}y^lC^c_{ab}T^i_{cl}.
\end{aligned} \tag{2.3.59}$$

得到

$$[T_a, T_b]^i_l = (-1)^{\hat{l}(\hat{a}+\hat{b}+\hat{c})} C^c_{ab} T^i_{cl}. \tag{2.3.60}$$

当群作用为线性作用,即 $\tilde{y}^j = y^k A(\sigma)^j_k$ 时,则 E 上的联络即为超的线性联络. 在这种情况下,由式(2.3.58)可知 $\lambda^j_a = y^k T^j_{ak}$. 定义 $\Gamma^a_\mu T^j_{ak}(-1)^{\hat{k}\hat{a}} = \Gamma^j_{k\mu}$,可以验证上述定义与超的线性联络一致.

引进 E 上的非线性联络形式:

$$\omega^j = \mathrm{d}y^j + \mathrm{d}x^\mu \Gamma^j_\mu(x, y). \tag{2.3.61}$$

在坐标变换式(2.3.54)下,其遵守如下的变换规律:

$$\tilde{\omega}^j = \omega^k \frac{\partial \tilde{y}^j}{\partial y^k}. \tag{2.3.62}$$

证明　由式(2.3.55),可得

$$\begin{aligned}\tilde{\omega}^j &= \mathrm{d}\tilde{y}^j + \mathrm{d}\tilde{x}^\mu \tilde{\Gamma}^j_\mu(\tilde{x}, \tilde{y}) \\ &= \mathrm{d}y^k \frac{\partial \tilde{y}^j}{\partial y^k} + \mathrm{d}x^\mu \frac{\partial \tilde{y}^j}{\partial x^\mu} + \mathrm{d}x^\mu \left[\Gamma^k_\mu(x, y) \frac{\partial \tilde{y}^j}{\partial y^k} - \frac{\partial \tilde{y}^j}{\partial x^\mu}\right] \\ &= [\mathrm{d}y^k + \mathrm{d}x^\mu \Gamma^k_\mu(x, y)] \frac{\partial \tilde{y}^j}{\partial y^k} = \omega^k \frac{\partial \tilde{y}^j}{\partial y^k}.\end{aligned} \tag{2.3.63}$$

切向量 $Z = f^i \dfrac{\partial}{\partial x^\mu} + g^j \dfrac{\partial}{\partial y^j}$ 水平,如果 $\omega(Z) = \omega^j(Z) \dfrac{\partial}{\partial y^j} = 0$,则 $\omega^j(Z) = 0$. 由式(2.3.61)得到,充要条件是 $g^j = -\Gamma^j_\mu(x, y) f^\mu$,则有

$$Z_\mu = \frac{\partial}{\partial x^\mu} - \Gamma^j_\mu(x, y) \frac{\partial}{\partial y^j}. \tag{2.3.64}$$

在坐标变换式(2.3.54)下,满足如下的变换规律:

$$\tilde{Z}_\mu = \frac{\partial x^\nu}{\partial \tilde{x}^\mu} Z_\nu. \tag{2.3.65}$$

利用式(2.3.55),得到

$$\begin{aligned}\tilde{Z}_\mu &= \frac{\partial}{\partial \tilde{x}^\mu} - \tilde{\Gamma}^j_\mu(\tilde{x}, \tilde{y}) \frac{\partial}{\partial \tilde{y}^j} \\ &= \frac{\partial x^\nu}{\partial \tilde{x}^\mu} \frac{\partial}{\partial x^\nu} + \frac{\partial y^j}{\partial \tilde{x}^\mu} \frac{\partial}{\partial y^j} - \left(\frac{\partial x^\nu}{\partial \tilde{x}^\mu} \Gamma^k_\nu \frac{\partial \tilde{y}^j}{\partial y^k} - \frac{\partial x^\nu}{\partial \tilde{x}^\mu} \frac{\partial \tilde{y}^j}{\partial x^\nu}\right) \frac{\partial}{\partial \tilde{y}^j} \\ &= \frac{\partial x^\nu}{\partial \tilde{x}^\mu} Z_\nu + \left(\frac{\partial y^j}{\partial \tilde{x}^\mu} + \frac{\partial x^\nu}{\partial \tilde{x}^\mu} \frac{\partial \tilde{y}^k}{\partial x^\nu} \frac{\partial y^j}{\partial \tilde{y}^k}\right) \frac{\partial}{\partial y^j}.\end{aligned} \tag{2.3.66}$$

另一方面,由于 $y^j \equiv y^j(\tilde{x}, \tilde{y}(x(\tilde{x}), y(\tilde{x}, \tilde{y})))$,有下式:

$$\begin{aligned}\frac{\partial y^j}{\partial \tilde{x}^\mu} &= \frac{\partial y^j}{\partial \tilde{x}^\mu} + \frac{\partial x^\nu}{\partial \tilde{x}^\mu} \frac{\partial \tilde{y}^k}{\partial x^\nu} \frac{\partial y^j}{\partial \tilde{y}^k} + \frac{\partial y^l}{\partial \tilde{x}^\mu} \frac{\partial \tilde{y}^k}{\partial y^l} \frac{\partial y^j}{\partial \tilde{y}^k} \\ &= \frac{\partial y^j}{\partial \tilde{x}^\mu} + \frac{\partial x^\nu}{\partial \tilde{x}^\mu} \frac{\partial \tilde{y}^k}{\partial x^\nu} \frac{\partial y^j}{\partial \tilde{y}^k} + \frac{\partial y^j}{\partial \tilde{x}^\mu}.\end{aligned} \tag{2.3.67}$$

从而有

$$\frac{\partial x^{\nu}}{\partial \widetilde{x}^{\mu}} \frac{\partial \widetilde{y}^{k}}{\partial x^{\nu}} \frac{\partial y^{j}}{\partial \widetilde{y}^{k}} + \frac{\partial y^{j}}{\partial \widetilde{x}^{\mu}} = 0,$$

式(2.3.65)得证.

定理 2.17 令 $F_{\mu\nu} = [Z_\mu, Z_\nu]$，则 $F_{\mu\nu}$ 满足：

(1) 在坐标变换式(2.3.54)下，有

$$\widetilde{F}_{\mu\nu} = (-1)^{\hat{\sigma}(\hat{\tau}+\hat{\nu})} \frac{\partial x^{\tau}}{\partial \widetilde{x}^{\nu}} \frac{\partial x^{\sigma}}{\partial \widetilde{x}^{\mu}} F_{\sigma\tau}. \tag{2.3.68}$$

(2) $F_{\mu\nu} = F^{k}_{\mu\nu} \dfrac{\partial}{\partial y^{k}}$，其中

$$F^{k}_{\mu\nu}(x,y) = F^{a}_{\mu\nu}(x)\lambda^{k}_{a}(y), \tag{2.3.69}$$

且

$$F^{a}_{\mu\nu} = -\frac{\partial \Gamma^{a}_{\nu}}{\partial x_{\mu}} + (-1)^{\hat{\mu}\hat{\nu}} \frac{\partial \Gamma^{a}_{\mu}}{\partial x_{\nu}} + \Gamma^{c}_{\mu}\Gamma^{b}_{\nu}C^{a}_{cb}(-1)^{(\hat{b}+\hat{\nu})\hat{c}}. \tag{2.3.70}$$

证明 (1)

$$\begin{aligned}
\widetilde{F}_{\mu\nu} &= [\widetilde{Z}_\mu, \widetilde{Z}_\nu] \\
&= \widetilde{Z}_\mu \widetilde{Z}_\nu - (-1)^{\hat{\mu}\hat{\nu}} \widetilde{Z}_\nu \widetilde{Z}_\mu \\
&= \left(\frac{\partial x^{\sigma}}{\partial \widetilde{x}^{\mu}} Z_\sigma\right)\left(\frac{\partial x^{\tau}}{\partial \widetilde{x}^{\nu}} Z_\tau\right) - (-1)^{\hat{\mu}\hat{\nu}} \left(\frac{\partial x^{\sigma}}{\partial \widetilde{x}^{\nu}} Z_\sigma\right)\left(\frac{\partial x^{\tau}}{\partial \widetilde{x}^{\mu}} Z_\tau\right) \\
&= (-1)^{\hat{\sigma}(\hat{\tau}+\hat{\nu})} \frac{\partial x^{\sigma}}{\partial \widetilde{x}^{\mu}} \frac{\partial x^{\tau}}{\partial \widetilde{x}^{\nu}} Z_\sigma Z_\tau + \frac{\partial^2 x^{\tau}}{\partial \widetilde{x}^{\mu} \partial \widetilde{x}^{\nu}} Z_\tau \\
&\quad - (-1)^{\hat{\mu}\hat{\nu}} \left[(-1)^{\hat{\sigma}(\hat{\tau}+\hat{\nu})} \frac{\partial x^{\sigma}}{\partial \widetilde{x}^{\nu}} \frac{\partial x^{\tau}}{\partial \widetilde{x}^{\mu}} Z_\sigma Z_\tau + \frac{\partial^2 x^{\tau}}{\partial \widetilde{x}^{\nu} \partial \widetilde{x}^{\mu}} Z_\tau\right] \\
&= (-1)^{\hat{\sigma}(\hat{\tau}+\hat{\nu})} \frac{\partial x^{\sigma}}{\partial \widetilde{x}^{\mu}} \frac{\partial x^{\tau}}{\partial \widetilde{x}^{\nu}} Z_\sigma Z_\tau - (-1)^{\hat{\mu}\hat{\nu}+\hat{\tau}(\hat{\sigma}+\hat{\mu})} \frac{\partial x^{\tau}}{\partial \widetilde{x}^{\nu}} \frac{\partial x^{\sigma}}{\partial \widetilde{x}^{\mu}} Z_\tau Z_\sigma \\
&= (-1)^{\hat{\sigma}(\hat{\tau}+\hat{\nu})} \frac{\partial x^{\sigma}}{\partial \widetilde{x}^{\mu}} \frac{\partial x^{\tau}}{\partial \widetilde{x}^{\nu}} [Z_\sigma, Z_\tau] \\
&= (-1)^{\hat{\sigma}(\hat{\tau}+\hat{\nu})} \frac{\partial x^{\sigma}}{\partial \widetilde{x}^{\mu}} \frac{\partial x^{\tau}}{\partial \widetilde{x}^{\nu}} F_{\sigma\tau}.
\end{aligned} \tag{2.3.71}$$

(2)

$$\begin{aligned}
F_{\mu\nu} &= [Z_\mu, Z_\nu] \\
&= \frac{\partial}{\partial x^{\mu}} \frac{\partial}{\partial x^{\nu}} - \frac{\partial \Gamma^{k}_{\nu}(x,y)}{\partial x^{\mu}} \frac{\partial}{\partial y^{k}} - (-1)^{\hat{\mu}(\hat{k}+\hat{\nu})} \Gamma^{k}_{\nu}(x,y) \frac{\partial}{\partial x^{\mu}} \frac{\partial}{\partial y^{k}} \\
&\quad - \Gamma^{j}_{\mu}(x,y) \frac{\partial}{\partial y^{j}} \frac{\partial}{\partial x^{\nu}_{\nu}} + (-1)^{\hat{j}(\hat{k}+\hat{\nu})} \Gamma^{j}_{\mu}(x,y) \Gamma^{k}_{\nu}(x,y) \frac{\partial}{\partial y^{j}} \frac{\partial}{\partial y^{k}} \\
&\quad + \Gamma^{j}_{\mu}(x,y) \frac{\partial \Gamma^{k}_{\nu}(x,y)}{\partial y^{j}} \frac{\partial}{\partial y^{k}} - (-1)^{\hat{\mu}\hat{\nu}} \left[\frac{\partial}{\partial x^{\nu}} \frac{\partial}{\partial x^{\mu}} - \frac{\partial \Gamma^{k}_{\mu}(x,y)}{\partial x^{\nu}} \frac{\partial}{\partial y^{k}}\right. \\
&\quad - (-1)^{\hat{\nu}(\hat{k}+\hat{\mu})} \Gamma^{k}_{\mu}(x,y) \frac{\partial}{\partial x^{\nu}} \frac{\partial}{\partial y^{k}} - \Gamma^{j}_{\nu}(x,y) \frac{\partial}{\partial y^{j}} \frac{\partial}{\partial x^{\mu}}
\end{aligned}$$

$$+(-1)^{\hat{j}(\hat{k}+\hat{\mu})}\Gamma_{\nu}^{j}(x,y)\Gamma_{\mu}^{k}(x,y)\frac{\partial}{\partial y^{j}}\frac{\partial}{\partial y^{k}}+\Gamma_{\nu}^{j}(x,y)\frac{\partial\Gamma_{\mu}^{k}(x,y)}{\partial y^{j}}\frac{\partial}{\partial y^{k}}\Big].\tag{2.3.72}$$

得到

$$\begin{aligned}F_{\mu\nu}=&-\frac{\partial\Gamma_{\nu}^{k}(x,y)}{\partial x^{\mu}}\frac{\partial}{\partial y^{k}}+\Gamma_{\mu}^{j}(x,y)\frac{\partial\Gamma_{\nu}^{k}(x,y)}{\partial y^{j}}\frac{\partial}{\partial y^{k}}\\&-(-1)^{\hat{\mu}\hat{\nu}}\left[-\frac{\partial\Gamma_{\mu}^{k}(x,y)}{\partial x^{\nu}}\frac{\partial}{\partial y^{k}}+\Gamma_{\nu}^{j}(x,y)\frac{\partial\Gamma_{\mu}^{k}(x,y)}{\partial y^{j}}\frac{\partial}{\partial y^{k}}\right]\\=&\left[-\frac{\partial\Gamma_{\nu}^{k}(x,y)}{\partial x^{\mu}}+\Gamma_{\mu}^{j}(x,y)\frac{\partial\Gamma_{\nu}^{k}(x,y)}{\partial y^{j}}\right]\frac{\partial}{\partial y^{k}}-(-1)^{\hat{\mu}\hat{\nu}}\left[-\frac{\partial\Gamma_{\mu}^{k}(x,y)}{\partial x^{\nu}}\right.\\&\left.+\Gamma_{\nu}^{j}(x,y)\frac{\partial\Gamma_{\mu}^{k}(x,y)}{\partial y^{j}}\right]\frac{\partial}{\partial y^{k}}.\end{aligned}\tag{2.3.73}$$

利用式(2.3.57)，有

$$\begin{aligned}&\Gamma_{\mu}^{j}(x,y)\frac{\partial\Gamma_{\nu}^{k}(x,y)}{\partial y^{j}}-(-1)^{\hat{\mu}\hat{\nu}}\Gamma_{\nu}^{j}(x,y)\frac{\partial\Gamma_{\mu}^{k}(x,y)}{\partial y^{j}}\\&=\Gamma_{\mu}^{a}\lambda_{a}^{j}\Gamma_{\nu}^{b}\frac{\partial\lambda_{b}^{k}}{\partial y^{j}}(-1)^{(\hat{b}+\hat{\nu})\hat{j}}-(-1)^{\hat{\mu}\hat{\nu}}\Gamma_{\nu}^{a}\lambda_{a}^{j}\Gamma_{\mu}^{b}\frac{\partial\lambda_{b}^{k}}{\partial y^{j}}(-1)^{(\hat{b}+\hat{\mu})\hat{j}}\\&=\Gamma_{\mu}^{a}\Gamma_{\nu}^{b}\lambda_{a}^{j}\frac{\partial\lambda_{b}^{k}}{\partial y^{j}}(-1)^{(\hat{b}+\hat{\nu})\hat{a}}-\Gamma_{\nu}^{b}\Gamma_{\mu}^{a}\lambda_{b}^{j}\frac{\partial\lambda_{a}^{k}}{\partial y^{j}}(-1)^{(\hat{a}+\hat{\mu})\hat{b}+\hat{\mu}\hat{\nu}}\\&=\Gamma_{\mu}^{a}\Gamma_{\nu}^{b}\left[\lambda_{a}^{j}\frac{\partial\lambda_{b}^{k}}{\partial y^{j}}-(-1)^{\hat{a}\hat{b}}\lambda_{b}^{j}\frac{\partial\lambda_{a}^{k}}{\partial y^{j}}\right](-1)^{(\hat{b}+\hat{\nu})\hat{a}}\\&=\Gamma_{\mu}^{c}\Gamma_{\nu}^{b}C_{cb}^{a}\lambda_{a}^{k}(-1)^{(\hat{b}+\hat{\nu})\hat{c}}.\end{aligned}\tag{2.3.74}$$

得到

$$F_{\mu\nu}=\left[-\frac{\partial\Gamma_{\nu}^{a}}{\partial x_{\mu}}+(-1)^{\hat{\mu}\hat{\nu}}\frac{\partial\Gamma_{\mu}^{a}}{\partial x_{\nu}}+\Gamma_{\mu}^{c}\Gamma_{\nu}^{b}C_{cb}^{a}(-1)^{(\hat{b}+\hat{\nu})\hat{c}}\right]\lambda_{a}^{k}\frac{\partial}{\partial y^{k}}=F_{\mu\nu}^{a}\lambda_{a}^{k}\frac{\partial}{\partial y^{k}}.\tag{2.3.75}$$

定理 2.18　设 $y^{j}(x)$ 是 E 的局部截面，且可微截面 $y:W\to E$，W 是 M 中的开集，令 x^{i} 为 M 中的局部坐标系，令 $y^{i}(x)$ 为 y 在 x 点的局部坐标系，则有

$$y_{\|\mu}^{j}=\frac{\partial y^{j}}{\partial x^{\mu}}+\Gamma_{\mu}^{j}(x,y).\tag{2.3.76}$$

则在坐标变换式(2.3.54)下，有如下的变换规律：

$$\tilde{y}_{\|\mu}^{j}=\frac{\partial x^{\nu}}{\partial\tilde{x}^{\mu}}y_{\|\nu}^{k}\frac{\partial\tilde{y}^{j}}{\partial y^{k}}.\tag{2.3.77}$$

证明　由于

$$\frac{\partial\tilde{y}^{j}}{\partial x^{\mu}}=\frac{\partial(\phi_{UV}^{-1})^{a}}{\partial x^{\mu}}\frac{\partial\tilde{y}^{j}}{\partial(\phi_{UV}^{-1})^{a}}+\frac{\partial y^{k}}{\partial x^{\mu}}\frac{\partial\tilde{y}^{j}}{\partial y^{k}},\tag{2.3.78}$$

以及式(2.3.48)，得

$$\frac{\partial\tilde{x}^{\nu}}{\partial x^{\mu}}\tilde{\Gamma}_{\nu}^{j}(\tilde{x},\tilde{y})=\Gamma_{\mu}^{k}(x,y)\frac{\partial\tilde{y}^{j}}{\partial y^{k}}+\frac{\partial\phi_{UV}^{a}}{\partial x^{\mu}}\frac{\partial y^{k}}{\partial\phi_{UV}^{a}}\frac{\partial\tilde{y}^{j}}{\partial y^{k}}.\tag{2.3.79}$$

两式相加,得到

$$\frac{\partial \widetilde{x}^{\nu}}{\partial x^{\mu}}\left[\frac{\partial \widetilde{y}^{j}}{\partial \widetilde{x}^{\nu}}+\widetilde{\Gamma}_{\nu}^{j}(\widetilde{x},\widetilde{y})\right]$$
$$=\left[\frac{\partial y^{k}}{\partial x^{\mu}}+\Gamma_{\mu}^{k}(x,y)\right]\frac{\partial \widetilde{y}^{j}}{\partial y^{k}}+\left[\frac{\partial(\phi_{UV}^{-1})^{a}}{\partial x^{\mu}}\frac{\partial \widetilde{y}^{j}}{\partial(\phi_{UV}^{-1})^{a}}+\frac{\partial \phi_{UV}^{a}}{\partial x^{\mu}}\frac{\partial y^{k}}{\partial \phi_{UV}^{a}}\frac{\partial \widetilde{y}^{j}}{\partial y^{k}}\right]. \tag{2.3.80}$$

利用式(2.3.52),从而得证.

在计算 $y^{j}_{\|\mu}$ 的协变导数之前,需要引进只依赖于 $x\in M$ 的线性联络 $\Gamma^{\lambda}_{\mu\nu}(x)$ 和依赖 $x\in M$ 以及截面 $y^{j}(x)$ 的线性联络 $L^{j}_{k\mu}$,且满足

$$(y^{j}_{\|\mu})_{\|\nu}=\frac{\partial y^{j}_{\|\mu}}{\partial x^{\nu}}+y^{k}_{\|\mu}L^{j}_{k\nu}(-1)^{(\hat{k}+\hat{\mu})\hat{\nu}}-\Gamma^{\lambda}_{\mu\nu}y^{j}_{\|\lambda}, \tag{2.3.81}$$

其中,$\Gamma^{\lambda}_{\mu\nu}$ 是无挠的切丛联络.

为了定义线性联络 $L^{j}_{k\mu}$,设式(2.3.39)定义的无穷小变换满足下面两个条件:

(1)存在函数 λ^{a}_{k},使得

$$\lambda^{a}_{k}\lambda^{j}_{a}=\delta^{j}_{k}. \tag{2.3.82}$$

(2)在坐标变换(2.3.54)下,有

$$\widetilde{\lambda}^{a}_{j}(\widetilde{y})=\frac{\partial y^{k}}{\partial \widetilde{y}^{j}}\lambda^{b}_{k}(y)\mathrm{Ad}(\Phi^{-1}_{UV}(x))^{a}_{b}. \tag{2.3.83}$$

例如,若由

$$\boldsymbol{g}^{jk}(x)=\lambda^{j}_{a}(y(x))\boldsymbol{h}^{ab}\lambda^{k}_{b}(y(x)), \tag{2.3.84}$$

定义的矩阵是非奇异的,其中,$\boldsymbol{h}^{ab}$ 是矩阵 $\boldsymbol{C}^{c}_{ad}\boldsymbol{C}^{d}_{cb}$ 的逆矩阵,则

$$\lambda^{a}_{j}(y)=g_{jk}(x)\lambda^{k}_{b}(y)\boldsymbol{h}^{ba}, \tag{2.3.85}$$

满足上面的条件(1)和(2).

定理 2.19 假定 $\lambda^{a}_{i}(y)$ 满足上面的两个条件,则对任意截面,其局部坐标表示为 $y^{i}(x)$,可定义向量丛场 (M,F,G,ϕ_{UV}) 上的线性联络,定义线性联络

$$L^{j}_{k\mu}:=\left[\frac{\partial \lambda^{a}_{k}}{\partial x^{\mu}}+(-1)^{\hat{c}\hat{k}}\Gamma^{c}_{\mu}\lambda^{b}_{k}C^{a}_{bc}\right]\lambda^{j}_{a}=\frac{\partial(\Gamma^{a}_{\mu}\lambda^{j}_{a})}{\partial y^{k}}(-1)^{k\mu}-(-1)^{\hat{l}(\hat{k}+\hat{a})}y^{l}_{\|\mu}\lambda^{a}_{k}\frac{\partial \lambda^{j}_{a}}{\partial y^{l}}. \tag{2.3.86}$$

则在坐标变换式(2.3.54)下,有如下的变换规律:

$$\frac{\partial \widetilde{x}^{\nu}}{\partial x^{\mu}}\widetilde{L}^{j}_{k\nu}=(-1)^{\hat{\mu}(\hat{l}+\hat{k})}\frac{\partial y^{l}}{\partial \widetilde{y}^{k}}L^{i}_{l\mu}\frac{\partial \widetilde{y}^{j}}{\partial y^{i}}-(-1)^{\hat{\mu}(\hat{l}+\hat{k})}\frac{\partial y^{l}}{\partial \widetilde{y}^{k}}\frac{\partial}{\partial x^{\mu}}\left(\frac{\partial \widetilde{y}^{j}}{\partial y^{l}}\right). \tag{2.3.87}$$

证明 由式(2.3.57)、式(2.3.76)和式(2.3.82)可知

$$L^{j}_{k\mu}=\frac{\partial \lambda^{a}_{k}}{\partial x^{\mu}}\lambda^{j}_{a}+(-1)^{\hat{c}\hat{k}}\Gamma^{c}_{\mu}\lambda^{b}_{k}C^{a}_{bc}\lambda^{j}_{a}$$
$$=\frac{\partial y^{l}}{\partial x^{\mu}}\frac{\partial \lambda^{a}_{k}}{\partial y^{l}}\lambda^{j}_{a}+(-1)^{\hat{c}\hat{k}}\Gamma^{c}_{\mu}\lambda^{b}_{k}\left[\lambda^{l}_{b}\frac{\partial \lambda^{j}_{c}}{\partial y^{l}}-(-1)^{\hat{b}\hat{c}}\lambda^{l}_{c}\frac{\partial \lambda^{j}_{b}}{\partial y^{l}}\right]$$

$$= -(-1)^{\hat{l}(\hat{k}+\hat{a})}\frac{\partial y^l}{\partial x^\mu}\lambda_k^a\frac{\partial \lambda_a^j}{\partial y^l} + (-1)^{\hat{k}\hat{\mu}}\frac{\partial(\Gamma_\mu^c\lambda_c^j)}{\partial y^k} - (-1)^{(\hat{a}+\hat{k})\hat{l}}\Gamma_\mu^c\lambda_c^l\lambda_k^a\frac{\partial\lambda_a^j}{\partial y^l}$$

$$= \frac{\partial(\Gamma_\mu^a\lambda_a^j)}{\partial y^k}(-1)^{\hat{k}\hat{\mu}} - (-1)^{\hat{l}(\hat{k}+\hat{a})}y^l_{\|\mu}\lambda_k^a\frac{\partial\lambda_a^j}{\partial y^l}. \tag{2.3.88}$$

由于

$$\frac{\partial\tilde{x}^\nu}{\partial x^\mu}\tilde{L}^j_{k\nu} = \frac{\partial\tilde{x}^\nu}{\partial x^\mu}\left[\frac{\partial\tilde{\Gamma}^j_\nu}{\partial\tilde{y}^k}(-1)^{\hat{k}\hat{\nu}} - (-1)^{\hat{l}(\hat{k}+\hat{a})}\tilde{y}^l_{\|\nu}\lambda_k^a(\tilde{y})\frac{\partial\lambda_a^j(\tilde{y})}{\partial\tilde{y}^l}\right]$$

$$= \frac{\partial}{\partial\tilde{y}^k}\left(\frac{\partial\tilde{x}^\nu}{\partial x^\mu}\tilde{\Gamma}^j_\nu\right)(-1)^{k\mu} - (-1)^{\hat{l}(\hat{k}+\hat{a})}y^p_{\|\mu}\frac{\partial\tilde{y}^l}{\partial y^p}\frac{\partial y^q}{\partial\tilde{y}^k}\lambda_q^c\mathrm{Ad}(\phi_{UV}^{-1})^a_c$$

$$\cdot\frac{\partial}{\partial\tilde{y}^l}\left[\mathrm{Ad}(\phi_{UV})^b_a\lambda_b^i\frac{\partial\tilde{y}^j}{\partial y^i}\right]$$

$$= \frac{\partial y^q}{\partial\tilde{y}^k}\frac{\partial}{\partial y^q}\left[\Gamma_\mu^p(x,y)\frac{\partial\tilde{y}^j}{\partial y^p} - \frac{\partial(\phi_{UV}^{-1})^a}{\partial x^\mu}\frac{\partial\tilde{y}^j}{\partial(\phi_{UV}^{-1})^a}\right](-1)^{\hat{k}\hat{\mu}}$$

$$-(-1)^{\hat{p}(\hat{k}+\hat{a})}y^p_{\|\mu}\frac{\partial y^q}{\partial\tilde{y}^k}\lambda_q^c\mathrm{Ad}(\phi_{UV}^{-1})^a_c\frac{\partial}{\partial y^p}\left[\mathrm{Ad}(\phi_{UV})^b_a\lambda_b^i\frac{\partial\tilde{y}^j}{\partial y^i}\right]$$

$$= \frac{\partial y^q}{\partial\tilde{y}^k}\frac{\partial\Gamma_\mu^p(x,y)}{\partial y^q}\frac{\partial\tilde{y}^j}{\partial y^p}(-1)^{\hat{k}\hat{\mu}} + \frac{\partial y^q}{\partial\tilde{y}^k}\Gamma_\mu^p(x,y)\frac{\partial^2\tilde{y}^j}{\partial y^q\partial y^p}(-1)^{\hat{k}\hat{\mu}+\hat{q}(\hat{p}+\hat{\mu})}$$

$$-\frac{\partial y^q}{\partial\tilde{y}^k}\frac{\partial(\phi_{UV}^{-1})^a}{\partial x^\mu}\frac{\partial^2\tilde{y}^j}{\partial(\phi_{UV}^{-1})^a\partial y^q}(-1)^{\hat{k}\hat{\mu}+\hat{q}\hat{\mu}} - (-1)^{\hat{p}(\hat{k}+\hat{a})}y^p_{\|\mu}\frac{\partial y^q}{\partial\tilde{y}^k}$$

$$\cdot\lambda_q^a\left[\frac{\partial\lambda_a^i}{\partial y^p}\frac{\partial\tilde{y}^j}{\partial y^i} + (-1)^{\hat{p}(\hat{a}+\hat{i})}\lambda_a^i\frac{\partial^2\tilde{y}^j}{\partial y^p\partial y^i}\right], \tag{2.3.89}$$

并且

$$\frac{\partial y^q}{\partial\tilde{y}^k}\frac{\partial\Gamma_\mu^p(x,y)}{\partial y^q}\frac{\partial\tilde{y}^j}{\partial y^p}(-1)^{k\mu} - (-1)^{\hat{l}(\hat{k}+\hat{a})}y^l_{\|\mu}\frac{\partial y^q}{\partial\tilde{y}^k}\lambda_q^a\frac{\partial\lambda_a^i}{\partial y^l}\frac{\partial\tilde{y}^j}{\partial y^i}$$

$$= \frac{\partial y^q}{\partial\tilde{y}^k}\frac{\partial\Gamma_\mu^p(x,y)}{\partial y^q}\frac{\partial\tilde{y}^j}{\partial y^p}(-1)^{\hat{k}\hat{\mu}} - (-1)^{\hat{l}(\hat{k}+\hat{a})+(\hat{l}+\hat{\mu})(\hat{q}+\hat{k})}\frac{\partial y^q}{\partial\tilde{y}^k}y^l_{\|\mu}\lambda_q^a\frac{\partial\lambda_a^p}{\partial y^l}\frac{\partial\tilde{y}^j}{\partial y^p}$$

$$= (-1)^{(q+k)\mu}\frac{\partial y^q}{\partial\tilde{y}^k}\left[\frac{\partial\Gamma_\mu^p(x,y)}{\partial y^q}(-1)^{q\mu} - (-1)^{\hat{l}(\hat{a}+\hat{q})}y^l_{\|\mu}\lambda_q^a\frac{\partial\lambda_a^p}{\partial y^l}\right]\frac{\partial\tilde{y}^j}{\partial y^p}$$

$$= (-1)^{(\hat{q}+\hat{k})\mu}\frac{\partial y^q}{\partial\tilde{y}^k}L^p_{q\mu}\frac{\partial\tilde{y}^j}{\partial y^p}. \tag{2.3.90}$$

利用

$$\frac{\partial y^q}{\partial\tilde{y}^k}\Gamma_\mu^p(x,y)\frac{\partial^2\tilde{y}^j}{\partial y^q\partial y^p}(-1)^{\hat{k}\hat{\mu}+\hat{q}(\hat{p}+\hat{\mu})} - \frac{\partial y^q}{\partial\tilde{y}^k}\frac{\partial(\phi_{UV}^{-1})^a}{\partial x^\mu}\frac{\partial^2\tilde{y}^j}{\partial(\phi_{UV}^{-1})^a\partial y^q}(-1)^{\hat{k}\hat{\mu}+\hat{q}\hat{\mu}}$$

$$-(-1)^{\hat{p}(\hat{k}+\hat{a})+\hat{p}(\hat{a}+\hat{i})}y^p_{\|\mu}\frac{\partial y^q}{\partial\tilde{y}^k}\lambda_q^a\lambda_a^i\frac{\partial^2\tilde{y}^j}{\partial y^p\partial y^i} - (-1)^{\hat{p}\hat{k}}y^p_{\|\mu}\frac{\partial y^i}{\partial\tilde{y}^k}\frac{\partial^2\tilde{y}^j}{\partial y^i\partial y^p}$$

$$= \frac{\partial y^q}{\partial\tilde{y}^k}\Gamma_\mu^p(x,y)\frac{\partial^2\tilde{y}^j}{\partial y^q\partial y^p}(-1)^{\hat{k}\hat{\mu}+\hat{q}(\hat{p}+\hat{\mu})} - \frac{\partial y^q}{\partial\tilde{y}^k}\frac{\partial(\phi_{UV}^{-1})^a}{\partial x^\mu}\frac{\partial^2\tilde{y}^j}{\partial(\phi_{UV}^{-1})^a\partial y^q}$$

$$\cdot(-1)^{\hat{k}\hat{\mu}+\hat{q}\hat{\mu}} - (-1)^{\hat{p}\hat{k}}\frac{\partial y^p}{\partial x^\mu}\frac{\partial y^i}{\partial\tilde{y}^k}\frac{\partial^2\tilde{y}^j}{\partial y^i\partial y^p} - (-1)^{\hat{p}\hat{k}}\Gamma_\mu^p\frac{\partial y^i}{\partial\tilde{y}^k}\frac{\partial^2\tilde{y}^j}{\partial y^i\partial y^p}$$

$$= -\frac{\partial y^q}{\partial \tilde{y}^k}\frac{\partial(\phi_{UV}^{-1})^a}{\partial x^\mu}\frac{\partial^2 \tilde{y}^j}{\partial(\phi_{UV}^{-1})^a \partial y^q}(-1)^{\hat{k}\hat{\mu}+\hat{q}\hat{\mu}} - (-1)^{\hat{p}\hat{k}+(\hat{p}+\hat{\mu})(\hat{q}+\hat{k})}\frac{\partial y^q}{\partial \tilde{y}^k}\frac{\partial y^p}{\partial x^\mu}\frac{\partial^2 \tilde{y}^j}{\partial y^q \partial y^p}$$

$$= -(-1)^{\hat{k}\hat{\mu}+\hat{q}\hat{\mu}}\frac{\partial y^q}{\partial \tilde{y}^k}\left[\frac{\partial(\phi_{UV}^{-1})^a}{\partial x^\mu}\frac{\partial^2 \tilde{y}^j}{\partial(\phi_{UV}^{-1})^a \partial y^q} + \frac{\partial y^p}{\partial x^\mu}\frac{\partial^2 \tilde{y}^j}{\partial y^p \partial y^q}\right]$$

$$= -(-1)^{(\hat{k}+\hat{q})\hat{\mu}}\frac{\partial y^q}{\partial \tilde{y}^k}\frac{\partial}{\partial x^\mu}\left(\frac{\partial \tilde{y}^j}{\partial y^q}\right), \tag{2.3.91}$$

得到

$$\frac{\partial \tilde{x}^\nu}{\partial x^\mu}\tilde{L}^j_{k\nu} = (-1)^{(\hat{q}+\hat{k})\hat{\mu}}\frac{\partial y^q}{\partial \tilde{y}^k}L^p_{q\mu}\frac{\partial \tilde{y}^j}{\partial y^p} - (-1)^{(\hat{k}+\hat{q})\hat{\mu}}\frac{\partial y^q}{\partial \tilde{y}^k}\frac{\partial}{\partial x^\mu}\left(\frac{\partial \tilde{y}^j}{\partial y^q}\right). \tag{2.3.92}$$

命题得证.

给定截面 $y: M \to E$，总有 $\omega^j = \mathrm{d}x^\mu\left[\frac{\partial y^j}{\partial x^\mu} + \Gamma^j_\mu(x,y)\right] = \mathrm{d}x^\mu y^j_{\|\mu}$. 令 $L^j_k = \mathrm{d}x^\mu L^j_{k\mu}$，定义 ω^j 的协变导数：

$$\begin{aligned}
\mathrm{D}^*\omega^j &= \mathrm{d}\omega^j + \omega^k \wedge L^j_k \\
&= \mathrm{d}x^\mu \wedge \mathrm{d}x^\nu\left(\frac{\partial y^j_{\|\mu}}{\partial x^\nu}\right) + (\mathrm{d}x^\mu y^k_{\|\mu}) \wedge (\mathrm{d}x^\nu L^j_{k\nu}) \\
&= \mathrm{d}x^\mu \wedge \mathrm{d}x^\nu\left[\frac{\partial y^j_{\|\mu}}{\partial x^\nu} + y^k_{\|\mu}L^j_{k\nu}(-1)^{(\hat{k}+\hat{\mu})\hat{\nu}}\right] \\
&= \mathrm{d}x^\mu \wedge \mathrm{d}x^\nu\left[\frac{\partial y^j_{\|\mu}}{\partial x^\nu} + y^k_{\|\mu}L^j_{k\nu}(-1)^{(\hat{k}+\hat{\mu})\hat{\nu}} - \Gamma^\lambda_{\mu\nu}y^j_{\|\lambda}\right] \\
&= \mathrm{d}x^\mu \wedge \mathrm{d}x^\nu y^j_{\|\mu\nu} \\
&= \mathrm{d}x^\mu \wedge \mathrm{d}x^\nu\,\frac{1}{2}\left[y^j_{\|\mu\nu} - (-1)^{\hat{\mu}\hat{\nu}}y^j_{\|\nu\mu}\right].
\end{aligned} \tag{2.3.93}$$

将 $L^j_{k\mu}$ 代入 $y^j_{\|\mu\nu}$ 的表达式，可以得到

$$\begin{aligned}
y^j_{\|\mu\nu} = {}& \frac{\partial^2 y^j}{\partial x^\nu \partial x^\mu} + \frac{\partial \Gamma^a_\mu}{\partial x^\nu}\lambda^j_a + (-1)^{\hat{k}(\hat{\mu}+\hat{a})}\frac{\partial y^k}{\partial x^\nu}\Gamma^a_\mu\frac{\partial \lambda^j_a}{\partial y^k} + (-1)^{(\hat{k}+\hat{\mu})\hat{\nu}+\hat{k}\hat{a}}\frac{\partial y^k}{\partial x^\mu}\Gamma^a_\nu\frac{\partial \lambda^j_a}{\partial y^k} \\
& + (-1)^{(\hat{k}+\hat{\mu})\hat{\nu}+\hat{k}\hat{a}}\Gamma^b_\mu\lambda^k_b\Gamma^a_\nu\frac{\partial \lambda^j_a}{\partial y^k} - (-1)^{\hat{l}(\hat{k}+\hat{a})+(\hat{k}+\hat{\mu})\hat{\nu}}y^k_{\|\mu}y^l_{\|\nu}\lambda^a_k\frac{\partial \lambda^j_a}{\partial y^l} - \Gamma^\lambda_{\mu\nu}y^j_{\|\lambda}.
\end{aligned} \tag{2.3.94}$$

从而有

$$\begin{aligned}
& y^j_{\|\mu\nu} - (-1)^{\hat{\mu}\hat{\nu}}y^j_{\|\nu\mu} \\
&\quad = \frac{\partial \Gamma^a_\mu}{\partial x^\nu}\lambda^j_a + (-1)^{(\hat{k}+\hat{\mu})\hat{\nu}+\hat{k}\hat{a}}\Gamma^b_\mu\lambda^k_b\Gamma^a_\nu\frac{\partial \lambda^j_a}{\partial y^k} - (-1)^{\hat{l}(\hat{k}+\hat{a})+(\hat{k}+\hat{\mu})\hat{\nu}}y^k_{\|\mu}y^l_{\|\nu}\lambda^a_k\frac{\partial \lambda^j_a}{\partial y^l} \\
&\qquad - (-1)^{\hat{\mu}\hat{\nu}}\left[\frac{\partial \Gamma^a_\nu}{\partial x^\mu}\lambda^j_a + (-1)^{(\hat{k}+\hat{\nu})\hat{\mu}+\hat{k}\hat{a}}\Gamma^b_\nu\lambda^k_b\Gamma^a_\mu\frac{\partial \lambda^j_a}{\partial y^k}\right. \\
&\qquad \left. - (-1)^{\hat{l}(\hat{k}+\hat{a})+(\hat{k}+\hat{\nu})\hat{\mu}}y^k_{\|\nu}y^l_{\|\mu}\lambda^a_k\frac{\partial \lambda^j_a}{\partial y^l}\right]
\end{aligned}$$

$$= \frac{\partial \Gamma_{\mu}^{a}}{\partial x^{\nu}}\lambda_{a}^{j} + (-1)^{\hat{\mu}\hat{\nu}+\hat{b}(\hat{a}+\hat{\nu})}\Gamma_{\mu}^{b}\Gamma_{\nu}^{a}\lambda_{b}^{k}\frac{\partial \lambda_{a}^{j}}{\partial y^{k}} - (-1)^{\hat{l}(\hat{k}+\hat{a})+(\hat{k}+\hat{\mu})\hat{\nu}}y_{\|\mu}^{k}y_{\|\nu}^{l}\lambda_{k}^{a}\frac{\partial \lambda_{a}^{j}}{\partial y^{l}}$$

$$- (-1)^{\hat{\mu}\hat{\nu}}\left[\frac{\partial \Gamma_{\nu}^{a}}{\partial x^{\mu}}\lambda_{a}^{j} + (-1)^{\hat{\mu}\hat{\nu}+\hat{b}(\hat{a}+\hat{\mu})}\Gamma_{\nu}^{b}\Gamma_{\mu}^{a}\lambda_{b}^{k}\frac{\partial \lambda_{a}^{j}}{\partial y^{k}}\right.$$

$$\left. - (-1)^{l(k+a)+(k+\nu)\mu}y_{\|\nu}^{k}y_{\|\mu}^{l}\lambda_{k}^{a}\frac{\partial \lambda_{a}^{j}}{\partial y^{l}}\right]. \tag{2.3.95}$$

由前两项可得

$$\left[\frac{\partial \Gamma_{\mu}^{a}}{\partial x^{\nu}} - (-1)^{\mu\nu}\frac{\partial \Gamma_{\nu}^{a}}{\partial x^{\mu}}\right]\lambda_{a}^{j} + (-1)^{\hat{\mu}\hat{\nu}+b(a+\nu)}\Gamma_{\mu}^{b}\Gamma_{\nu}^{a}\lambda_{b}^{k}\frac{\partial \lambda_{a}^{j}}{\partial y^{k}} - (-1)^{\hat{a}(\hat{b}+\hat{\mu})}\Gamma_{\nu}^{a}\Gamma_{\mu}^{b}\lambda_{a}^{k}\frac{\partial \lambda_{b}^{j}}{\partial y^{k}}$$

$$= \left[\frac{\partial \Gamma_{\mu}^{a}}{\partial x^{\nu}} - (-1)^{\hat{\mu}\hat{\nu}}\frac{\partial \Gamma_{\nu}^{a}}{\partial x^{\mu}}\right]\lambda_{a}^{j} + (-1)^{\hat{\mu}\hat{\nu}+\hat{b}(\hat{a}+\hat{\nu})}\Gamma_{\mu}^{b}\Gamma_{\nu}^{a}\lambda_{b}^{k}\frac{\partial \lambda_{a}^{j}}{\partial y^{k}} - (-1)^{\hat{\nu}(\hat{b}+\hat{\mu})}\Gamma_{\mu}^{b}\Gamma_{\nu}^{a}\lambda_{a}^{k}\frac{\partial \lambda_{b}^{j}}{\partial y^{k}}$$

$$= \left[\frac{\partial \Gamma_{\mu}^{a}}{\partial x^{\nu}} - (-1)^{\hat{\mu}\hat{\nu}}\frac{\partial \Gamma_{\nu}^{a}}{\partial x^{\mu}}\right]\lambda_{a}^{j} + (-1)^{\hat{\mu}\hat{\nu}+\hat{b}(\hat{a}+\hat{\nu})}\Gamma_{\mu}^{b}\Gamma_{\nu}^{a}\left[\lambda_{b}^{k}\frac{\partial \lambda_{a}^{j}}{\partial y^{k}} - (-1)^{\hat{a}\hat{b}}\lambda_{a}^{k}\frac{\partial \lambda_{b}^{j}}{\partial y^{k}}\right]$$

$$= \left[\frac{\partial \Gamma_{\mu}^{a}}{\partial x^{\nu}} - (-1)^{\hat{\mu}\hat{\nu}}\frac{\partial \Gamma_{\nu}^{a}}{\partial x^{\mu}} + (-1)^{\hat{\mu}\hat{\nu}+\hat{b}(\hat{c}+\hat{\nu})}\Gamma_{\mu}^{b}\Gamma_{\nu}^{c}C_{bc}^{a}\right]\lambda_{a}^{j}$$

$$= (-1)^{\hat{\mu}\hat{\nu}}\left[(-1)^{\hat{\mu}\hat{\nu}}\frac{\partial \Gamma_{\mu}^{a}}{\partial x^{\nu}} - \frac{\partial \Gamma_{\nu}^{a}}{\partial x^{\mu}} + (-1)^{\hat{b}(\hat{c}+\hat{\nu})}\Gamma_{\mu}^{b}\Gamma_{\nu}^{c}C_{bc}^{a}\right]\lambda_{a}^{j}$$

$$= (-1)^{\mu\nu}F_{\mu\nu}^{a}\lambda_{a}^{j}. \tag{2.3.96}$$

因此

$$y_{\|\mu\nu}^{j} - (-1)^{\hat{\mu}\hat{\nu}}y_{\|\nu\mu}^{j} = (-1)^{\hat{\mu}\hat{\nu}}F_{\mu\nu}^{a}\lambda_{a}^{j} + \left\{-(-1)^{\hat{l}(\hat{k}+\hat{a})+(\hat{k}+\hat{\mu})\hat{\nu}}y_{\|\mu}^{k}y_{\|\nu}^{l}\lambda_{k}^{a}\frac{\partial \lambda_{a}^{j}}{\partial y^{l}}\right.$$

$$\left. - (-1)^{\hat{\mu}\hat{\nu}}\left[-(-1)^{\hat{l}(\hat{k}+\hat{a})+(\hat{k}+\hat{\nu})\hat{\mu}}y_{\|\nu}^{k}y_{\|\mu}^{l}\lambda_{k}^{a}\frac{\partial \lambda_{a}^{j}}{\partial y^{l}}\right]\right\} \tag{2.3.97}$$

此外

$$-(-1)^{\hat{l}(\hat{k}+\hat{a})+(\hat{k}+\hat{\mu})\hat{\nu}}\mathrm{d}x_{\mu}\wedge \mathrm{d}x_{\nu}y_{\|\mu}^{k}y_{\|\nu}^{l}\lambda_{k}^{a}\frac{\partial \lambda_{a}^{j}}{\partial y^{l}}$$

$$= -(-1)^{\hat{l}(\hat{k}+\hat{a})}(\mathrm{d}x_{\mu}y_{\|\mu}^{k})\wedge(\mathrm{d}x_{\nu}y_{\|\nu}^{l})\lambda_{k}^{a}\frac{\partial \lambda_{a}^{j}}{\partial y^{l}}$$

$$= -(-1)^{\hat{l}(\hat{k}+\hat{a})}\omega^{k}\wedge\omega^{l}\lambda_{k}^{a}\frac{\partial \lambda_{a}^{j}}{\partial y^{l}}$$

$$= (-1)^{\hat{l}\hat{a}}\omega^{l}\wedge\omega^{k}\left(\lambda_{k}^{a}\frac{\partial \lambda_{a}^{j}}{\partial y^{l}}\right). \tag{2.3.98}$$

令

$$M_{kl}^{j} = (-1)^{\hat{l}\hat{a}}\lambda_{k}^{a}\frac{\partial \lambda_{a}^{j}}{\partial y^{l}} - (-1)^{\hat{k}\hat{a}+\hat{l}\hat{k}}\lambda_{l}^{a}\frac{\partial \lambda_{a}^{j}}{\partial y^{k}}. \tag{2.3.99}$$

可得以下定理：

定理 2.20　对任意截面 $y:M\to E$，以下结构方程成立：

$$\mathrm{D}\omega^{j} = -\frac{1}{2}\mathrm{d}x^{\nu}\wedge\mathrm{d}x^{\mu}(F_{\mu\nu}^{a}\lambda_{a}^{j}) + \frac{1}{2}\omega^{l}\wedge\omega^{k}M_{kl}^{j}. \tag{2.3.100}$$

Roelofs 和 Hijligenberg[20] 首次将延拓结构理论推广用于研究超的非线性演化方程. 最近程纪鹏等[21] 基于纤维丛上的超联络构造了(1+1)维的费米协变延拓结构理论并给出了延拓基本方程.

2.3.3 (1+1)维费米协变延拓结构理论

给定一组超的非线性演化方程,通过添加新的变量可以将其写成一阶偏微分方程的形式. 假定独立坐标为$\{x, t, u^\beta, \beta=3\cdots m+2\}$,考虑维数为 $m+2$ 的超空间 $M=\{x, t, u^\beta\}$,解流形即为 M 的一个二维的超子流形 $S=\{x, t, u(x, t)\}$.

定义 M 上一组奇的和偶的微分 2-形式:

$$\alpha^i = \mathrm{d}x^\mu \wedge \mathrm{d}x^\nu h^i_{\mu\nu} \quad (\mu, \nu = 1, \cdots, m+2; i = 1, \cdots, l) \quad (2.3.101)$$

这些 2-形式构成微分闭理想 I,即满足 $\mathrm{d}\alpha^i = 0 \bmod(\alpha^1, \cdots, \alpha^l)$. 将这组 2-形式限制到解流形 S 上为零,即 $\alpha^\beta|_S = 0$,利用这个约束便可以再次得到非线性演化方程.

考虑超主丛 $P(M, G)$ 以及超伴丛 $E(M, Y, G, P)$,其底流形为超流形 M,纤维为 F,超李群 G 为结构群. G 的生成元可以写作 $X_a = \lambda^j_a \dfrac{\partial}{\partial z^j}$,其中,$\{z^j, j=1, \cdots, n\}$为 F 上的局部坐标,λ^j_a 是群 G 的无穷小变换的生成元的系数. 这些生成元的对易关系为

$$[X_a, X_b] := X_a X_b - (-1)^{\hat{a}\hat{b}} X_b X_a = C^c_{ab} X_c. \quad (2.3.102)$$

E 上的超联络形式为

$$\omega^j = \mathrm{d}z^j + \mathrm{d}x \Gamma^j_\mu(x, z) = \mathrm{d}z^j + \mathrm{d}x^\mu \Gamma^a_\mu(x) \lambda^j_a(z) \quad (j = 1, \cdots, s), \quad (2.3.103)$$

其中,$x=\{x^\mu, \mu=1, \cdots, m+2\}$,$z=\{z^l, l=1, \cdots, n\}$,$\Gamma^a_\mu(x)$,$\Gamma^j_\mu(x, z)$分别为主丛 P 和伴丛 E 上的超联络系数. 注意:由于 λ^j_a 中的变量 z 通常是非线性的,因此 $\Gamma^j_\mu(x, z)$是非线性的.

对任意截面 $z: M \to E$,可定义如下超诱导联络 $L^j_{k\mu}(x, z(x))$,即

$$L^j_{k\mu}(x, z(x)) = \left[\frac{\partial \lambda^a_k}{\partial x \mu} + (-1)^{\hat{c}\hat{k}} \Gamma^c_\mu \lambda^b_k C^a_{bc}\right] \lambda^j_a. \quad (2.3.104)$$

利用超诱导联络 $L^j_{k\mu}(x, z(x))$,限制在截面上引入如下协变微分:

$$\begin{aligned} \mathrm{D}\omega^j &= \mathrm{d}\omega^j + \omega^k \wedge L^j_k \\ &= -\frac{1}{2}\mathrm{d}x^\nu \wedge \mathrm{d}x^\mu (F^a_{\mu\nu} \lambda^j_a) + \frac{1}{2}\omega^l \wedge \omega^k M^j_{kl}, \end{aligned} \quad (2.3.105)$$

其中,$L^j_k = \mathrm{d}x^\mu L^j_{jk}$,$F^a_{\mu\nu}$ 和 M^j_{kl} 分别为

$$\begin{aligned} F^a_{\mu\nu} &= -\frac{\partial \Gamma^a_\nu}{\partial x_\mu} + (-1)^{\hat{\mu}\hat{\nu}} \frac{\partial \Gamma^a_\mu}{\partial x_\nu} + (-1)^{(\hat{b}+\hat{\nu})\hat{c}} \Gamma^c_\mu \Gamma^b_\nu C^a_{cb}, \\ M^j_{kl} &= (-1)^{\hat{l}\hat{a}} \lambda^a_k \frac{\partial \lambda^j_a}{\partial z^l} - (-1)^{\hat{k}\hat{a}+\hat{l}\hat{k}} \lambda^a_l \frac{\partial \lambda^j_a}{\partial z^k}. \end{aligned} \quad (2.3.106)$$

引入一组定义在 E 上的奇的和偶的1-形式 $\omega^j(j=1,\cdots,k)$. 将 M 上的闭理想 I 扩展为 E 上的一个新的闭理想 $I'=\{\alpha^i,\omega^j\}$,则有

$$D\omega^j \subset I'. \tag{2.3.107}$$

利用式(2.3.100)以及闭理想条件式(2.3.107),则有

$$-\frac{1}{2}dx^\nu \wedge dx^\mu(F^a_{\mu\nu}\lambda^j_a)+\frac{1}{2}\omega^l \wedge \omega^k M^j_{kl} = \alpha^\beta f^i_\beta + \omega^l \wedge \eta^i_l, \tag{2.3.108}$$

其中,f^i_β 和 η^i_l 分别为 M 上的0-形式和1-形式.

对比式(2.3.108)的左右两边,可得基本方程

$$-\frac{1}{2}dx^\nu \wedge dx^\mu(F^a_{\mu\nu}\lambda^j_a) = \alpha^\beta f^i_\beta, \tag{2.3.109}$$

$$\frac{1}{2}\omega^l \wedge \omega^k M^j_{kl} = \omega^l \wedge \eta^i_l. \tag{2.3.110}$$

在玻色极限下,式(2.3.109)和式(2.3.110)可以分别约化为协变延拓结构的基本方程(2.2.52)和式(2.2.53).对于给定的非线性可积系统,当基本方程的解存在时,该系统的延拓结构也被确定.

2.3.4 (2+1)维费米协变延拓结构理论

对于一个(2+1)维超的非线性演化方程,通过添加一些新的变量,可以将该方程写成一阶偏微分方程的形式.引入独立坐标为 $u^\beta(\beta=4,\cdots,m+3)$.考虑一个维数为 $m+3$ 的超空间 $M=\{x,y,t,u^\beta,\beta=4,\cdots,m+3\}=\{x^\gamma,\gamma=1,\cdots,m+3\}$.解流形就为 M 的三维超子流形 $S=\{x,y,t,u^\beta(x,y,t)\}$.定义 M 上的一组奇的和偶的3-形式:

$$\alpha^i = dx^\mu \wedge dx^\nu \wedge dx^\eta f^i_{\mu\nu\eta} \quad (\mu,\nu,\eta=1,\cdots,m+3;i=1,\cdots,p), \tag{2.3.111}$$

这些3-形式构成一个闭理想 I,即满足

$$d\alpha^i \subset I. \tag{2.3.112}$$

将这些3-形式限制到解流形 S 上时为零,即

$$\alpha^i|_S = 0. \tag{2.3.113}$$

于是可以重新得到一阶非线性偏微分方程.

给定超主丛 $P(M,G)$ 上的联络 Γ^μ_a,在超伴丛 $E(M,F,G,P)$ 上存在一个超联络 $\Gamma^j_\mu(x,z)$,使得 $\Gamma^j_\mu(x,z)=\lambda^j_a(z)\Gamma^a_\mu(x)$.

定义局部截面:$z:M\to E$,引入 E 上的超联络:

$$\begin{aligned}\omega^j &= dz^j + dx^\mu\Gamma^j_\mu(x,z)\\ &= dz^j + dx^\mu\Gamma^a_\mu(x)\lambda^j_a(z) \quad (j=1,\cdots,s),\end{aligned} \tag{2.3.114}$$

其中,$x\in M$,$x=\{x^\mu,\mu=1,\cdots,m+3\}$,$z=\{z^l,l=1,\cdots,n\}$,$\Gamma^a_\mu(x)$ 和 $\Gamma^j_\mu(x,y)$

分别为超主丛 P 和超伴丛 E 上的联络.

利用超诱导联络式(2.3.104),可得

$$\mathrm{D}\omega^j = -\frac{1}{2}\mathrm{d}x^\nu \wedge \mathrm{d}x^\mu (F^a_{\mu\nu}\lambda^j_a) + \frac{1}{2}\omega^l \wedge \omega^k M^j_{kl}, \tag{2.3.115}$$

其中,$F^a_{\mu\nu}$ 和 M^j_{kl} 分别为

$$\begin{aligned} F^a_{\mu\nu} &= -\frac{\partial \Gamma^a_\nu}{\partial x_\mu} + (-1)^{\hat{\mu}\hat{\nu}}\frac{\partial \Gamma^a_\mu}{\partial x_\nu} + \Gamma^c_\mu \Gamma^b_\nu C^a_{cb}(-1)^{(\hat{b}+\hat{\nu})\hat{c}}, \\ M^j_{kl} &= (-1)^{\hat{l}\hat{a}}\lambda^a_k \frac{\partial \lambda^j_a}{\partial y^l} - (-1)^{\hat{k}\hat{a}+\hat{l}\hat{k}}\lambda^a_l \frac{\partial \lambda^j_a}{\partial y^k}. \end{aligned} \tag{2.3.116}$$

为了得到延拓结构,引入一组含有偶变量和奇变量的 2-形式:

$$\Omega^j = \beta \wedge \omega^j, \tag{2.3.117}$$

其中,β 是定义在 M 上的待定 1-形式,由式(2.3.114)和式(2.3.115),可以得到 Ω^j 的协变导数为

$$\begin{aligned} \mathrm{D}\Omega^j &= -\frac{1}{2}\beta \wedge \mathrm{d}x^\nu \wedge \mathrm{d}x^\mu F^j_{\mu\nu} + \left(\mathrm{d}\beta \wedge \omega^j + \frac{1}{2}\beta \wedge \omega^l \wedge \omega^k M^j_{kl}\right) \\ &= -\frac{1}{2}\beta \wedge \mathrm{d}x^\nu \wedge \mathrm{d}x^\mu F^j_{\mu\nu} + \left(\mathrm{d}\beta \wedge \omega^j + \frac{1}{2}\Omega^l \wedge \omega^k M^j_{kl}\right). \end{aligned} \tag{2.3.118}$$

将闭理想 I 延拓至新的闭理想 $I' = \{\alpha^i, \Omega^j\}$,即

$$\mathrm{D}\Omega^j \subset I'. \tag{2.3.119}$$

将式(2.3.118)代入闭理想条件式(2.3.119),可以得到

$$-\frac{1}{2}\beta \wedge \mathrm{d}x^\nu \wedge \mathrm{d}x^\mu F^j_{\mu\nu} + \left(\mathrm{d}\beta \wedge \omega^j + \frac{1}{2}\Omega^l \wedge \omega^k M^j_{kl}\right) = \alpha^i f^j_i + \Omega^m \wedge \eta^j_m, \tag{2.3.120}$$

其中,f^j_i 和 η^j_m 分别为 M 上的 0-形式和 1-形式. 对比式(2.3.120)左右两边,可以将方程(2.3.120)分解为两部分,因此得到两个基本方程:

$$-\frac{1}{2}\beta \wedge \mathrm{d}x^\nu \wedge \mathrm{d}x^\mu (F^a_{\mu\nu}\lambda^j_a) = \alpha^i f^j_i, \tag{2.3.121}$$

$$\frac{1}{2}\Omega^l \wedge \omega^k M^j_{kl} = \Omega^m \wedge \eta^j_m, \tag{2.3.122}$$

其中,β 需要满足以下约束条件:

$$\mathrm{d}\beta = 0. \tag{2.3.123}$$

如果方程(2.3.121)和方程(2.3.122)的解存在,则费米协变延拓结构有效,将基本方程中的费米项去掉后,则方程(2.3.121)和方程(2.3.122)分别退化为(2+1)维协变延拓结构理论基本方程(2.2.52)和(2.2.53).

第 3 章　Heisenberg 铁磁链模型

3.1　基本的 Heisenberg 铁磁链模型

Heisenberg 铁磁链模型是一个非常重要的可积系统，它表示经典连续的铁磁自旋系统的非线性动力学情况，在物理中具有重要应用，比如非平衡磁性、anti-deSitter/共性场论以及二维(2D)引力理论等.

Heisenberg 铁磁链模型[9]为

$$\boldsymbol{S}_t = \boldsymbol{S} \times \boldsymbol{S}_{xx}, \tag{3.1.1}$$

其中，$\boldsymbol{S} = (S_1(x,t), S_2(x,t), S_3(x,t))$是一个取值在$\mathbb{R}^3$中单位球面 S^2 上的向量值函数，表示自旋矢量，且满足 $\boldsymbol{S} \cdot \boldsymbol{S} = 1$. 方程(3.1.1)的 Lax 对为

$$\phi_x = U\phi, \quad \phi_t = V\phi, \tag{3.1.2}$$

其中

$$\begin{aligned} U &= \mathrm{i}\lambda \sum_{i=1}^{3} S_i \boldsymbol{\sigma}_i, \\ \boldsymbol{V} &= \lambda \sum_{i=1}^{3} (\boldsymbol{S} \times \boldsymbol{S}_x)_i \boldsymbol{\sigma}_i + 2\mathrm{i}\lambda^2 \sum_{i=1}^{3} S_i \boldsymbol{\sigma}_i, \end{aligned} \tag{3.1.3}$$

其中，$\boldsymbol{\sigma}_i$ $(i=1,2,3)$为 Pauli 矩阵，即

$$\boldsymbol{\sigma}_1 = \begin{pmatrix} 0 & 1 \\ 1 & 0 \end{pmatrix}, \quad \boldsymbol{\sigma}_2 = \begin{pmatrix} 0 & -\mathrm{i} \\ \mathrm{i} & 0 \end{pmatrix}, \quad \boldsymbol{\sigma}_3 = \begin{pmatrix} 1 & 0 \\ 0 & -1 \end{pmatrix}. \tag{3.1.4}$$

下面介绍 Heisenberg 铁磁链模型(3.1.1)的自旋波、孤立波、自型解及其与非线性 Schrödinger 方程的等价性[2].

3.1.1　自旋波

设方程(3.1.1)具有如下形式的解：

$$\boldsymbol{S}(x,t)=\boldsymbol{a}\cos\alpha+\{\boldsymbol{b}\cos(kx-\omega t)+\boldsymbol{c}\sin(kx-\omega t)\}\sin\alpha,\tag{3.1.5}$$

其中，$(\boldsymbol{a},\boldsymbol{b},\boldsymbol{c})$为右手系单位正交向量，$\alpha$，$k$ 为任意实数，$\omega=k^2\sin\alpha$. 这种形式的解称为自旋波. 这些自旋波的能量密度 $\mathscr{E}$ 和能量流 j 分别为常数：

$$\mathscr{E}=\frac{1}{2}k^2\sin^2\alpha,\quad j=k^3\sin^3\alpha\cos\alpha=v\mathscr{E},\tag{3.1.6}$$

其中，$v=2k\cos\alpha=\mathrm{d}\omega/\mathrm{d}k$ 为波的群速度. 自旋波的解(3.1.5)实际是 $\boldsymbol{S}=\boldsymbol{S}(u)$ 形式的解，其中，$u=x-ct$. 将此解代入式(3.1.1)可得

$$-c\boldsymbol{S}'=\boldsymbol{S}\times\boldsymbol{S}'',\tag{3.1.7}$$

其中，“$'$”表示对 u 求导. 注意到 $\boldsymbol{S}'\times\boldsymbol{S}'=0$，则由式(3.1.7)可得

$$\frac{\mathrm{d}}{\mathrm{d}u}(\boldsymbol{S}\times\boldsymbol{S}'+c\boldsymbol{S})=0,\tag{3.1.8}$$

积分可得

$$\boldsymbol{S}\times\boldsymbol{S}'+c\boldsymbol{S}=\boldsymbol{S}_0,\tag{3.1.9}$$

其中，$\boldsymbol{S}_0$ 为常数向量. 将式(3.1.9)与 $\boldsymbol{S}$ 做数量积，注意到 $|\boldsymbol{S}|=1$，则有

$$\boldsymbol{S}\cdot\boldsymbol{S}_0=c.\tag{3.1.10}$$

以 $\boldsymbol{a}$ 表示沿 $\boldsymbol{S}_0$ 的单位向量，构造其他两个向量 $\boldsymbol{b}$ 和 $\boldsymbol{c}$，使之与 $\boldsymbol{a}$ 正交，并且它们相互正交. 于是$(\boldsymbol{a},\boldsymbol{b},\boldsymbol{c})$形成右手系，$\boldsymbol{S}(u)$可写成

$$\boldsymbol{S}(u)=\boldsymbol{a}\cos\alpha+\{\boldsymbol{b}\cos\varphi(u)+\boldsymbol{c}\sin\varphi(u)\}\sin\alpha,\tag{3.1.11}$$

其中，α 是 $\boldsymbol{S}$ 和 $\boldsymbol{S}_0$ 的常数夹角，$\varphi(u)$为$(\boldsymbol{b},\boldsymbol{c})$在平面上的投影和向量 $\boldsymbol{b}$ 的夹角. 将式(3.1.11)代入式(3.1.7)得到

$$\varphi'(u)=\frac{c}{\cos\alpha},\tag{3.1.12}$$

这就导致 $\varphi(u)=kx-\omega t$，其中，$k=c/\cos\alpha$，$\omega=k^2\alpha$，即为自旋波，见式(3.1.5).

3.1.2 孤立波

首先引入极坐标：

$$\begin{cases}u=\sin\theta(x,t)\cos\varphi(x,t),\\ v=\sin\theta(x,t),\\ \omega=\cos\theta(x,t),\end{cases}\tag{3.1.13}$$

其中，$\boldsymbol{S}(x,t)=(u(x,t),v(x,t),\omega(x,t))$，由方程(3.1.1)可得

$$\begin{cases}\dfrac{\mathrm{d}\theta}{\mathrm{d}t}=-2\theta_x\varphi_x\cos\theta-\varphi_{xx}\sin\theta,\\ \varphi_t\sin\theta=\theta_{xx}-\varphi_x^2\sin\theta\cos\theta.\end{cases}\tag{3.1.14}$$

设 θ 和φ 均为$u=x-ct$ 的函数，此时即为先前的自旋波情况. 其次设 $\theta(x,t)$ 为 u 的函数，$\varphi(x,t)$具有如下形式：

$$\varphi(x,t) = \bar{\varphi}(u) + \Omega t. \tag{3.1.15}$$

定义

$$\chi(u) = \bar{\varphi}'(u)\sin\theta(u), \tag{3.1.16}$$

由方程(3.1.14)可得

$$\begin{cases} \chi' = \theta'(c - \chi\cos\theta), \\ \theta'' = -x(c - \chi\cos\theta) + \Omega\sin\theta, \end{cases} \tag{3.1.17}$$

其中,“′”代表对 u 求导.从这个方程直接可得

$$\theta'^2 + \chi^2 + 2\Omega\cos\theta = 2\alpha, \tag{3.1.18}$$

其中,α 是与 u 无关的常量.

如令

$$\begin{aligned} z(u) &= \cos\theta(u), \\ y(u) &= \bar{\varphi}'(u)\sin^2\theta(u), \end{aligned} \tag{3.1.19}$$

由式(3.1.17)可得

$$y' = -cz', \tag{3.1.20}$$

$$z'' - cy + \Omega(1 - z^2) + \frac{z(z^2 + y^2)}{1 - z^2} = 0. \tag{3.1.21}$$

由式(3.1.18)得

$$z'^2 + y^2 = 2(\alpha - \Omega z)(1 - z^2). \tag{3.1.22}$$

因此式(3.1.21)变为

$$z'' - cy - 3\Omega z^2 + 2\alpha z + \Omega = 0. \tag{3.1.23}$$

易得式(3.1.20)和式(3.1.21)的一般解,从而可得孤立波型的特解:

$$\begin{aligned} z(u) &= \tanh^2\frac{1}{2}cu, \\ y(u) &= c \cdot \operatorname{sech}^2\frac{1}{2}cu, \end{aligned} \tag{3.1.24}$$

其中

$$\alpha = \Omega = \frac{1}{2}c^2. \tag{3.1.25}$$

由式(3.1.19)可得

$$\frac{\mathrm{d}\bar{\varphi}}{\mathrm{d}u} = \frac{c}{1 + \tanh^2\frac{1}{2}cu}. \tag{3.1.26}$$

积分得

$$\bar{\varphi}(u) = \tanh^{-1}\left(\tanh\frac{1}{2}cu\right) + \frac{1}{2}cu. \tag{3.1.27}$$

由式(3.1.15)和式(3.1.25)可得

$$\varphi(x,t) = \tanh^{-1}\left[\tanh\frac{1}{2}c(x - ct)\right] + \frac{1}{2}cx. \tag{3.1.28}$$

能量密度 $\mathscr{E}(u)$和能量流 $j(u)$分别为

$$\mathscr{E}(u)=\frac{c^2}{2\operatorname{sech}^2\frac{cu}{2}},\quad j(u)=c\mathscr{E}(u). \tag{3.1.29}$$

3.1.3 自型解

设 $\boldsymbol{S}(x,t)=\boldsymbol{S}(\eta)$，$\eta=xt^{\alpha}$，特别地，$\alpha=-\dfrac{1}{2}$时，即

$$\eta=xt^{-\frac{1}{2}}, \tag{3.1.30}$$

代入方程(3.1.1)，可得

$$\eta\boldsymbol{S}'=-2\boldsymbol{S}\times\boldsymbol{S}''. \tag{3.1.31}$$

当方程(3.1.31)中 η 充分大时的自型解为

$$\boldsymbol{S}(\eta)=\left(\frac{2q}{\eta}\sin\frac{1}{4}\eta^2,-\frac{2q}{\eta}\cos\frac{1}{4}\eta^2,1\right)+O(\eta^{-2}), \tag{3.1.32}$$

其中，$|\boldsymbol{S}'(\eta)|=q$. 此时能量密度和能量流密度分别为

$$\begin{aligned}\mathscr{E}(x,t)&=\frac{1}{2t}\mid\boldsymbol{S}'(\eta)\mid^2,\\ j(x,t)&=\frac{1}{t^{\frac{3}{2}}}\boldsymbol{S}\cdot(\boldsymbol{S}'\times\boldsymbol{S}'').\end{aligned} \tag{3.1.33}$$

由方程(3.1.31)可得

$$j(x,t)=\frac{1}{2t^{\frac{3}{2}}}\mid\boldsymbol{S}'(\eta)\mid^2. \tag{3.1.34}$$

由方程(3.1.31)又有 $\boldsymbol{S}'\cdot\boldsymbol{S}''=0$，因此

$$\mid\boldsymbol{S}'(\eta)\mid^2=q^2=\text{常数}. \tag{3.1.35}$$

由此可得

$$\begin{aligned}\mathscr{E}(x,t)&=\frac{q^2}{2t},\\ j(x,t)&=\frac{q^2x}{2t^2}=\frac{x}{t}\mathscr{E}(x,t).\end{aligned} \tag{3.1.36}$$

3.1.4 等价方程

Heisenberg 铁磁链模型规范等价且几何等价于非线性 Schrödinger 方程[9,22]：

$$\mathrm{i}\varphi_t+\varphi_{xx}+2|\varphi|^2\varphi=0\quad(-\infty<x,t<\infty). \tag{3.1.37}$$

非线性 Schrödinger 方程的 Lax 表示为

$$\boldsymbol{\Phi}_{1x} = \boldsymbol{U}_1(x,t,\lambda)\boldsymbol{\Phi}_1,\quad \boldsymbol{\Phi}_{1t} = \boldsymbol{V}_1(x,t,\lambda)\boldsymbol{\Phi}_1, \tag{3.1.38}$$

其中

$$\begin{aligned} &\boldsymbol{U}_1 = \boldsymbol{A}_0 + \lambda\boldsymbol{A}_1,\quad \boldsymbol{V}_1 = \boldsymbol{B}_0 + \lambda\boldsymbol{B}_1 + \lambda^2\boldsymbol{B}_2,\\ &\boldsymbol{A}_0 = \begin{pmatrix} 0 & \bar{\varphi} \\ -\bar{\varphi} & 0 \end{pmatrix},\quad \boldsymbol{A}_1 = \mathrm{i}\boldsymbol{\sigma}_3,\\ &\boldsymbol{B}_0 = \frac{1}{\mathrm{i}}\begin{pmatrix} |\bar{\varphi}|^2 & \bar{\varphi}_x \\ \varphi_x & -|\varphi|^2 \end{pmatrix},\quad \boldsymbol{B}_1 = 2\boldsymbol{A}_0,\quad \boldsymbol{B}_2 = 2\boldsymbol{A}_1, \end{aligned} \tag{3.1.39}$$

其中，$\boldsymbol{\sigma}_1,\boldsymbol{\sigma}_2,\boldsymbol{\sigma}_3$ 是 Pauli 矩阵.

利用 Pauli 矩阵可以将式(3.1.1)化为矩阵形式的 Heisenberg 铁磁链模型：

$$\mathrm{i}\boldsymbol{S}_t = \frac{1}{2}[\boldsymbol{S},\boldsymbol{S}_{xx}], \tag{3.1.40}$$

其中，$\boldsymbol{S} = \sum_{i=1}^{3} S_i \cdot \boldsymbol{\sigma}_i$，$\boldsymbol{S}^2 = \boldsymbol{I}$（$\boldsymbol{I}$ 为单位矩阵）.

式(3.1.40)的 Lax 表示为

$$\boldsymbol{\Phi}_{2x} = \boldsymbol{U}_2(x,t,\lambda)\boldsymbol{\Phi}_2,\quad \boldsymbol{\Phi}_{2t} = \boldsymbol{V}_2(x,t,\lambda)\boldsymbol{\Phi}_2, \tag{3.1.41}$$

其中

$$\boldsymbol{U}_2 = \mathrm{i}\lambda\boldsymbol{S},\quad \boldsymbol{V}_2 = \lambda\boldsymbol{S}\boldsymbol{S}_x + 2\mathrm{i}\lambda^2\boldsymbol{S}. \tag{3.1.42}$$

下面分别从规范等价和几何等价角度考虑 Heisenberg 铁磁链模型的等价方程.

(1)规范等价性

命题 3.1　令 $\varphi(x,t)$是非线性 Schrödinger 方程(3.1.37)的解，且满足边界条件

$$\lim_{|x|\to\infty}\varphi(x,t) = 0,\quad \boldsymbol{g}(x,t) = \boldsymbol{\Phi}_1(x,t,0), \tag{3.1.43}$$

其中，$\boldsymbol{\Phi}_1(x,t,\lambda)$是方程(3.1.38)的一个解，则方程

$$\boldsymbol{S}(x,t) = \boldsymbol{g}(x,t)^{-1}\boldsymbol{\sigma}_3\boldsymbol{g}(x,t) \tag{3.1.44}$$

是 Heisenberg 铁磁链模型(3.1.40)的解.

证明　考虑规范变换 $\boldsymbol{\Phi}_1 = \boldsymbol{g}\boldsymbol{\Phi}_2$，因为 $\boldsymbol{g}_x = \boldsymbol{A}_0\boldsymbol{g}$，由 $\boldsymbol{U}_1$ 推出 $\boldsymbol{U}_2 = \mathrm{i}\lambda\boldsymbol{S}$，其中，$\boldsymbol{S} = \boldsymbol{g}^{-1}\boldsymbol{\sigma}_3\boldsymbol{g}$，由 $\boldsymbol{g}_t = \boldsymbol{B}_0\boldsymbol{g}$，在规范变换下，由 $\boldsymbol{V}_1$ 可得

$$\boldsymbol{V}_2 = \lambda\boldsymbol{g}^{-1}\boldsymbol{B}_1\boldsymbol{g} + 2\mathrm{i}\lambda^2\boldsymbol{S}. \tag{3.1.45}$$

由 $\boldsymbol{g}^{-1}\boldsymbol{B}_1\boldsymbol{g} = 2\boldsymbol{g}^{-1}\boldsymbol{A}_0\boldsymbol{g} = 2\boldsymbol{g}^{-1}\boldsymbol{g}_x$，并且

$$\begin{aligned} \boldsymbol{S}\boldsymbol{S}_x &= -\boldsymbol{S}_x\boldsymbol{S}\\ &= \boldsymbol{g}^{-1}\boldsymbol{g}_x - \boldsymbol{g}^{-1}\boldsymbol{\sigma}_3\boldsymbol{g}_x\boldsymbol{g}^{-1}\boldsymbol{\sigma}_3\boldsymbol{g}\\ &= \boldsymbol{g}^{-1}\boldsymbol{g}_x - \boldsymbol{g}^{-1}\boldsymbol{\sigma}_3\boldsymbol{A}_0\boldsymbol{\sigma}_3\boldsymbol{g}\\ &= 2\boldsymbol{g}^{-1}\boldsymbol{g}_x. \end{aligned} \tag{3.1.46}$$

得到 $\boldsymbol{V}_2 = \lambda\boldsymbol{S}\boldsymbol{S}_x + 2\mathrm{i}\lambda^2\boldsymbol{S}$. 利用 $\boldsymbol{U}_2,\boldsymbol{V}_2$ 的相容性条件可以得到结论.

命题 3.2　令 $\boldsymbol{S}$ 为 Heisenberg 铁磁链模型(3.1.40)的解,设 $\boldsymbol{S}(x,t)=\boldsymbol{g\sigma}_3\boldsymbol{g}^{-1}$,$\boldsymbol{g}^{-1}\boldsymbol{g}_x$ 对角元素为零,有如下形式:

$$\boldsymbol{g}^{-1}\boldsymbol{g}_x=\begin{pmatrix}0 & -\bar{\varphi}\\ \varphi & 0\end{pmatrix}. \tag{3.1.47}$$

则 $\varphi(x,t)$是非线性 Schrödinger 方程的一个解,满足边界条件 $\lim\limits_{|x|\to\infty}\varphi(x,t)=0$,且

$$\boldsymbol{g}^{-1}\boldsymbol{g}_t=\mathrm{i}\begin{pmatrix}|\bar{\varphi}|^2 & \bar{\varphi}_x\\ \varphi_x & -|\varphi|^2\end{pmatrix}. \tag{3.1.48}$$

证明　设 $\boldsymbol{S}=\boldsymbol{g\sigma}_3\boldsymbol{g}^{-1}$. 由式(3.1.41),在规范变换 $\boldsymbol{\Phi}_2=\boldsymbol{g\Phi}_1$ 下可得

$$\boldsymbol{U}_1=-\boldsymbol{g}^{-1}\boldsymbol{g}_x+\mathrm{i}\lambda\boldsymbol{\sigma}_3=\boldsymbol{A}_0+\lambda\boldsymbol{A}_1. \tag{3.1.49}$$

同理,得到

$$\boldsymbol{V}_1=-\boldsymbol{g}^{-1}\boldsymbol{g}_t+\lambda\boldsymbol{g}^{-1}\boldsymbol{SS}_x\boldsymbol{g}+2\mathrm{i}\lambda^2\boldsymbol{\sigma}_3, \tag{3.1.50}$$

由 $\boldsymbol{S}=\boldsymbol{g\sigma}_3\boldsymbol{g}^{-1}$,可得 $\boldsymbol{SS}_x=2\boldsymbol{gg}_x^{-1}=-2\boldsymbol{g}_x\boldsymbol{g}^{-1}$,从而

$$\boldsymbol{V}_1=\boldsymbol{B}_0+\lambda\boldsymbol{B}_1+\lambda^2\boldsymbol{B}_2, \tag{3.1.51}$$

其中,$\boldsymbol{B}_0=-\boldsymbol{g}^{-1}\boldsymbol{g}_t$. 由 U_2,$\boldsymbol{V}_2$ 的相容性条件可以得到 $\boldsymbol{U}_1$,$\boldsymbol{V}_1$ 的相容性条件,从而得到

$$\boldsymbol{B}_{1x}=[\boldsymbol{A}_1,\boldsymbol{B}_0], \tag{3.1.52}$$

$$\boldsymbol{A}_{0t}-\boldsymbol{B}_{0x}+[\boldsymbol{A}_0,\boldsymbol{B}_0]=0. \tag{3.1.53}$$

由式(3.1.52)可得

$$\mathrm{i}[\boldsymbol{\sigma}_3,\boldsymbol{B}_0]=2\begin{pmatrix}0 & \bar{\varphi}_x\\ -\varphi_x & 0\end{pmatrix}, \tag{3.1.54}$$

由此可以得到

$$\boldsymbol{B}_0=\frac{1}{\mathrm{i}}\begin{pmatrix}0 & \bar{\varphi}_x\\ \varphi_x & 0\end{pmatrix}+a\boldsymbol{\sigma}_3, \tag{3.1.55}$$

由式(3.1.53)得到

$$-\varphi_t+\mathrm{i}\varphi_{xx}-2a\varphi=0,\quad a_x+\mathrm{i}(\varphi\bar{\varphi}_x+\varphi_x\bar{\varphi})=0, \tag{3.1.56}$$

其中,$a=-\mathrm{i}|\varphi|^2$,因此 φ 是非线性 Schrödinger 方程(3.1.37)的解.

以上命题证明了非线性 Schrödinger 方程和 Heisenberg 铁磁链模型之间的规范等价性,即已知非线性 Schrödinger 的解,通过规范变换可以得到 Heisenberg 铁磁链模型的解,反之已知 Heisenberg 铁磁链模型的解,利用规范变换也可以得到非线性 Schrödinger 方程的解.

(2)几何等价性

考虑欧式空间中运动的曲线,相应的 Serret-Frenet 方程为

$$\begin{cases}\boldsymbol{t}_s=\kappa\boldsymbol{n},\\ \boldsymbol{b}_s=-\tau\boldsymbol{n},\\ \boldsymbol{n}_s=\tau\boldsymbol{b}-\kappa\boldsymbol{t},\end{cases} \tag{3.1.57}$$

其中，s 为弧长参数，$\boldsymbol{t}$，$\boldsymbol{b}$ 和 $\boldsymbol{n}$ 分别表示去曲线的切矢量、法矢量和从法矢量，κ 和 τ 分别表示曲线的曲率和挠率.引入复矢量

$$\boldsymbol{N} = (\boldsymbol{n} + \mathrm{i}\boldsymbol{b})\exp\left(\mathrm{i}\int_{-\infty}^{s} \mathrm{d}s'\tau\right), \tag{3.1.58}$$

和 Hasimoto 函数

$$\varphi = \kappa\exp\left(\mathrm{i}\int_{-\infty}^{s} \mathrm{d}s'\tau\right), \tag{3.1.59}$$

利用 $\boldsymbol{t}$，$\boldsymbol{N}$ 和 $\boldsymbol{N}^*$，方程组(3.1.57)可以改写为

$$\begin{cases} \boldsymbol{N}_s = -\varphi\boldsymbol{t}, \\ \boldsymbol{t}_s = \dfrac{1}{2}(\varphi^*\boldsymbol{N} + \varphi\boldsymbol{N}^*), \end{cases} \tag{3.1.60}$$

并且易证 $\boldsymbol{t}$ 和 $\boldsymbol{N}$ 随时间变化的关系可表示为

$$\begin{cases} \boldsymbol{N}_t = \mathrm{i}R\boldsymbol{N} + \gamma\boldsymbol{t}, \\ \boldsymbol{t}_t = -\dfrac{1}{2}(\gamma^*\boldsymbol{N} + \gamma\boldsymbol{N}^*), \end{cases} \tag{3.1.61}$$

其中，$R(s,t)$为实值函数.利用相容性条件 $\boldsymbol{N}_{st} = \boldsymbol{N}_{ts}$，可得 φ 随时间演化的关系式为

$$\mathrm{i}\varphi_t + \gamma_s - \mathrm{i}R\varphi = 0, \tag{3.1.62}$$

其中，$R_s = \dfrac{\mathrm{i}}{2}(\gamma\varphi^* - \gamma^*\varphi)$.如果函数 R 和 γ 可以用 φ 及它的空间导数表达，那么方程(3.1.62)将表达为关于曲率与挠率的演化方程.若将 $\boldsymbol{S}$ 看作欧式空间中的切矢量，则 Heisenberg 铁磁链模型(3.1.1)可以写作

$$\boldsymbol{t}_t = \boldsymbol{t} \times \boldsymbol{t}_{xx} = -\kappa\tau\boldsymbol{n} + \kappa_x\boldsymbol{b}. \tag{3.1.63}$$

利用式(3.1.61)和式(3.1.63)，给出 R 和 γ 并将其代入式(3.1.62)，得到非线性 Schrödinger 方程(3.1.37).

非线性 Schrödinger 方程具有单孤子解：

$$\varphi(x,t) = 4\eta\exp[-4(\xi^2 - \eta^2)t - 2\mathrm{i}\xi x] \cdot \mathrm{sech}[2\eta(x - x_0) + 8\eta\xi t]. \tag{3.1.64}$$

由此可得相应的能量密度为

$$\begin{aligned} \mathscr{E}(x,t) &= \frac{1}{2}k^2(x,t) \\ &= 8\eta^2\mathrm{sech}^2[2\eta(x - x_0) + 8\eta\xi t], \end{aligned} \tag{3.1.65}$$

其中，ξ，η 为特征参数，x_0 为常数.由此可得相应的能量流为

$$\begin{aligned} j(x,t) &= k^2(x,t)\tau(x,t) \\ &= 32\xi\eta^2\mathrm{sech}^2[2\eta(x - x_0) + 8\eta\xi t]. \end{aligned} \tag{3.1.66}$$

3.1.5 反散射方法求解

反散射方法是求解非线性系统比较普遍且有效的方法，最初由 Gardner 等[23]在求解 KdV 方程的初值问题时提出并建立. 反散射方法可以用来求解众多非线性偏微分方程，如 KdV 方程、非线性 Schrödinger 方程、Boussinesq 方程、Toda 方程以及带自相容源的方程等. Takhtajan[24] 利用反散射方法求解 Heisenberg 铁磁链模型的 N 孤子解，具体步骤如下：

利用波函数 φ 在 $|x|\to\infty$ 处的渐进性质，得到式(3.1.38)中第一个方程具有 Jost 解 $f_1(x,\lambda)$，$g_1(x,\lambda)$，满足以下方程

$$\begin{aligned} \boldsymbol{f}(x,\lambda) &= \exp(-\mathrm{i}\lambda x\boldsymbol{\sigma}_3) + \int_x^{\infty} \boldsymbol{K}(x,y)\exp(-\mathrm{i}\lambda y\boldsymbol{\sigma}_3)\mathrm{d}y, \\ \boldsymbol{g}(x,\lambda) &= \exp(-\mathrm{i}\lambda x\boldsymbol{\sigma}_3) + \int_{-\infty}^{n} \boldsymbol{N}(x,y)\exp(-\mathrm{i}\lambda y\boldsymbol{\sigma}_3)\mathrm{d}y. \end{aligned} \tag{3.1.67}$$

这两个解由变换矩阵 $\boldsymbol{T}(\lambda;0)$联系

$$\boldsymbol{f}(x,\lambda) = \boldsymbol{g}(x,\lambda)\boldsymbol{T}(\lambda;0) \quad (-\infty<\lambda<\infty), \tag{3.1.68}$$

$\boldsymbol{T}(\lambda;0)$的形式如下：

$$\boldsymbol{T}(\lambda;0) = \begin{pmatrix} a_1(\lambda;0) & b^*(\lambda^*;0) \\ b(\lambda;0) & a^*(\lambda^*;0) \end{pmatrix}, \tag{3.1.69}$$

其中，初始散射数据满足

$$a(\lambda;0)a^*(\lambda^*;0) + b(\lambda;0)b^*(\lambda^*;0) = 1, \tag{3.1.70}$$

而 $t(\lambda,0)=\dfrac{1}{a(\lambda;0)}$和 $r(\lambda;0)=\dfrac{b(\lambda;0)}{a(\lambda;0)}$分别为透射系数和反射系数.

利用 t 时刻在 $|x|\to\infty$ 处波函数 $\varphi(x,t)$的渐进性质，结合谱问题中的演化方程，可求得散射矩阵的演化方程为

$$\boldsymbol{T}(\lambda;t) = \exp(2\mathrm{i}\lambda^2\boldsymbol{\sigma}_3 t)\boldsymbol{T}(\lambda;0)\exp(-2\mathrm{i}\lambda^2\boldsymbol{\sigma}_3 t). \tag{3.1.71}$$

由此求得散射数据的演化规律如下：

对传播态有连续谱

$$a(\lambda;t) = a(\lambda;0), \quad b(\lambda;t) = b(\lambda;0)\exp(-4\mathrm{i}\lambda^2 t) \quad (-\infty<\lambda<+\infty). \tag{3.1.72}$$

对束缚态有分立谱

$$\lambda_n(t) = \lambda_n(0), \quad c_n(t) = c_n(0)\exp(-4\mathrm{i}\lambda_n^2 t) \quad (n=1,2,3,\cdots,m). \tag{3.1.73}$$

借助于矩阵形式的 Gel'fand-Levitan-Marchenko(GLM)方程

$$\boldsymbol{K}(x,y;t) + \boldsymbol{M}_1(x+y;t) + \int_x^{\infty}\boldsymbol{K}(x,z;t)\boldsymbol{M}_2(y+z;t)\mathrm{d}z = 0 \quad (x\leqslant y), \tag{3.1.74}$$

可求出矩阵 $\boldsymbol{K}(x,y;t)$，其中，

$$\boldsymbol{M}_1 = \begin{pmatrix} 0 & -\boldsymbol{F}^* \\ \boldsymbol{F} & 0 \end{pmatrix},\quad \boldsymbol{M}_2 = -\mathrm{i}\begin{pmatrix} 0 & \dfrac{\partial F^*}{\partial x} \\ \dfrac{\partial F}{\partial x} & 0 \end{pmatrix}, \tag{3.1.75}$$

$$F(x,t) = \frac{1}{2\pi}\int_{-\infty}^{+\infty} \frac{b(\lambda;t)}{\lambda a(\lambda;t)}\exp(\mathrm{i}\lambda x)\mathrm{d}x + \sum_{n=1}^{N} \frac{c_n(t)}{\lambda_n(0)x}\exp(\mathrm{i}\lambda_n(0)x). \tag{3.1.76}$$

可得式(3.1.40)的解 $\boldsymbol{S}(x)$ 具有如下形式：

$$\boldsymbol{S}(x,t) = (\mathrm{i}\boldsymbol{K}(x,x;t) - \boldsymbol{\sigma}_3)\boldsymbol{\sigma}_3(\mathrm{i}\boldsymbol{K}(x,x;t) - \boldsymbol{\sigma}_3)^{-1}. \tag{3.1.77}$$

由此可求出 Heisenberg 铁磁链模型的精确解，包括孤子解.

例如，当无反射的情况下，有 $b(\lambda,t) = 0$，此时若 $N = 1$ 时，可得单孤子解如下：

$$S_1 = \sin\theta\cos\varphi,\quad S_2 = \cos\theta\sin\varphi,\quad S_3 = \cos\theta,$$

$$\cos\theta = 1 - 2\beta^2 ch^{-2}[\beta\sqrt{\omega}(x - vt - x_0)], \tag{3.1.78}$$

$$\varphi = \varphi_0 + \omega t + \frac{1}{2}v(x - vt) + \arctan\{\beta(1-\beta^2)^{-\frac{1}{2}}\tanh[\beta\sqrt{\omega}(x - vt - x_0)]\},$$

其中，$v = 4\mathrm{Re}\lambda_1(0)^2$，$\omega = 4|\lambda_1(0)|^2$，$\beta = \dfrac{\mathrm{Im}\lambda_1(0)}{|\lambda_1(0)|}$，$x_0 = \dfrac{1}{2\mathrm{Im}\lambda_1(0)}\ln\dfrac{|b_1(0)|^2}{2\mathrm{Im}\lambda_1(0)}$.

在无反射的情况下，若 $N = 2$，则系统有双孤子解.

3.2　(1+1)维推广的非均匀 Heisenberg 铁磁链模型

众多学者对推广的 Heisenberg 铁磁链模型的研究产生了浓厚的兴趣. Mikhailov 和 Shabat 构造了具有 $SO(3)$ 不变量推广的 Heisenberg 铁磁链模型，随后 Porsezian 等证明其规范等价于可积求导的非线性 Schrödinger 方程. Lakshmanan 等[8]构造了高阶推广的 Heisenberg 铁磁链模型，令自旋矢量为欧式空间中曲线的切向量，可以推导出高阶的非线性 Schrödinger 方程. 对于推广的非均匀 Heisenberg 铁磁链模型也有很多研究结果. 本节主要介绍以下两种类型：

(1) 第一种类型的非均匀铁磁链方程

$$\boldsymbol{S}_t(x,t) = f(x)(\boldsymbol{S}\times\boldsymbol{S}_{xx}) + f_x(\boldsymbol{S}\times\boldsymbol{S}_x), \tag{3.2.1}$$

利用上一节中所述几何等价方法可以得到式(3.2.1)的几何等价方程为系数依赖于 x 的非线性 Schrödinger 方程：

$$\mathrm{i}q_t + fq_{xx} + 2fq|q|^2 + 2q\int_{-\infty}^{x} f_x|q|^2\mathrm{d}x' + qf_{xx} + 2f_xq_x = 0. \tag{3.2.2}$$

(2) 第二种类型的非均匀铁磁链方程

$$\boldsymbol{S}_t(x,t) = (\gamma_2 + \mu_2 x)(\boldsymbol{S}\times\boldsymbol{S}_{xx}) + \mu_2(\boldsymbol{S}\times\boldsymbol{S}_x) - (\gamma_1 + \mu_1 x)\boldsymbol{S}_x. \tag{3.2.3}$$

利用几何等价性可以得到式(3.2.3)的几何等价方程为

$$\mathrm{i}q_t + \mathrm{i}\mu_1 q + \mathrm{i}(\gamma_1 + \mu_1 x)q_x + (\gamma_2 + \mu_2 x)(q_{xx} + 2q|q|^2) + 2\mu_2\left(q_x + q\int_{-\infty}^{x}\mathrm{d}x'|q(x',t)|^2\right) = 0. \tag{3.2.4}$$

赵伟忠等[25]利用延拓结构理论构造了高阶推广的非均匀 Heisenberg 铁磁链模型,并利用规范变换,推导出规范等价方程为推广的非均匀高阶非线性 Schrödinger 方程.

三阶、四阶、五阶推广的非均匀 Heisenberg 铁磁链模型分别为

$$\boldsymbol{S}_t = f\boldsymbol{S}\times\boldsymbol{S}_{xx} + f_x\boldsymbol{S}\times\boldsymbol{S}_x + h\boldsymbol{S}_x - \frac{3}{2}\varepsilon(\boldsymbol{S}_x\cdot\boldsymbol{S}_x)\boldsymbol{S}_x - 3\varepsilon(\boldsymbol{S}_x\cdot\boldsymbol{S}_{xx})\boldsymbol{S} - \varepsilon\boldsymbol{S}_{xxx},$$

$$\boldsymbol{S}_t = f\boldsymbol{S}\times\boldsymbol{S}_{xx} + f_x\boldsymbol{S}\times\boldsymbol{S}_x + h\boldsymbol{S}_x + \frac{5}{2}\varepsilon(\boldsymbol{S}_x\cdot\boldsymbol{S}_x)\boldsymbol{S}\times\boldsymbol{S}_{xx} + 5\varepsilon(\boldsymbol{S}_x\cdot\boldsymbol{S}_{xx})\boldsymbol{S}\times\boldsymbol{S}_x + \varepsilon\boldsymbol{S}\times\boldsymbol{S}_{xxxx},$$

$$\begin{aligned}\boldsymbol{S}_t = {} & f\boldsymbol{S}\times\boldsymbol{S}_{xx} + f_x\boldsymbol{S}\times\boldsymbol{S}_x + h\boldsymbol{S}_x + \varepsilon\Big[\frac{35}{2}(\boldsymbol{S}_x\cdot\boldsymbol{S}_x)(\boldsymbol{S}_x\cdot\boldsymbol{S}_{xx}) + 10\boldsymbol{S}_x\cdot\boldsymbol{S}_{xxx} \\ & + 5\boldsymbol{S}_x\cdot\boldsymbol{S}_{xxxx}\Big]\boldsymbol{S} + \varepsilon\Big[\frac{35}{2}(\boldsymbol{S}_x\cdot\boldsymbol{S}_x)(\boldsymbol{S}_x\cdot\boldsymbol{S}_{xx}) + 10\boldsymbol{S}_x\cdot\boldsymbol{S}_{xxx} \\ & + 5\boldsymbol{S}_x\cdot\boldsymbol{S}_{xxxx}\Big]\boldsymbol{S}_x + 10\varepsilon(\boldsymbol{S}_x\cdot\boldsymbol{S}_{xx})\boldsymbol{S}_{xx} + \frac{5}{2}\varepsilon(\boldsymbol{S}_x\cdot\boldsymbol{S}_x)\boldsymbol{S}_{xxx} + \varepsilon\boldsymbol{S}_{xxxxx},\end{aligned} \tag{3.2.5}$$

其中,$\boldsymbol{S}(x,t)=(S_1,S_2,S_3)$表示自旋矢量,且满足约束 $\boldsymbol{S}\cdot\boldsymbol{S}=1$,$\varepsilon$ 为参数.

在研究高阶推广的非均匀 Heisenberg 铁磁链模型时,将自旋看作欧式空间中的单位矢量,即与空间中运动曲线的切向量(或法向量、从法向量)相对应,铁磁链中自旋随时间的演化就相当于这些切向量(或法向量、从法向量)随时间的演化.由于曲线的切向量、法向量和从法向量与曲线的曲率、挠率之间存在 Serret-Frenet 方程,Hasimoto 函数是联系曲线曲率和挠率的函数,满足一些非线性演化方程,称这些非线性演化方程几何等价于原来的 Heisenberg 铁磁链模型.

高阶推广的非均匀 Heisenberg 铁磁链模型(3.2.5)几何等价于高阶非线性 Schrödinger 方程,方程(3.2.5)的几何等价方程分别为

$$\mathrm{i}\varphi_t + \mathrm{i}\varepsilon\varphi_{xxx} + (f\varphi)_{xx} + 2\varphi\left\{f|\varphi|^2 + \int_{-\infty}^{x}\mathrm{d}sf_x|\varphi|^2\right\} + 6\mathrm{i}\varepsilon|\varphi|^2\varphi_x - \mathrm{i}(h\varphi)_x = 0,$$

$$\mathrm{i}\varphi_t + \varepsilon\varphi_{xxxx} + (f\varphi)_{xx} + 2\varphi\left\{f|\varphi|^2 + \int_{-\infty}^{x}\mathrm{d}sf_x|\varphi|^2\right\} + 8\varepsilon|\varphi|^2\varphi_{xx} - \mathrm{i}(h\varphi)_x + 2\varepsilon\varphi^2\varphi_{xx}^* + 4\varepsilon|\varphi_x|^2\varphi + 6\varepsilon\varphi^*\varphi_x^2 + 6\varepsilon|\varphi|^4\varphi = 0,$$

$$\mathrm{i}\varphi_t - \mathrm{i}\varepsilon\varphi_{xxxxx} + (f\varphi)_{xx} + 2\varphi\left\{f|\varphi|^2 + \int_{-\infty}^{x}\mathrm{d}sf_x|\varphi|^2\right\} - 10\mathrm{i}\varepsilon|\varphi|^2\varphi_{xxx} - \mathrm{i}(h\varphi)_x$$

$$-20\mathrm{i}\varepsilon\varphi^*\varphi_x\varphi_{xx}-30\mathrm{i}\varepsilon|\varphi_x|^4\varphi_x-10\mathrm{i}\varepsilon(|\varphi_x|^*\varphi)_x+\varphi_{xx}=0. \tag{3.2.6}$$

3.3　(2+1)维推广的 Heisenberg 铁磁链模型

3.3.1　(2+1)维 Heisenberg 铁磁链模型

Heisenberg 铁磁链方程在(2+1)维中有诸多推广形式，如 Ishimori 方程、Myrzakulov-Ⅰ方程、(2+1)维 Heisenberg 铁磁链模型等. Myrzakulov[26] 证明了 M-Ⅸ方程规范等价于(2+1)维 Zakharov 方程，Ishimori 方程规范等价于 Davey-Stewartson(DS)方程等. Lakshmanan 利用(2+1)维推广的 Heisenberg 铁磁链方程推出了相应的几何等价方程，其中包括 Davey-Stewartson 方程、Zakharov-Strachan方程[27]，这些方程都可以看作非线性薛定谔族的方程.

(1) Ishimori 方程[28]

$$\boldsymbol{S}_t-\boldsymbol{S}\times(\boldsymbol{S}_{xx}+\boldsymbol{S}_{yy})-u_x\boldsymbol{S}_y-u_y\boldsymbol{S}_x=0, \tag{3.3.1}$$

$$u_{xx}-\alpha^2u_{yy}+2\alpha^2\boldsymbol{S}\cdot(\boldsymbol{S}_x\times\boldsymbol{S}_y)=0, \tag{3.3.2}$$

其中，$\alpha^2=\pm1$，u 为标量实函数，自旋向量 $\boldsymbol{S}=(S_1,S_2,S_3)$且满足 $\boldsymbol{S}^2=1$. Ishimori 方程的 Lax 对为

$$\boldsymbol{\Phi}_x+\alpha\boldsymbol{S}\boldsymbol{\Phi}_y=0, \tag{3.3.3}$$

$$\boldsymbol{\Phi}_t-\boldsymbol{A}_2\boldsymbol{\Phi}_{xx}-\boldsymbol{A}_1\boldsymbol{\Phi}_x=0, \tag{3.3.4}$$

其中

$$\begin{aligned}\boldsymbol{A}_2&=-2\mathrm{i}\boldsymbol{S},\\ \boldsymbol{A}_1&=-\mathrm{i}\boldsymbol{S}_x-\mathrm{i}\alpha\boldsymbol{S}_y\boldsymbol{S}+u_y\boldsymbol{I}-\alpha^3u_x\boldsymbol{S},\end{aligned} \tag{3.3.5}$$

且有

$$\boldsymbol{S}=\sum_{i=1}^{3}S_i\boldsymbol{\sigma}_i=\begin{pmatrix}S_3 & S_1+\mathrm{i}S_2\\ S_1-\mathrm{i}S_2 & -S_3\end{pmatrix}, \tag{3.3.6}$$

其中，$\boldsymbol{\sigma}_i(i=1,2,3)$是 Pauli 矩阵，$\boldsymbol{I}=\mathrm{diag}(1,1)$. 与 Ishimori 方程规范等价和几何等价的方程为 Davey-Stewartson 方程：

$$\mathrm{i}\varphi_t+\alpha^2\varphi_{xx}+\varphi_{yy}-v\varphi+2|\varphi|^2\varphi=0, \tag{3.3.7}$$

$$v_{xx}-\alpha^2v_{yy}+4(|\varphi|^2)_{yy}=0, \tag{3.3.8}$$

其中，v 是 x,y,t 的函数.

(2) Myrzakulov-Ⅰ(M-Ⅰ)方程[29]

$$\begin{aligned} \boldsymbol{S}_t &= (\boldsymbol{S}\times\boldsymbol{S}_y + u\boldsymbol{S})_x, \\ u_x &= -\boldsymbol{S}\cdot(\boldsymbol{S}_x\times\boldsymbol{S}_y). \end{aligned} \tag{3.3.9}$$

M-Ⅰ方程的 Lax 表示为

$$\boldsymbol{\Phi}_x - \frac{\mathrm{i}}{2}\lambda\boldsymbol{S}\boldsymbol{\Phi} = 0, \tag{3.3.10}$$

$$\boldsymbol{\Phi}_t - \lambda\boldsymbol{\Phi}_y - \lambda\boldsymbol{Z}\boldsymbol{\Phi} = 0, \tag{3.3.11}$$

其中,$\boldsymbol{Z}=\frac{1}{4}([\boldsymbol{S},\boldsymbol{S}_y])+2\mathrm{i}u\boldsymbol{S}$,谱参数 λ 满足 $\lambda_t=\lambda\lambda_y$. 与 M-Ⅰ方程规范等价和几何等价的方程为 Zakharov-Strachan 方程:

$$\begin{aligned} \mathrm{i}\varphi_t + \varphi_{xy} - v\varphi &= 0, \\ v_x + 2(|\varphi|^2)_y &= 0. \end{aligned} \tag{3.3.12}$$

Ishimori 方程和 M-Ⅰ方程是对(1+1)维 Heisenberg 铁磁链方程在(2+1)维空间中的推广,其规范等价方程(3.3.7)和(3.3.12)均为(1+1)维非线性薛定谔方程在(2+1)维情形的推广.

(3) (2+1)维 Heisenberg 铁磁链模型[30]

$$\boldsymbol{S}_t = \boldsymbol{S}\times(\boldsymbol{S}_{xx} + \boldsymbol{S}_{yy}). \tag{3.3.13}$$

上述方程在物理中具有重要应用,但该方程不可积.

众多(2+1)维自旋方程都具有拓扑不变量,称为拓扑荷:

$$Q = \frac{1}{4\pi}\iint \mathrm{d}x\mathrm{d}y\boldsymbol{S}\cdot(\boldsymbol{S}_x\times\boldsymbol{S}_y). \tag{3.3.14}$$

并且这些方程的解被 Q_N 按照 $N=0,\pm1,\pm2,\cdots$ 的整数值进行分类.

Myrzakulov 利用 Hirota 双线性方法给出了 Ishimori 方程、M-Ⅰ方程和 M-Ⅸ方程的几何分量公式,通过对 Heisenberg 铁磁链方程进行超对称扩张,建立了几何和超对称孤子解之间的关系,并研究了推广的(2+1)维 Heisenberg 铁磁链方程,如 ML-Ⅱ方程、ML-Ⅲ方程、ML-Ⅳ方程的 Lax 表示及其规范和几何等价方程.

另外值得一提的是延拓结构是分析可积方程的一个有效工具. 翟颖等[31]运用 Morris 的(2+1)维延拓结构理论给出了方程(3.3.9)的 Lax 表示,具体方法如下:

首先考虑 $S_t=0$ 的情形,引入独立变量 $\boldsymbol{W}=\boldsymbol{S}_x$, $\boldsymbol{T}=\boldsymbol{S}_y$,将 $\boldsymbol{S},\boldsymbol{T},\boldsymbol{W},u$ 作为新的独立变量,定义如下 2-形式:

$$\begin{aligned}
\alpha_a &= \mathrm{d}S_a\wedge\mathrm{d}x - T_a\mathrm{d}y\wedge\mathrm{d}x, \\
\alpha_{a+3} &= \mathrm{d}S_a\wedge\mathrm{d}y - W_a\mathrm{d}x\wedge\mathrm{d}y, \\
\alpha_{a+6} &= (\boldsymbol{W}\times\boldsymbol{T})_a\mathrm{d}x\wedge\mathrm{d}y + (\boldsymbol{S}\times\mathrm{d}\boldsymbol{T})_a\wedge\mathrm{d}y + S_a\mathrm{d}u\wedge\mathrm{d}y + uW_a\mathrm{d}x\wedge\mathrm{d}y, \\
\alpha_{10} &= \mathrm{d}u\wedge\mathrm{d}y + \boldsymbol{S}\cdot(\boldsymbol{W}\times\boldsymbol{T})\mathrm{d}x\wedge\mathrm{d}y, \\
\alpha_{a+10} &= \mathrm{d}T_a\wedge\mathrm{d}y + \mathrm{d}W_a\wedge\mathrm{d}y, \\
\alpha_{14} &= (\boldsymbol{T}\cdot\boldsymbol{W})\mathrm{d}x\wedge\mathrm{d}y + S_a\cdot\mathrm{d}T_a\wedge\mathrm{d}y,
\end{aligned} \tag{3.3.15}$$

其中，$\alpha=1,2,3$. 上述 2-形式构成一个闭理想 $I=\{\alpha_i=1,\cdots,14\}$. 当这些 2-形式为零时，则可得 $S_t=0$ 的方程.

引入如下外微分 1-形式：

$$\Omega^k = \mathrm{d}\xi^k + F^k(x,y,\boldsymbol{S},\boldsymbol{T},\boldsymbol{W},u)\xi^k\mathrm{d}x + G^k(x,y,\boldsymbol{S},\boldsymbol{T},\boldsymbol{W},u)\xi^k\mathrm{d}y, \tag{3.3.16}$$

其中，$k=1,\cdots,n$，ξ_k 是延拓变量. $\{\Omega^k,\alpha_i,i=1,\cdots,14\}$ 构成一个扩展的闭理想，即

$$\mathrm{d}\Omega^k = \sum_{j=1}^{14} g^{kj}\alpha_j + \sum_{l=1}^{n}\zeta_l^k \wedge \Omega^l, \tag{3.3.17}$$

其中，g^{kj} 和 ζ_l^k 分别为 0-形式和 1-形式.

由此条件可以得到关于 F^k 和 G^k 的偏微分方程：

$$\begin{aligned}
&\frac{\partial F^k}{\partial T_a} = \frac{\partial F^k}{\partial W_a} = \frac{\partial F^k}{\partial u} = 0, \quad \frac{\partial G^k}{\partial W_a} = 0,\\
&-\frac{\partial F^k}{\partial S_a}T_a + \frac{\partial G^k}{\partial S_a}W_a - \frac{\partial G^k}{\partial u}\boldsymbol{S}\cdot(\boldsymbol{W}\times\boldsymbol{T}) - [F,G]^k + \frac{\partial G^k}{\partial x} - \frac{\partial F^k}{\partial y}\\
&+\frac{\partial G^k}{\partial T_a}\{[\boldsymbol{S}\times(\boldsymbol{W}\times\boldsymbol{T})]_a - S_a(\boldsymbol{T}\cdot\boldsymbol{W}) + u(\boldsymbol{S}\times\boldsymbol{W})_a\} = 0,
\end{aligned} \tag{3.3.18}$$

其中

$$[F,G]^k = \sum_{l=1}^{n} F^l\frac{\partial G^k}{\partial y^l} - \sum_{l=1}^{n} G^l\frac{\partial F^k}{\partial y^l}. \tag{3.3.19}$$

解上述偏微分方程可得

$$F = \lambda\sum_{i=1}^{3} S_i X_i, \quad G = u\sum_{i=1}^{3} S_i X_i + \sum_{i=1}^{3}(\boldsymbol{S}\times\boldsymbol{T})_i X_i. \tag{3.3.20}$$

其中，X_a 是李代数 $su(2)$ 的生成元，谱参数 λ 满足

$$\frac{\partial\lambda}{\partial y} = 0. \tag{3.3.21}$$

下面考虑 $S_t\neq 0$ 的情况. 定义如下一组外微分 3-形式：

$$\begin{aligned}
\bar{\alpha}_a &= \mathrm{d}S_a \wedge \mathrm{d}x \wedge \mathrm{d}y - T_a\mathrm{d}y \wedge \mathrm{d}x \wedge \mathrm{d}t,\\
\bar{\alpha}_{a+3} &= \mathrm{d}S_a \wedge \mathrm{d}y \wedge \mathrm{d}t - W_a\mathrm{d}x \wedge \mathrm{d}y \wedge \mathrm{d}t,\\
\bar{\alpha}_{a+6} &= (\boldsymbol{W}\times\boldsymbol{T})_a\mathrm{d}x \wedge \mathrm{d}y \wedge \mathrm{d}t + (\boldsymbol{S}\times\mathrm{d}\boldsymbol{T})_a \wedge \mathrm{d}y \wedge \mathrm{d}t\\
&\quad + S_a\mathrm{d}u \wedge \mathrm{d}y \wedge \mathrm{d}t + uW_a\mathrm{d}x \wedge \mathrm{d}y \wedge \mathrm{d}t - \mathrm{d}S_a \wedge \mathrm{d}x \wedge \mathrm{d}y,\\
\bar{\alpha}_{10} &= \mathrm{d}u \wedge \mathrm{d}y \wedge \mathrm{d}t + \boldsymbol{S}\cdot(\boldsymbol{W}\times\boldsymbol{T})\mathrm{d}x \wedge \mathrm{d}y \wedge \mathrm{d}t,\\
\bar{\alpha}_{\alpha+10} &= \mathrm{d}T_a \wedge \mathrm{d}y \wedge \mathrm{d}t + \mathrm{d}W_a \wedge \mathrm{d}y \wedge \mathrm{d}t,\\
\bar{\alpha}_{14} &= (\boldsymbol{T}\cdot\boldsymbol{W})\mathrm{d}x \wedge \mathrm{d}y \wedge \mathrm{d}t + S_a\cdot\mathrm{d}T_a \wedge \mathrm{d}y \wedge \mathrm{d}t,
\end{aligned} \tag{3.3.22}$$

上述 3-形式构成闭理想. 当这些 3-形式为零时，得到方程(3.3.9).

引入外微分 2-形式：

$$\bar{\Omega}^k = \Omega^k \wedge \mathrm{d}t + H_j^k \xi^j \mathrm{d}x \wedge \mathrm{d}y + (A_j^k \mathrm{d}x + B_j^k \mathrm{d}y) \wedge \mathrm{d}\xi^j \quad (k = 1,2,\cdots,n). \tag{3.3.23}$$

可得$\{\bar{\Omega}^k, \bar{\alpha}_j, j=1,\cdots,14\}$构成扩展的闭理想，即

$$\mathrm{d}\bar{\Omega}^k = \sum_{b=1}^{14} g^{kb}\bar{\alpha}_b + \sum_{j=1}^{n} \zeta_j^k \wedge \bar{\Omega}^j, \tag{3.3.24}$$

其中，g^{kb}和ζ_j^k 分别为 0-形式和 1-形式.

矩阵 $\boldsymbol{H}$ 满足

$$\boldsymbol{H} = \boldsymbol{GA} - \boldsymbol{FB} + \boldsymbol{A}_y - \boldsymbol{B}_x, \tag{3.3.25}$$

其中，矩阵 $\boldsymbol{A},\boldsymbol{B}$ 依赖变量(x,y,t)，并且

$$\begin{aligned}&\mathrm{d}\boldsymbol{H} \wedge \mathrm{d}x \wedge \mathrm{d}y - \frac{\partial \boldsymbol{G}}{\partial T_a}(\boldsymbol{S} \times \mathrm{d}\boldsymbol{S})_a \wedge \mathrm{d}x \wedge \mathrm{d}y - \lambda_y S_a \boldsymbol{X}_a \mathrm{d}x \wedge \mathrm{d}y \wedge \mathrm{d}t \\ &- \boldsymbol{A}_t \boldsymbol{G} \mathrm{d}x \wedge \mathrm{d}y \wedge \mathrm{d}t + \boldsymbol{B}_t \boldsymbol{F} \mathrm{d}x \wedge \mathrm{d}y \wedge \mathrm{d}t = 0.\end{aligned} \tag{3.3.26}$$

将式(3.3.23)限制到解流形上，可得所求的 Lax 表示为

$$\boldsymbol{\xi}_x = -\frac{\mathrm{i}\lambda}{2}\sum_{i=1}^{3} S_i \boldsymbol{\sigma}_i \boldsymbol{\xi}, \quad \boldsymbol{\xi}_t = -\lambda \boldsymbol{\xi}_y - \frac{\mathrm{i}\lambda}{2}\sum_{i=1}^{3}[uS_i\boldsymbol{\sigma}_i + (\boldsymbol{S} \times \boldsymbol{T})_i \boldsymbol{\sigma}_i]\boldsymbol{\xi}, \tag{3.3.27}$$

其中，$\boldsymbol{\xi}$ 为延拓变量，$\boldsymbol{\sigma}_i\,(i=1,\cdots,3)$为 Pauli 矩阵，谱参数 λ 满足关系式：

$$\lambda_t = -\lambda\lambda_y, \quad \lambda_x = 0. \tag{3.3.28}$$

利用自旋矢量 $\boldsymbol{S}$ 与欧氏空间中的运动切向量 $\boldsymbol{t}$ 相对应，利用演化方程

$$\boldsymbol{t} = \boldsymbol{t}_x \times \boldsymbol{t}_x + \boldsymbol{t} \times \boldsymbol{t}_{xy} + u\boldsymbol{t}_x + u_x\boldsymbol{t}, \tag{3.3.29}$$

并由 Serret-Frenet 方程(3.1.57)以及 Hasimoto 函数(3.1.59)，可以得到与方程(3.3.9)几何等价的方程为

$$\mathrm{i}\psi_t - \psi_{xy} - R\psi = 0, \quad R_x = \frac{1}{2}\partial_y(|\psi|^2). \tag{3.3.30}$$

该方程的 Lax 表示如下：

$$\boldsymbol{\Phi}_x = \boldsymbol{U\Phi}, \quad \boldsymbol{\Phi}_t = \boldsymbol{V\Phi} + \mathrm{i}\lambda\boldsymbol{\Phi}_y, \tag{3.3.31}$$

其中，矩阵 $\boldsymbol{U}$ 和 $\boldsymbol{V}$ 分别为

$$\boldsymbol{U} = \begin{pmatrix} \frac{1}{2}\mathrm{i}\lambda & \frac{1}{2}\phi \\ -\frac{1}{2}\psi^* & -\frac{1}{2}\mathrm{i}\lambda \end{pmatrix}, \quad \boldsymbol{V} = \begin{pmatrix} -\frac{1}{2}\mathrm{i}R & -\frac{1}{2}\mathrm{i}\psi_y \\ -\frac{1}{2}\psi_y^* & \frac{1}{2}\mathrm{i}R \end{pmatrix}. \tag{3.3.32}$$

对于(2+1)维修正的 Heisenberg 铁磁链模型

$$\boldsymbol{S}_t = (\boldsymbol{S} \,\bar{\times}\, \boldsymbol{S}_y + u\boldsymbol{S})_x, \quad u_x = -\boldsymbol{S} \circ (\boldsymbol{S}_x \,\bar{\times}\, \boldsymbol{S}_y), \quad \boldsymbol{S} \circ \boldsymbol{S} = \pm 1, \tag{3.3.33}$$

其中，运算$\bar{\times}$定义为 $\boldsymbol{A} \,\bar{\times}\, \boldsymbol{B} = (A_1, A_2, A_3) \,\bar{\times}\, (B_1, B_2, B_3) = (A_2B_3 - A_3B_2, A_3B_1 - A_1B_3, A_2B_1 - A_1B_2)$，运算$\circ$定义为 $\boldsymbol{A} \circ \boldsymbol{B} = (A_1, A_2, A_3) \circ (B_1, B_2, B_3) = (A_1B_1 + A_2B_2 - A_3B_3)$，此外还有 $S_3 > 0$. 运用同样的(2+1)维延拓结构理论，可

得式(3.3.33)的 Lax 表示为

$$\boldsymbol{\xi}_x = -\lambda\sum_{i=1}^{3} S_i\boldsymbol{\tau}_i\boldsymbol{\xi}, \quad \boldsymbol{\xi}_t = -\lambda\boldsymbol{\xi}_y - \lambda\sum_{i=1}^{3}[uS_i\boldsymbol{\tau}_i + (\boldsymbol{S}\times\boldsymbol{T})_i\boldsymbol{\tau}_i]\boldsymbol{\xi}, \tag{3.3.34}$$

其中,$\boldsymbol{\xi}$为 延拓变量,$\boldsymbol{T}=\boldsymbol{S}_y$,$\tau_i(i=1,\cdots,3)$为超李代数 $su(1,1)$的生成元,即

$$\boldsymbol{\tau}_1 = \frac{1}{2}\begin{pmatrix}1 & 0\\ 0 & -1\end{pmatrix}, \quad \boldsymbol{\tau}_2 = \frac{1}{2}\begin{pmatrix}0 & -\mathrm{i}\\ \mathrm{i} & 0\end{pmatrix}, \quad \boldsymbol{\tau}_3 = \frac{1}{2}\begin{pmatrix}0 & \mathrm{i}\\ \mathrm{i} & 0\end{pmatrix}, \tag{3.3.35}$$

λ 为谱参数,且满足

$$\lambda_t = \lambda\lambda_y, \quad \lambda_x = 0. \tag{3.3.36}$$

利用经典自旋矢量与闵可夫斯基空间中运动曲线的从法向量基矢相对应,得到方程(4.3.1)的几何等价方程为

$$\psi_t + \psi_{xy} - r\psi = 0, \quad \phi_t - \phi_{xy} + r\phi = 0, \quad r_x = -\partial_y(\phi\psi). \tag{3.3.37}$$

该方程的 Lax 表示如下:

$$\boldsymbol{\Phi}_x = \boldsymbol{U}\boldsymbol{\Phi}, \quad \boldsymbol{\Phi}_t = \boldsymbol{V}\boldsymbol{\Phi} + \mathrm{i}\lambda\boldsymbol{\Phi}_y, \tag{3.3.38}$$

其中,矩阵 $\boldsymbol{U}$ 和 $\boldsymbol{V}$ 分别为

$$\boldsymbol{U} = \begin{pmatrix}\frac{1}{2}\mathrm{i}\lambda & \frac{1}{\sqrt{2}}\phi\\ -\frac{1}{\sqrt{2}}\psi & -\frac{1}{2}\mathrm{i}\lambda\end{pmatrix}, \quad \boldsymbol{V} = \begin{pmatrix}-\frac{1}{2}\gamma & \frac{1}{\sqrt{2}}\phi_y\\ \frac{1}{\sqrt{2}}\psi_y & \frac{1}{2}\gamma\end{pmatrix}. \tag{3.3.39}$$

3.3.2 (2+1)维高阶 Heisenberg 铁磁链模型

3.3.2.1 3 阶情形及其几何等价方程

本节将利用(2+1)维协变延拓结构理论构造(2+1)维推广的 Heisenberg 铁磁链方程[32].

考虑如下形式的 Heisenberg 铁磁链方程:

$$\begin{aligned}\boldsymbol{S}_t &= (\boldsymbol{S}\times\boldsymbol{S}_y + u\boldsymbol{S})_x - \boldsymbol{S}_{xxy} - v_x\boldsymbol{S} + \boldsymbol{E},\\ u_x &= -\boldsymbol{S}\cdot(\boldsymbol{S}_x\times\boldsymbol{S}_y),\\ v_x &= 2\boldsymbol{S}_{xy}\cdot\boldsymbol{S}_x + \boldsymbol{S}_{xx}\cdot\boldsymbol{S}_y,\end{aligned} \tag{3.3.40}$$

其中,$\boldsymbol{E}$ 是待定矢量.

令新的独立变量为 $p_1=S_{1x}$, $p_2=S_{2x}$, $p_3=S_{3x}$, $q_1=S_{1y}$, $q_2=S_{2y}$, $q_3=S_{3y}$, $r_1=S_{1xx}$, $r_2=S_{2xx}$, $r_3=S_{3xx}$, $t_1=S_{1xy}$, $t_2=S_{2xy}$ 以及 $t_3=S_{3xy}$, M 为 20 维空间, $M=\{t,x,y,S_1,S_2,S_3,p_1,p_2,p_3,q_1,q_2,q_3,r_1,r_2,r_3,t_1,t_2,t_3,u,v\}$,在此空间中定义如下 3-形式:

$$
\begin{aligned}
\alpha_i &= \mathrm{d}t \wedge \mathrm{d}S_i \wedge \mathrm{d}y - p_i \mathrm{d}t \wedge \mathrm{d}x \wedge \mathrm{d}y, \\
\alpha_{i+3} &= \mathrm{d}t \wedge \mathrm{d}S_i \wedge \mathrm{d}x + q_i \mathrm{d}t \wedge \mathrm{d}x \wedge \mathrm{d}y, \\
\alpha_{i+6} &= \mathrm{d}t \wedge \mathrm{d}p_i \wedge \mathrm{d}y - p_{ix} \mathrm{d}t \wedge \mathrm{d}x \wedge \mathrm{d}y, \\
\alpha_{i+9} &= \mathrm{d}t \wedge \mathrm{d}p_i \wedge \mathrm{d}x + q_{ix} \mathrm{d}t \wedge \mathrm{d}x \wedge \mathrm{d}y, \\
\alpha_{13} &= \mathrm{d}u \wedge \mathrm{d}y \wedge \mathrm{d}t + \boldsymbol{S} \cdot (\boldsymbol{S}_x \times \boldsymbol{S}_y) \mathrm{d}x \wedge \mathrm{d}y \wedge \mathrm{d}t, \\
\alpha_{14} &= \mathrm{d}v \wedge \mathrm{d}y \wedge \mathrm{d}t - (2\boldsymbol{S}_{xy} \cdot \boldsymbol{S}_x + \boldsymbol{S}_{xx} \cdot \boldsymbol{S}_y) \mathrm{d}x \wedge \mathrm{d}y \wedge \mathrm{d}t, \\
\alpha_{i+14} &= (\boldsymbol{S}_x \times \boldsymbol{S}_y + \boldsymbol{S} \times \boldsymbol{S}_{xy} + u\boldsymbol{S}_x)_i \mathrm{d}x \wedge \mathrm{d}y \wedge \mathrm{d}t + S_i \mathrm{d}u \wedge \mathrm{d}y \wedge \mathrm{d}t \\
&\quad - \mathrm{d}p_{iy} \wedge \mathrm{d}y \wedge \mathrm{d}t - S_i \mathrm{d}v \wedge \mathrm{d}y \wedge \mathrm{d}t \\
&\quad + E_i \mathrm{d}x \wedge \mathrm{d}y \wedge \mathrm{d}t - \mathrm{d}x \wedge \mathrm{d}y \wedge \mathrm{d}S_i, \\
\alpha_{i+17} &= \mathrm{d}q_i \wedge \mathrm{d}y \wedge \mathrm{d}t + \mathrm{d}p_i \wedge \mathrm{d}x \wedge \mathrm{d}t,
\end{aligned}
\tag{3.3.41}
$$

其中，$i=1,2,3$，这些 3-形式构成一个闭理想 I. 将这些 3-形式限制到解流形上为零，则可以重新得到式(3.3.40). 下面通过添加一组 2-形式来延拓闭理想 I：

$$
\begin{aligned}
\Omega^j &= \beta \wedge \omega^j \\
&= \beta \wedge (\mathrm{d}y^j + \mathrm{d}x^\mu \Gamma^j_\mu(x, y)) \quad (j = 1, \cdots, n),
\end{aligned}
\tag{3.3.42}
$$

其中，β 是定义在 M 上的待定 1-形式，记 $X = \{x^\mu, \mu = 1, \cdots, 20\} = \{t, x, y, S_1, S_2, S_3, p_1, p_2, p_3, q_1, q_2, q_3, r_1, r_2, r_3, t_1, t_2, t_3, u, v\}$，$n$ 是延拓变量的个数. 取 β 的形式如下：

$$
\beta = C_\mu \mathrm{d}x^\mu, \tag{3.3.43}
$$

其中，C_μ 是常数. 将 3-形式(3.3.41)和 1-形式(3.3.43)代入基本方程(2.2.52)和(2.2.53)中，得到

$$
\begin{aligned}
&\frac{1}{2}(F^a_{\mu\nu} \lambda^j_a) \beta \wedge \mathrm{d}x^\mu \wedge \mathrm{d}x^\nu \\
&= \sum_{\mu<\nu} F^j_{\mu\nu} \beta \wedge \mathrm{d}x^\mu \wedge \mathrm{d}x^\nu \\
&= (c_1 \mathrm{d}t + c_2 \mathrm{d}x + c_3 \mathrm{d}y) \wedge (F^j_{12} \mathrm{d}t \wedge \mathrm{d}x + F^j_{13} \mathrm{d}t \wedge \mathrm{d}y + F^j_{1i+3} \mathrm{d}t \wedge \mathrm{d}S_i \\
&\quad + F^j_{1i+6} \mathrm{d}t \wedge \mathrm{d}S_{ix} + F^j_{1i+9} \mathrm{d}t \wedge \mathrm{d}S_{jy} + F^j_{1i+12} \mathrm{d}t \wedge \mathrm{d}S_{ixx} + F^j_{1i+15} \mathrm{d}t \wedge \mathrm{d}S_{ixy} \\
&\quad + F^j_{119} \mathrm{d}t \wedge \mathrm{d}u + F^j_{120} \mathrm{d}t \wedge \mathrm{d}v + F^j_{23} \mathrm{d}x \wedge \mathrm{d}y + F^j_{2i+3} \mathrm{d}x \wedge \mathrm{d}S_i \\
&\quad + F^j_{2i+6} \mathrm{d}x \wedge \mathrm{d}S_{ix} + F^j_{2i+9} \mathrm{d}x \wedge \mathrm{d}S_{iy} + F^j_{2i+12} \mathrm{d}x \wedge \mathrm{d}S_{ixx} + F^j_{2i+15} \mathrm{d}x \wedge \mathrm{d}S_{ixy} \\
&\quad + F^j_{219} \mathrm{d}x \wedge \mathrm{d}u + F^j_{220} \mathrm{d}x \wedge \mathrm{d}v + F^j_{3i+3} \mathrm{d}y \wedge \mathrm{d}S_i + F^j_{3i+6} \mathrm{d}y \wedge \mathrm{d}S_{ix} \\
&\quad + F^j_{3i+9} \mathrm{d}y \wedge \mathrm{d}S_{iy} + F^j_{3i+12} \mathrm{d}y \wedge \mathrm{d}S_{ixx} + F^j_{3i+15} \mathrm{d}y \wedge \mathrm{d}S_{ixy} + F^j_{319} \mathrm{d}y \wedge \mathrm{d}u \\
&\quad + F^j_{320} \mathrm{d}y \wedge \mathrm{d}S_{iy} + F^j_{i+3i+6} \mathrm{d}S_{ix} \wedge \mathrm{d}S_{ix}) \\
&= c_1 F^j_{23} \mathrm{d}t \wedge \mathrm{d}x \wedge \mathrm{d}y + c_1 F^j_{2i+3} \mathrm{d}t \wedge \mathrm{d}x \wedge \mathrm{d}S_i + c_1 F^j_{2i+6} \mathrm{d}t \wedge \mathrm{d}x \wedge \mathrm{d}S_{ix} \\
&\quad + c_1 F^j_{2i+9} \mathrm{d}t \wedge \mathrm{d}x \wedge \mathrm{d}S_{iy} + c_1 F^j_{2i+12} \mathrm{d}t \wedge \mathrm{d}x \wedge \mathrm{d}S_{ixx} \\
&\quad + c_1 F^j_{2i+15} \mathrm{d}t \wedge \mathrm{d}x \wedge \mathrm{d}S_{ixy} c_1 F^j_{219} \mathrm{d}t \wedge \mathrm{d}x \wedge \mathrm{d}u + c_1 F^j_{220} \mathrm{d}t \wedge \mathrm{d}x \wedge \mathrm{d}v \\
&\quad + c_1 F^j_{3i+3} \mathrm{d}t \wedge \mathrm{d}y \wedge \mathrm{d}S_i + c_1 F^j_{3i+6} \mathrm{d}t \wedge \mathrm{d}y \wedge \mathrm{d}S_{ix} + c_1 F^j_{3i+9} \mathrm{d}t \wedge \mathrm{d}y \wedge \mathrm{d}S_{iy}
\end{aligned}
$$

$$+ c_1 F^j_{3i+12} dt \wedge dy \wedge dS_{ixx} + c_1 F^j_{3i+15} dt \wedge dy \wedge dS_{ixy} + c_1 F^j_{319} dt \wedge dy \wedge du$$
$$+ c_1 F^j_{320} dt \wedge dy \wedge dv + c_2 F^j_{13} dx \wedge dt \wedge dy + c_2 F^j_{1i+3} dx \wedge dt \wedge dS_i$$
$$+ c_2 F^j_{1i+6} dx \wedge dt \wedge dS_{ix} + c_2 F^j_{1i+9} dx \wedge dt \wedge dS_{iy}$$
$$+ c_2 F^j_{1i+12} dx \wedge dt \wedge dS_{ixx} + c_2 F^j_{1i+15} dx \wedge dt \wedge dS_{ixy}$$
$$+ c_2 F^j_{119} dx \wedge dt \wedge du + c_2 F^j_{120} dx \wedge dt \wedge dv + c_2 F^j_{3i+3} dx \wedge dy \wedge dS_i$$
$$+ c_2 F^j_{3i+6} dx \wedge dy \wedge dS_{ix} + c_2 F^j_{3i+9} dx \wedge dy \wedge dS_{iy}$$
$$+ c_2 F^j_{3i+12} dx \wedge dy \wedge dS_{ixx} + c_2 F^j_{3i+15} dx \wedge dy \wedge dS_{ixy}$$
$$+ c_2 F^j_{319} dx \wedge dy \wedge du + c_2 F^j_{320} dx \wedge dy \wedge dv + c_3 F^j_{12} dy \wedge dt \wedge dx$$
$$+ c_3 F^j_{1i+3} dy \wedge dt \wedge dS_i + c_3 F^j_{1i+6} dy \wedge dt \wedge dS_{ix}$$
$$+ c_3 F^j_{1i+9} dy \wedge dt \wedge dS_{iy} + c_3 F^j_{1i+12} dy \wedge dt \wedge dS_{ixx}$$
$$+ c_3 F^j_{1i+15} dy \wedge dt \wedge dS_{ixy} + c_3 F^j_{119} dy \wedge dt \wedge du + c_3 F^j_{120} dy \wedge dt \wedge dv$$
$$+ c_3 F^j_{2i+3} dy \wedge dx \wedge dS_i + c_3 F^j_{2i+6} dy \wedge dx \wedge dS_{ix} + c_3 F^j_{2i+9} dy \wedge dx \wedge dS_{iy}$$
$$+ c_3 F^j_{2i+12} dy \wedge dx \wedge dS_{ixx} + c_3 F^j_{2i+15} dy \wedge dx \wedge dS_{ixy} + c_3 F^j_{219} dy \wedge dx \wedge du$$
$$+ c_3 F^j_{220} dy \wedge dx \wedge dv. \tag{3.3.44}$$

将 3-形式(3.3.41)和 1-形式(3.3.43)代入基本方程(3.3.44)，可以得到下面的结构方程：

$$C_1 F^j_{2i+9} - C_2 F^j_{1i+9} + C_{i+9} F^j_{12} = 0,$$
$$C_1 F^j_{2i+12} - C_2 F^j_{1i+12} + C_{i+12} F^j_{12} = 0,$$
$$C_1 F^j_{2i+15} - C_2 F^j_{1i+15} + C_{i+15} F^j_{12} = 0,$$
$$C_1 F^j_{219} - C_2 F^j_{119} + C_{19} F^j_{12} = 0,$$
$$C_1 F^j_{220} - C_2 F^j_{120} + C_{20} F^j_{12} = 0,$$
$$C_1 F^j_{3i+12} - C_3 F^j_{1i+12} + C_{i+12} F^j_{12} = 0,$$
$$C_2 F^j_{3i+3} - C_3 F^j_{2i+3} + C_1 F^j_{3i+15} - C_3 F^j_{1i+15} + C_{i+31} F^j_{23} + C_{i+15} F^j_{13} = 0,$$
$$C_2 F^j_{3i+6} - C_3 F^j_{2i+6} + C_{i+6} F^j_{23} = 0,$$
$$C_2 F^j_{3i+9} - C_3 F^j_{2i+9} + C_{i+9} F^j_{23} = 0,$$
$$C_2 F^j_{3i+12} - C_3 F^j_{2i+12} + C_{i+12} F^j_{23} = 0, C_2 F^j_{3i+15} - C_3 F^j_{2i+15} + C_{i+15} F^j_{23} = 0,$$
$$C_2 F^j_{319} - C_3 F^j_{219} + C_{19} F^j_{23} = 0,$$
$$C_2 F^j_{320} - C_3 F^j_{220} + C_{20} F^j_{23} = 0,$$
$$C_1 F^j_{23} + (C_1 F^j_{2i+3} - C_2 F^j_{1i+3}) S_{iy} + (C_1 F^j_{2i+6} - C_2 F^j_{1i+6}) S_{ixy} - (C_1 F^j_{3i+3}$$
$$- C_3 F^j_{1i+3}) S_{ix} - C_2 F^j_{13} + C_3 F^j_{12} - (C_1 F^j_{3i+6} - C_3 F^j_{1i+6}) S_{ixx} - (C_1 F^j_{3i+9}$$
$$- C_3 F^j_{1i+9}) S_{ixy} - (C_1 F^j_{3i+15} - C_3 F^j_{1i+15}) [\boldsymbol{S}_x \times \boldsymbol{S}_y + \boldsymbol{S} \times \boldsymbol{S}_{xy} + u\boldsymbol{S}_x + u_x \boldsymbol{S}$$
$$- v_x \boldsymbol{S} + \boldsymbol{E}]_i + (C_1 F^j_{319} - C_3 F^j_{119}) \boldsymbol{S} \cdot (\boldsymbol{S}_x \times \boldsymbol{S}_y) - (C_1 F^j_{320} - C_3 F^j_{120})$$
$$\cdot (2\boldsymbol{S}_{xx} \boldsymbol{S}_y + \boldsymbol{S}_x \boldsymbol{S}_{xy}) = 0. \tag{3.3.45}$$

解方程(3.3.45),得到如下常数 C_μ、联络系数 Γ_μ^a 和$\boldsymbol{E}$:

$$
\begin{aligned}
&C_1 = 1,\quad C_2 = 0,\quad C_3 = \frac{1}{\lambda(1+\lambda)},\quad C_\mu = 0\quad (\mu \geqslant 4),\\
&\Gamma_2^1 = S_1,\quad \Gamma_2^2 = -S_2,\quad \Gamma_2^3 = S_3,\\
&\Gamma_3^1 = \frac{1}{\lambda}(S_3S_{2y} - S_2S_{3y} - uS_1) + \frac{1}{\lambda(1+\lambda)}[S_{1xy} + vS_1 - u(S_2S_{3x} - S_3S_{2x})],\\
&\Gamma_3^2 = \frac{1}{\lambda}(S_3S_{1y} - S_1S_{3y} + uS_2) - \frac{1}{\lambda(1+\lambda)}[S_{2xy} + vS_2 - u(S_3S_{1x} - S_1S_{3x})],\\
&\Gamma_3^3 = \frac{1}{\lambda}(S_2S_{1y} - S_1S_{3y} - uS_3) + \frac{1}{\lambda(1+\lambda)}[S_{3xy} + vS_3 - u(S_1S_{2x} - S_2S_{1x})],\\
&\Gamma_\mu^a = 0\quad (\mu = 1,4,5,\cdots,20;a = 1,2,3),\\
&\boldsymbol{E} = u_x(\boldsymbol{S}\times\boldsymbol{S}_x) + u(\boldsymbol{S}\times\boldsymbol{S}_{xx}) - v\boldsymbol{S}_x,
\end{aligned}
\tag{3.3.46}
$$

其中,λ 是复常数.取延拓代数为 $su(2)\times R(\lambda)$,参数 λ 是一个常数.代数生成元的交换关系为

$$
[T_1,T_2] = \lambda T_3,\quad [T_1,T_3] = -\lambda T_2,\quad [T_2,T_3] = \lambda T_1. \tag{3.3.47}
$$

由此方程(3.3.40)改写为

$$
\boldsymbol{S}_t = (\boldsymbol{S}\times\boldsymbol{S}_y + u\boldsymbol{S})_x - \boldsymbol{S}_{xxy} - v_x\boldsymbol{S} - v\boldsymbol{S}_x + u_x(\boldsymbol{S}\times\boldsymbol{S}_x) + u(\boldsymbol{S}\times\boldsymbol{S}_{xx}). \tag{3.3.48}
$$

取延拓代数的线性实现:

$$
\begin{aligned}
T_1 &= \frac{\mathrm{i}}{2}\lambda\left(y^1\frac{\partial}{\partial y^1} - y^2\frac{\partial}{\partial y^2}\right),\\
T_2 &= \frac{1}{2}\lambda\left(y^1\frac{\partial}{\partial y^2} - y^2\frac{\partial}{\partial y^1}\right),\\
T_3 &= \frac{\mathrm{i}}{2}\lambda\left(y^1\frac{\partial}{\partial y^2} + y^2\frac{\partial}{\partial y^1}\right),
\end{aligned}
\tag{3.3.49}
$$

其中,y^1 和 y^2 是延拓变量.当将 2-形式(3.3.42)限制到解流形上为零,可以得到 Heisenberg 铁磁链模型的 Lax 表示如下:

$$
\begin{aligned}
\boldsymbol{\phi}_x &= -\boldsymbol{F}\boldsymbol{\phi},\\
\boldsymbol{\phi}_y &= \lambda(1+\lambda)(\boldsymbol{\phi}_t + \boldsymbol{G}\boldsymbol{\phi}),
\end{aligned}
\tag{3.3.50}
$$

其中,$\boldsymbol{\phi} = (y_1, y_2)^{\mathrm{T}}$,$\boldsymbol{F}$ 和$\boldsymbol{G}$ 分别为

$$
\begin{aligned}
\boldsymbol{F} &= \lambda\boldsymbol{S}\cdot\boldsymbol{X},\\
\boldsymbol{G} &= -(\boldsymbol{S}\times\boldsymbol{S}_y + u\boldsymbol{S})\cdot\boldsymbol{X} + \frac{1}{1+\lambda}[\boldsymbol{S}_{xy}\cdot\boldsymbol{X} - \lambda(\boldsymbol{S}\times\boldsymbol{S}_y)\cdot\boldsymbol{X}\\
&\quad - \lambda u\boldsymbol{S}\cdot\boldsymbol{X} + v\boldsymbol{S}\cdot\boldsymbol{X} - u(\boldsymbol{S}\times\boldsymbol{S}_x)\cdot\boldsymbol{X}],
\end{aligned}
\tag{3.3.51}
$$

其中,$\boldsymbol{X} = \left(-\frac{\mathrm{i}}{2}\boldsymbol{\sigma}_1, -\frac{\mathrm{i}}{2}\boldsymbol{\sigma}_2, -\frac{\mathrm{i}}{2}\boldsymbol{\sigma}_3\right)$.

空间曲线和曲面的运动在众多学科中都具有重要的应用,如涡丝理论(vortex

filaments)、超螺旋 DNA(supercoiled DNAs)、磁流(magnetic fluxes)和蛋白质动力学(dynamics of proteins)等. 在可积系统领域,众多运动方程和某些孤子方程之间存在着紧密联系[33].

Serret-Frenet(SF)公式用来描述欧几里得空间 $\mathbf{R}^3$ 中的粒子在连续可微曲线上的运动. 具体地说,该公式描述了曲线的切向、法向、副法方向之间的关系. Serret-Frenet公式为

$$\begin{cases} \boldsymbol{t}_s = \kappa \boldsymbol{n}, \\ \boldsymbol{b}_s = -\tau \boldsymbol{n}, \\ \boldsymbol{n}_s = \tau \boldsymbol{b} - \kappa \boldsymbol{t}, \end{cases} \tag{3.3.52}$$

其中, $\boldsymbol{t}, \boldsymbol{n}, \boldsymbol{b}$ 分别表示曲线的切向量、法向量和副法向量. 方程中脚标表示关于参数 s 求偏导, s 可以是弧长参数也可以是自旋在铁磁链中的坐标, τ 指曲线的曲率, κ 为曲线的挠率,且 κ 和 τ 都是关于时间 t 的函数.

引入复函数 $\boldsymbol{N}$ 和 Hasimoto 函数 ψ[34]:

$$\begin{aligned} \boldsymbol{N} &= (\boldsymbol{n} + \mathrm{i}\boldsymbol{b})\exp\left(\mathrm{i}\int_{-\infty}^{s} \mathrm{d}s'\tau\right), \\ \psi &= \kappa \exp\left(\mathrm{i}\int_{-\infty}^{s} \mathrm{d}s'\tau\right). \end{aligned} \tag{3.3.53}$$

由于 ψ 是曲率和挠率的复函数,所以 Hasimoto 函数完全可以描述曲线的运动. 通过上述公式可以得到很多演化方程. 由 $\boldsymbol{N}$ 和 $\boldsymbol{N}^*$ 以及 ψ 和 ψ^*,则 SF 公式中的第一个方程有如下形式:

$$\boldsymbol{t}_s = \frac{1}{2}(\psi^* \boldsymbol{N} + \psi \boldsymbol{N}^*). \tag{3.3.54}$$

由 $\boldsymbol{N}$ 的定义以及 SF 方程可以得到

$$\boldsymbol{N}_s = -\psi \boldsymbol{t}. \tag{3.3.55}$$

可以验证 $\boldsymbol{t}, \boldsymbol{n}$ 和 $\boldsymbol{N}^*$ 满足以下关系式:

$$\boldsymbol{N} \cdot \boldsymbol{N}^* = 2, \quad \boldsymbol{N} \cdot \boldsymbol{t} = \boldsymbol{N}^* \cdot \boldsymbol{t} = \boldsymbol{N} \cdot \boldsymbol{N} = 0. \tag{3.3.56}$$

假设 $\boldsymbol{N}_t$ 和 $\boldsymbol{t}_t$ 可以写成 $\boldsymbol{N}, \boldsymbol{N}^*$ 和 $\boldsymbol{t}$ 的线性组合:

$$\boldsymbol{N}_t = \alpha \boldsymbol{N} + \beta \boldsymbol{N}^* + \gamma \boldsymbol{t}, \tag{3.3.57}$$

$$\boldsymbol{t}_t = \lambda \boldsymbol{N} + \mu \boldsymbol{N}^* + \nu \boldsymbol{t}. \tag{3.3.58}$$

分别对方程(3.3.57)和(3.3.58)点乘 $\boldsymbol{N}$ 和 $\boldsymbol{t}$ 并且利用关系式(3.3.56),得到

$$\boldsymbol{N}_t = \mathrm{i}R\boldsymbol{N} + \gamma \boldsymbol{t}, \quad \boldsymbol{t}_t = -\frac{1}{2}(\gamma^* \boldsymbol{N} + \gamma \boldsymbol{N}^*), \tag{3.3.59}$$

其中, $R(s,t)$ 是实函数. 利用相容性条件 $\boldsymbol{N}_{ts} = \boldsymbol{N}_{st}$ 以及 $\boldsymbol{t}_{ts} = \boldsymbol{t}_{st}$,可以得到

$$\psi_t + \gamma_s - \mathrm{i}R\psi = 0, \tag{3.3.60}$$

其中

$$R_s = \frac{\mathrm{i}}{2}(\gamma \psi^* - \gamma^* \psi). \tag{3.3.61}$$

设 $\boldsymbol{t}_t=\eta\boldsymbol{n}+\zeta\boldsymbol{b}$，则方程(3.3.59)可以改写为

$$\gamma=-(\eta+\mathrm{i}\zeta)\exp(\mathrm{i}\int_{-\infty}^{s}\mathrm{d}s'\tau). \tag{3.3.62}$$

在闵可夫斯基空间中，曲线的运动同样与可积方程有着紧密联系[35]，这对于进一步深入研究可积方程具有十分重要的意义.

Hasimoto[34]证明了一个孤立涡丝(isolated vortex filament)几何等价于非线性 Schrödinger 方程，Lamb[33]将 Hasimoto 的结论推广到其他与几何曲线相关的孤子方程，随后，Lakshmanan[4]证明了 Heisenberg 铁磁链方程几何等价于非线性 Schrödinger 方程.

下面考虑式(3.3.48)的几何等价方程. 设切向量 $\boldsymbol{t}$ 随时间的演化方程为

$$\boldsymbol{t}_t=\eta\boldsymbol{n}+\zeta\boldsymbol{b}. \tag{3.3.63}$$

并令

$$\begin{cases}\boldsymbol{t}_y=\alpha\boldsymbol{b}+\beta\boldsymbol{n},\\ \boldsymbol{b}_y=-c\boldsymbol{t}+d\boldsymbol{n},\\ \boldsymbol{n}_y=r\boldsymbol{t}-\rho\boldsymbol{b}.\end{cases} \tag{3.3.64}$$

由相容性条件

$$\boldsymbol{t}_{xy}=\boldsymbol{t}_{yx},\quad \boldsymbol{b}_{xy}=\boldsymbol{b}_{yx},\quad \boldsymbol{n}_{xy}=\boldsymbol{n}_{yx}, \tag{3.3.65}$$

得到

$$r=-\beta,\quad d=-\rho,\quad \alpha=-c,\quad \kappa_y=\beta_x-\alpha\tau,\quad -\tau_y=c\kappa+d_x. \tag{3.3.66}$$

因此式(3.3.64)改写为

$$\begin{aligned}\boldsymbol{t}_y&=-\frac{u_x}{k}\boldsymbol{b}+\partial_x^{-1}(k_y-\frac{u_x\tau}{k})\boldsymbol{n},\\ \boldsymbol{b}_y&=\frac{u_x}{k}\boldsymbol{t}-\partial_x^{-1}(\tau_y+u_x)\boldsymbol{n},\\ \boldsymbol{n}_y&=\partial_x^{-1}(\frac{u_x\tau}{k}-k_y)\boldsymbol{t}+\partial_x^{-1}(\tau_y+u_x)\boldsymbol{b}.\end{aligned} \tag{3.3.67}$$

在式(3.3.48)中令自旋和欧氏空间中曲线的切矢量相对应，即 $\boldsymbol{S}=\boldsymbol{t}$，可得

$$\begin{aligned}\boldsymbol{t}_t=&\boldsymbol{t}_x\times\boldsymbol{t}_y+\boldsymbol{t}\times\boldsymbol{t}_{xy}+u_x\boldsymbol{t}+u\boldsymbol{t}_x-\boldsymbol{t}_{xxy}-v_x\boldsymbol{t}-v\boldsymbol{t}_x\\ &+u_x(\boldsymbol{t}\times\boldsymbol{t}_x)+u(\boldsymbol{t}\times\boldsymbol{t}_{xx}).\end{aligned} \tag{3.3.68}$$

将式(3.3.52)中参数 s 取为弧长参数 x，利用式(3.3.67)，式(3.3.68)变形为

$$\begin{aligned}\boldsymbol{t}_t=&(u\kappa-\kappa\rho-\kappa_{xy}-\kappa\tau d+\kappa^2\beta-v\kappa-u\kappa\tau)\boldsymbol{n}+(\kappa_y-\kappa_x\rho-(\kappa\tau)_y\\ &+\kappa^2\alpha-(uk)_x)\boldsymbol{b}\\ =&(-k\partial_x^{-1}(\kappa\kappa_y)-k_{xy}+k\tau\partial_x^{-1}\tau_y-k\partial_x^{-1}\tau_y)\boldsymbol{n}+(k_y-k_x\partial_x^{-1}\tau_y\\ &-(k\tau)_y)\boldsymbol{b}.\end{aligned} \tag{3.3.69}$$

由式(3.3.69)、式(3.3.63)和式(3.3.62)得到

$$\gamma=-(\eta+\mathrm{i}\zeta)\exp(\mathrm{i}\int_{-\infty}^{x}\mathrm{d}x'\tau)=-\mathrm{i}\psi_y+\psi_{xy}+\frac{1}{2}\partial_x^{-1}(\psi\bar{\psi})_y\psi. \tag{3.3.70}$$

将式(3.3.70)代入式(3.3.61),得到

$$R_x = \frac{1}{2}(\mathrm{i}\psi_{xy}\bar{\psi} - \mathrm{i}\bar{\psi}_{xy}\psi + \psi_y\bar{\psi} + \bar{\psi}_y\psi). \tag{3.3.71}$$

将式(3.3.70)和式(3.3.71)代入式(3.3.60),得到(2+1)维推广的非线性 Schrödinger 方程:

$$\mathrm{i}\psi_t + \mathrm{i}\psi_{xxy} + \psi_{xy} + \frac{\mathrm{i}}{2}\psi_x\partial_x^{-1}(\psi\bar{\psi})_y + \frac{\mathrm{i}}{2}\psi\partial_y|\psi|^2 + \frac{1}{2}(\partial_x^{-1}\partial_y|\psi|^2)\psi$$
$$+ \frac{\mathrm{i}}{2}\psi\partial_x^{-1}(\psi_{xy}\bar{\psi} - \bar{\psi}_{xy}\psi) = 0. \tag{3.3.72}$$

相应的 Lax 表示为

$$\begin{aligned}\boldsymbol{\Phi}_x &= \boldsymbol{U\Phi},\\ \boldsymbol{\Phi}_t &= \boldsymbol{V\Phi} + \lambda(\lambda+1)\boldsymbol{\Phi}_y.\end{aligned} \tag{3.3.73}$$

假设 $\boldsymbol{U}$ 和 $\boldsymbol{V}$ 有如下形式:

$$\boldsymbol{U} = \frac{1}{2}\begin{pmatrix} -\mathrm{i}\lambda & \psi \\ -\bar{\psi} & \mathrm{i}\lambda \end{pmatrix}, \quad \boldsymbol{V} = \begin{pmatrix} A & B \\ -\bar{B} & -A \end{pmatrix}. \tag{3.3.74}$$

由相容性条件 $\boldsymbol{\Phi}_{xt} = \boldsymbol{\Phi}_{tx}$,得到三阶情形对应的(2+1)维零曲率方程:

$$\boldsymbol{U}_t - \boldsymbol{V}_x + [\boldsymbol{U},\boldsymbol{V}] - \lambda(1+\lambda)\boldsymbol{U}_y = 0. \tag{3.3.75}$$

将式(3.3.74)代入式(3.3.75)得到

$$\begin{aligned}A_x &= \frac{1}{2}(\psi^*B - \psi B^*),\\ \psi_t - 2B_x &- 2\mathrm{i}\lambda B - 2\psi A - \lambda(1+\lambda)\psi_y = 0.\end{aligned} \tag{3.3.76}$$

设 A,B 为 λ 的幂级数:

$$A = \sum_{i=0}^{\infty}\lambda^i A_i, \quad \sum_{i=0}^{\infty}\lambda^i B_i. \tag{3.3.77}$$

将式(3.3.7)代入式(3.3.76)中,通过对比 λ 的不同次幂的系数,可以得到 $\boldsymbol{V}$ 中的 A,B 如下:

$$A = -\frac{1}{4}\partial_x^{-1}(\psi_{xy}\bar{\psi} - \bar{\psi}_{xy}\psi - \mathrm{i}\partial_y|\psi|^2) + \frac{\mathrm{i}}{4}\partial_x^{-1}\partial_y|\psi|^2\lambda, \tag{3.3.78}$$

$$B = -\frac{1}{2}\psi_{xy} + \frac{\mathrm{i}}{2}\psi_y - \frac{1}{4}(\partial_x^{-1}\partial_y|\psi|^2)\psi + \frac{\mathrm{i}}{2}\psi_y\lambda, \tag{3.3.79}$$

其中,参数 λ 是复常数.

3.3.2.2 四阶情形及其几何等价方程

利用延拓结构理论同样可以构造(2+1)维四阶的 Heisenberg 铁磁链模型:

$$\begin{aligned}\boldsymbol{S}_t = {} & (\boldsymbol{S}\times\boldsymbol{S}_y + u\boldsymbol{S})_x + (\boldsymbol{S}_{xx}\times\boldsymbol{S}_y + \boldsymbol{S}_x\times\boldsymbol{S}_{xy} + v_x)(\boldsymbol{S}\times\boldsymbol{S}_x)\\ & + (\boldsymbol{S}_x\times\boldsymbol{S}_y + v)(\boldsymbol{S}\times\boldsymbol{S}_{xx}) - \boldsymbol{S}_{xx}\times\boldsymbol{S}_{xy} + \boldsymbol{S}\times\boldsymbol{S}_{xxxy}\\ & + u_{xx}\boldsymbol{S}_x + 2u_x\boldsymbol{S}_{xx} + u\boldsymbol{S}_{xxx} - p\boldsymbol{S}_x - p_x\boldsymbol{S},\end{aligned} \tag{3.3.80}$$

其中

$$\begin{aligned} u_x &= -\boldsymbol{S}\cdot(\boldsymbol{S}_x\times\boldsymbol{S}_y),\\ v_x &= -\boldsymbol{S}\cdot\boldsymbol{S}_{xxy} = 2\boldsymbol{S}_x\cdot\boldsymbol{S}_{xy}+\boldsymbol{S}_{xx}\cdot\boldsymbol{S}_y,\\ p_x &= (2u_x\boldsymbol{S}_{xx}+u\boldsymbol{S}_{xxx}-\boldsymbol{S}_{xx}\times\boldsymbol{S}_{xy})\cdot\boldsymbol{S}. \end{aligned}\tag{3.3.81}$$

相应的 Lax 表示为

$$\widetilde{\boldsymbol{\Phi}}_x = -\widetilde{\boldsymbol{F}}\widetilde{\boldsymbol{\Phi}},\quad \widetilde{\boldsymbol{\Phi}}_t = \lambda(1-\lambda^2)(\widetilde{\boldsymbol{\Phi}}_y+\widetilde{\boldsymbol{G}}\boldsymbol{\Phi}),\tag{3.3.82}$$

其中

$$\begin{aligned} \widetilde{\boldsymbol{F}} &= \lambda\boldsymbol{S}\cdot\boldsymbol{X},\\ \widetilde{\boldsymbol{G}} &= \{-(\boldsymbol{S}\times\boldsymbol{S}_y+u\boldsymbol{S})+\frac{1}{\lambda^2-1}[\boldsymbol{S}\times\boldsymbol{S}_{xxy}+\lambda\boldsymbol{S}_{xy}+\lambda v\boldsymbol{S}\\ &\quad -\lambda u(\boldsymbol{S}\times\boldsymbol{S}_x)+(\boldsymbol{S}_x\cdot\boldsymbol{S}_y+v)(\boldsymbol{S}\times\boldsymbol{S}_x)-\boldsymbol{S}_x\times\boldsymbol{S}_{xy}\\ &\quad +u_x\boldsymbol{S}_x+u\boldsymbol{S}_{xx}-w\boldsymbol{S}]\}\cdot\boldsymbol{X}, \end{aligned}\tag{3.3.83}$$

这里 $\boldsymbol{X}=(-\frac{\mathrm{i}}{2}\boldsymbol{\sigma}_1,-\frac{\mathrm{i}}{2}\boldsymbol{\sigma}_2,-\frac{\mathrm{i}}{2}\boldsymbol{\sigma}_3)$，其中 $\boldsymbol{\sigma}_i(i=1,2,3)$是 Pauli 矩阵.

令 $\boldsymbol{S}=\boldsymbol{t}$，由方程(3.3.80)得

$$\begin{aligned} \boldsymbol{t}_t &= (\boldsymbol{t}\times\boldsymbol{t}_y+u\boldsymbol{t})_x+(\boldsymbol{t}_{xx}\cdot\boldsymbol{t}_y+\boldsymbol{t}_x\cdot\boldsymbol{t}_{xy}+v_x)(\boldsymbol{t}\times\boldsymbol{t}_x)\\ &\quad +(\boldsymbol{t}_x\cdot\boldsymbol{t}_y+v)(\boldsymbol{t}\times\boldsymbol{t}_{xx})-\boldsymbol{t}_{xx}\times\boldsymbol{t}_{xy}+\boldsymbol{t}\times\boldsymbol{t}_{xxxy}\\ &\quad +u_{xx}\boldsymbol{t}_x+2u_x\boldsymbol{t}_{xx}+u\boldsymbol{t}_{xxx}-\omega_x\boldsymbol{t}-\omega\boldsymbol{t}_x. \end{aligned}\tag{3.3.84}$$

得到关于 y 求导的部分：

$$\begin{cases} \boldsymbol{t}_y = \widetilde{\alpha}\boldsymbol{b}+\widetilde{\beta}\boldsymbol{n},\\ \boldsymbol{b}_y = -\widetilde{c}\boldsymbol{t}+\widetilde{d}\boldsymbol{n},\\ \boldsymbol{n}_y = \widetilde{\gamma}\boldsymbol{t}-\widetilde{\rho}\boldsymbol{b}, \end{cases}\tag{3.3.85}$$

其中，$\widetilde{\alpha},\widetilde{\beta},\widetilde{c},\widetilde{d},\widetilde{r},\widetilde{\rho}$ 可以由式(3.3.52)和相容性条件(3.3.65)以及式(3.3.85)得到，给出如下结果：

$$\begin{aligned} &\widetilde{\alpha} = -\frac{u_x}{\kappa},\quad \widetilde{\beta} = \partial_x^{-1}(\kappa_y-\frac{u_x\tau}{\kappa}),\quad \widetilde{c} = \frac{u_x}{\kappa},\quad \widetilde{d} = -\partial_x^{-1}\tau_y-u,\\ &\widetilde{r} = \partial_x^{-1}(\frac{u_x\tau}{\kappa}-\kappa_y),\quad \widetilde{\rho} = \partial_x^{-1}\tau_y+u. \end{aligned}\tag{3.3.86}$$

利用式(3.3.85)，则式(3.3.84)变为

$$\begin{aligned} \boldsymbol{t}_t &= (-\kappa\partial_x^{-1}\tau_y-v\kappa\tau-\kappa_{xx}\widetilde{\rho}+\kappa\tau^2\widetilde{\rho}-2\kappa_{xy}\tau-2\kappa_x\tau_y-\kappa_y\tau_x\\ &\quad -\kappa\tau_{xy}+3\kappa\kappa_x\widetilde{\alpha}+u_{xx}\kappa+2u_x\kappa_x+u\kappa_{xx}-u\kappa\tau^2-u\kappa^3)\boldsymbol{n}\\ &\quad +(k_y+\kappa^2\tau\widetilde{\alpha}-u_x\kappa\tau+v\kappa_x+r\kappa\kappa_x+\kappa^2\kappa_y+\kappa_{xxy}-\kappa_y\tau^2\\ &\quad -2\kappa\tau\tau_y+2\kappa_x\tau\widetilde{d}+\kappa\tau_x\widetilde{d}+2u_x\kappa\tau+2\kappa_x\tau u+\kappa\tau_x u)\boldsymbol{b}. \end{aligned}\tag{3.3.87}$$

由式(3.3.87)、式(3.3.63)和式(3.3.62)得到与方程(3.3.80)几何等价的方程为

$$\mathrm{i}\psi_t+\psi_{xxxy}+\psi_{xy}+\frac{1}{2}(\psi_x\partial_x\partial_y|\psi|^2+2\psi_x\partial_y|\psi|^2+\psi_{xx}\partial_x^{-1}\partial_y|\psi|^2)$$

$$+\frac{1}{2}[\bar{\psi}_{xy}\psi^2-\psi_{xy}|\psi|^2+\partial_x^{-1}(\bar{\psi}_{xy}\psi-\psi_{xy}\bar{\psi})\psi_x]+\frac{1}{2}\partial_x^{-1}[(1+|\psi|^2)\partial_y|\psi|^2$$

$$+(\psi_{xxy}\bar{\psi}+\bar{\psi}_{xxy}\psi)+\frac{1}{2}(\partial_x^{-1}\partial_y|\psi|^2)\partial_x|\psi|^2]\psi=0. \tag{3.3.88}$$

设式(3.3.88)的 Lax 表示如下：

$$\boldsymbol{\Phi}_x=\boldsymbol{U\Phi},\quad \boldsymbol{\Phi}_t=\boldsymbol{V\Phi}+\lambda(1-\lambda^2)\boldsymbol{\Phi}_y. \tag{3.3.89}$$

其中，$\boldsymbol{U}$ 和 $\boldsymbol{V}$ 分别为

$$\boldsymbol{U}=\frac{1}{2}\begin{pmatrix}-\mathrm{i}\lambda & \psi\\ -\bar{\psi} & \mathrm{i}\lambda\end{pmatrix},\quad \boldsymbol{V}=\begin{pmatrix}A & B\\ -\bar{B} & -A\end{pmatrix}. \tag{3.3.90}$$

由相容性条件 $\boldsymbol{\Phi}_{xt}=\boldsymbol{\Phi}_{tx}$，可得

$$\boldsymbol{U}_t-\boldsymbol{V}_x+[\boldsymbol{U},\boldsymbol{V}]-\lambda(1-\lambda^2)\boldsymbol{U}_y=0. \tag{3.3.91}$$

将式(3.3.90)代入式(3.3.91)，得到

$$\begin{aligned}&A_x=\frac{1}{2}(\psi^*B-\psi B^*),\\&\psi_t-2B_x-2\mathrm{i}\lambda B-2\psi A-\lambda(1-\lambda^2)\psi_y=0.\end{aligned} \tag{3.3.92}$$

计算四阶几何等价方程的 Lax 对时，不妨设 A,B 是λ 幂级数，形如式(3.3.77). 将式(3.3.77)代入式(3.3.92)中，通过比较 λ 不同次幂的系数，得到 $\boldsymbol{V}$ 中的 A,B 如下：

$$\begin{aligned}A=&\frac{\mathrm{i}}{4}\partial_x^{-1}[(1+|\psi|^2)\partial_y|\psi|^2+\psi_{xxy}\bar{\psi}+\bar{\psi}_{xxy}\psi+\frac{1}{2}\partial_x^{-1}\partial_y|\psi|^2\partial_x|\psi|^2]\\&-\frac{1}{4}\lambda\partial_x^{-1}(\bar{\psi}_{xy}\psi-\psi_{xy}\bar{\psi})-\frac{\mathrm{i}}{4}\lambda^2\partial_x^{-1}\partial_y|\psi|^2,\\B=&\frac{\mathrm{i}}{2}\psi_y+\frac{\mathrm{i}}{2}\psi_{xxy}+\frac{\mathrm{i}}{4}\partial_x(\psi\partial_x^{-1}\partial_y|\psi|^2)+\frac{\mathrm{i}}{4}[\partial_x^{-1}(\bar{\psi}_{xy}\psi-\psi_{xy}\bar{\psi})]\psi\\&+\frac{1}{4}\lambda(2\psi_{xy}+\psi\partial_x^{-1}\partial_y|\psi|^2)-\frac{\mathrm{i}}{2}\lambda^2\psi_y.\end{aligned} \tag{3.3.93}$$

3.3.2.3　五阶情形及其几何等价方程

(2+1)维五阶的 Heisenberg 铁磁链模型：

$$\begin{aligned}\boldsymbol{S}_t=&(\boldsymbol{S}\times\boldsymbol{S}_y+u\boldsymbol{S})_x+\boldsymbol{S}_{xxxxy}+q_x\boldsymbol{S}+q\boldsymbol{S}_x+(\boldsymbol{S}_x\cdot\boldsymbol{S}_y+v)_{xx}\boldsymbol{S}_x\\&+2(\boldsymbol{S}_x\cdot\boldsymbol{S}_y+v)_x\boldsymbol{S}_{xx}+(\boldsymbol{S}_x\cdot\boldsymbol{S}_y+v)_x\boldsymbol{S}_{xxx}+p_x(\boldsymbol{S}\times\boldsymbol{S}_x)\\&+p(\boldsymbol{S}\times\boldsymbol{S}_{xx})-u_{xxx}(\boldsymbol{S}\times\boldsymbol{S}_x)-u_{xx}(\boldsymbol{S}\times\boldsymbol{S}_{xx})+(2u_{xx}\boldsymbol{S}_{xx}\\&+3u_x\boldsymbol{S}_{xxx}+u\boldsymbol{S}_{xxxx})\times\boldsymbol{S}+(2u_x\boldsymbol{S}_{xx}+u\boldsymbol{S}_{xxx})\times\boldsymbol{S}_x\\&-(\boldsymbol{S}_{xx}\times\boldsymbol{S}_{xy})_x\times\boldsymbol{S}-(\boldsymbol{S}_{xx}\times\boldsymbol{S}_{xy})\times\boldsymbol{S}_x,\end{aligned} \tag{3.3.94}$$

其中

$$\begin{aligned}&u_x=-\boldsymbol{S}\cdot(\boldsymbol{S}_x\times\boldsymbol{S}_y),\\&v_x=-\boldsymbol{S}\cdot\boldsymbol{S}_{xxy}=2\boldsymbol{S}_x\cdot\boldsymbol{S}_{xy}+\boldsymbol{S}_{xx}\cdot\boldsymbol{S}_y,\end{aligned}$$

$$\begin{aligned}
p_x &= (2u_x\boldsymbol{S}_{xx} + u\boldsymbol{S}_{xxx} - \boldsymbol{S}_{xx}\times\boldsymbol{S}_{xy})\cdot\boldsymbol{S},\\
q_x &= \boldsymbol{S}_y\cdot\boldsymbol{S}_{xxxx} + 4\boldsymbol{S}_x\cdot\boldsymbol{S}_{xxxy} + 4\boldsymbol{S}_{xy}\cdot\boldsymbol{S}_{xxx} + 6\boldsymbol{S}_{xxy}\cdot\boldsymbol{S}_{xx}\\
&\quad + 2(\boldsymbol{S}_x\cdot\boldsymbol{S}_{xy} + \boldsymbol{S}_{xx}\cdot\boldsymbol{S}_y + v_x)\boldsymbol{S}_x\cdot\boldsymbol{S}_x + 3(\boldsymbol{S}_x\cdot\boldsymbol{S}_y + v)\boldsymbol{S}_x\cdot\boldsymbol{S}_{xx}\\
&\quad - [(\boldsymbol{S}_{xy}\times\boldsymbol{S}_{xx} + 2u_x\boldsymbol{S}_{xx} + u\boldsymbol{S}_{xxx})\times\boldsymbol{S}_x]\cdot\boldsymbol{S}.
\end{aligned}\tag{3.3.95}$$

五阶 Heisenberg 铁磁链模型的 Lax 表示为

$$\boldsymbol{\Phi}_x = -\boldsymbol{F\Phi},\quad \boldsymbol{\Phi}_t = \lambda(1+\lambda^3)(\boldsymbol{\Phi}_y + \boldsymbol{G\Phi}),\tag{3.3.96}$$

其中

$$\begin{aligned}
\boldsymbol{F} &= \lambda\boldsymbol{S}\cdot\boldsymbol{X},\\
\boldsymbol{G} &= -\frac{1}{1+\lambda^3}[\boldsymbol{S}\times\boldsymbol{S}_y + u\boldsymbol{S} + \boldsymbol{S}_{xxxy} + q\boldsymbol{S} + (\boldsymbol{S}_x\cdot\boldsymbol{S}_y + v)_x\boldsymbol{S}_x\\
&\quad + (\boldsymbol{S}_x\cdot\boldsymbol{S}_y + v)\boldsymbol{S}_{xx} + (\boldsymbol{S}_{xy}\times\boldsymbol{S}_{xx})\times\boldsymbol{S} + p(\boldsymbol{S}\times\boldsymbol{S}_x) - u_{xx}(\boldsymbol{S}\times\boldsymbol{S}_x)\\
&\quad + (2u_x\boldsymbol{S}_{xx} + u\boldsymbol{S}_{xxx})\times\boldsymbol{S}]\}\cdot\boldsymbol{X} - \frac{\lambda}{1+\lambda^3}[\boldsymbol{S}_{xxy}\times\boldsymbol{S} - \boldsymbol{S}_{xy}\times\boldsymbol{S}_x + p\boldsymbol{S}\\
&\quad + (\boldsymbol{S}_x\cdot\boldsymbol{S}_y + v)(\boldsymbol{S}_x\times\boldsymbol{S}) - (u_x\boldsymbol{S}_x + u\boldsymbol{S}_{xx})]\cdot\boldsymbol{X} - \frac{\lambda^2}{1+\lambda^3}[u(\boldsymbol{S}\times\boldsymbol{S}_x)\\
&\quad - v\boldsymbol{S} - \boldsymbol{S}_{xy}]\cdot\boldsymbol{X} - \frac{\lambda^3}{1+\lambda^3}[u\boldsymbol{S} - \boldsymbol{S}_y\times\boldsymbol{S}]\cdot\boldsymbol{X},
\end{aligned}\tag{3.3.97}$$

其中，$\boldsymbol{X} = (-\frac{\mathrm{i}}{2}\boldsymbol{\sigma}_1, -\frac{\mathrm{i}}{2}\boldsymbol{\sigma}_2, -\frac{\mathrm{i}}{2}\boldsymbol{\sigma}_3)$，$\boldsymbol{\sigma}_i\,(i=1,2,3)$是 Pauli 矩阵，$\lambda$ 是复常数.

下面推导高维五阶 Heisenberg 铁磁链模型的几何等价方程. 令 $\boldsymbol{S} = \boldsymbol{t}$，由方程(3.3.94)得

$$\begin{aligned}
\boldsymbol{t}_t &= (\boldsymbol{t}\times\boldsymbol{t}_y + u\boldsymbol{t})_x + \boldsymbol{t}_{xxxy} + q_x\boldsymbol{t} + q\boldsymbol{t}_x + (\boldsymbol{t}_x\cdot\boldsymbol{t}_y + v)_{xx}\boldsymbol{t}_x\\
&\quad + 2(\boldsymbol{t}_x\cdot\boldsymbol{t}_y + v)_x\boldsymbol{t}_{xx} + (\boldsymbol{t}_x\cdot\boldsymbol{t}_y + v)_x\boldsymbol{t}_{xxx} + p_x(\boldsymbol{t}\times\boldsymbol{t}_x) + p(\boldsymbol{t}\times\boldsymbol{t}_{xx})\\
&\quad - u_{xxx}(\boldsymbol{S}\times\boldsymbol{t}_x) - u_{xx}(\boldsymbol{S}\times\boldsymbol{t}_{xx}) + (2u_{xx}\boldsymbol{t}_{xx} + 3u_x\boldsymbol{t}_{xxx} + u\boldsymbol{t}_{xxxx})\times\boldsymbol{t}\\
&\quad + (2u_x\boldsymbol{S}_{xx} + u\boldsymbol{t}_{xxx})\times\boldsymbol{t}_x - (\boldsymbol{t}_{xx}\times\boldsymbol{t}_{xy})_x\times\boldsymbol{t} - (\boldsymbol{t}_{xx}\times\boldsymbol{t}_{xy})\times\boldsymbol{t}_x,
\end{aligned}\tag{3.3.98}$$

关于 y 求导的部分：

$$\begin{cases}
\boldsymbol{t}_y = \hat{\alpha}\boldsymbol{b} + \hat{\beta}\boldsymbol{n},\\
\boldsymbol{b}_y = -\hat{c}\boldsymbol{t} + \hat{d}\boldsymbol{n},\\
\boldsymbol{n}_y = \hat{r}\boldsymbol{t} - \hat{\rho}\boldsymbol{b},
\end{cases}\tag{3.3.99}$$

其中，$\hat{\alpha}, \hat{\beta}, \hat{c}, \hat{d}, \hat{r}, \hat{\rho}$ 由式(3.3.52)和相容性条件式(3.3.65)以及式(3.3.99)得到，给出如下结果：

$$\begin{aligned}
&\hat{\alpha} = -\frac{u_x}{\kappa},\quad \hat{\beta} = \partial_x^{-1}(\kappa_y - \frac{u_x\tau}{\kappa}),\quad \hat{c} = \frac{u_x}{\kappa},\quad \hat{d} = -\partial_x^{-1}\tau_y - u,\\
&\hat{r} = \partial_x^{-1}(\frac{u_x\tau}{\kappa} - \kappa_y),\quad \hat{\rho} = \partial_x^{-1}\tau_y + u.
\end{aligned}\tag{3.3.100}$$

利用式(3.3.99)，则式(3.3.98)变为

$$\begin{aligned}\boldsymbol{t}_t =& \{-\kappa\partial_x^{-1}\tau_y + \kappa_{xxxy} - 3\kappa_{xy}\tau^2 - 6\kappa_x\tau\tau_y - 3\kappa_y\tau\tau_x - 3\kappa\tau_x\tau_y - 3\kappa\tau\tau_{xy} \\ &+ \partial_x^{-1}\tau_y(\kappa\tau^3 - 3k_{xx}\tau - 3\kappa_x\tau_x - \kappa\tau_{xx}) + 3\kappa\kappa_x\kappa_y + \kappa^2\kappa_{xy} \\ &+ \kappa\partial_x^{-1}[\kappa\kappa_{xxy} - \kappa\kappa_y\tau^2 - \kappa\kappa_x\partial_x^{-1}(\kappa\kappa_y) - \kappa^2\tau\tau_y] + \partial_x^{-1}(\kappa\kappa_y)(\kappa_{xx} \\ &- \kappa\tau^2) + \kappa^3\partial_x^{-1}(\kappa\kappa_y) - 2\kappa^3\tau(\partial_x^{-1}\tau_y) - \kappa\tau\partial_x^{-1}[\kappa\kappa_y\tau - \kappa\kappa_x(\partial_x^{-1}\tau_y)]\}\boldsymbol{n} \\ &+ [\kappa_y + \tau_{xxy}\kappa + \kappa_y\tau_{xx} + 3\kappa_x\tau_{xy} + 3\kappa_{xy}\tau_x + 3\kappa_{xx}\tau_y + 3\kappa_{xxy}\tau - \kappa_y\tau^3 \\ &- 3\kappa\tau^2\tau_y + (\partial_x^{-1}\tau_y)(\kappa_{xx} - 3\kappa_x\tau^2 - 3\kappa\tau\tau_x) + 3\kappa^2\kappa_y\tau + (2\kappa_x\tau \\ &+ \kappa\tau_x)\partial_x^{-1}(\kappa\kappa_y) + \kappa_x\partial_x^{-1}[\kappa\kappa_y\tau - \kappa\kappa_x(\partial_x^{-1}\tau_y)] \\ &+ 2(\partial_x^{-1}\tau_y)\kappa^2\kappa_x + \kappa^3\tau_y]\boldsymbol{b}.\end{aligned} \tag{3.3.101}$$

由式(3.3.101)、式(3.3.63)和式(3.3.62)得到与高维五阶方程(3.3.97)几何等价的方程：

$$\begin{aligned}&\mathrm{i}\psi_t - \mathrm{i}\psi_{xxxy} + \psi_{xy} - \frac{\mathrm{i}}{2}(|\psi|^2_{xxy}\psi + 3|\psi|^2_{xy}\psi_x + 3|\psi|^2_y\psi_{xx} \\ &+ \partial_x^{-1}\partial_y|\psi|^2\psi_{xx}) + \frac{\mathrm{i}}{2}[\bar\psi_{xxy}\psi^2 - \psi_{xxy}|\psi|^2 + 3\bar\psi_{xy}\psi\psi_x - 2\psi_{xy}\bar\psi\psi_x \\ &- \psi_{xy}\psi\bar\psi_x + \partial_x^{-1}(\bar\psi_{xy}\psi - \psi_{xy}\bar\psi)\psi_{xx}] - \mathrm{i}\Big[\frac{1}{2}(\bar\psi_{xxy}\psi + \psi_{xxy}\bar\psi) \\ &+ \frac{1}{4}|\psi|^2_x\partial_x^{-1}\partial_y|\psi|^2 + \frac{1}{2}|\psi|^2_y|\psi|^2\Big]\psi - \mathrm{i}\partial_x^{-1}\Big[\frac{1}{2}(\bar\psi_{xxy}\psi + \psi_{xxy}\bar\psi) \\ &+ \frac{1}{4}|\psi|^2_x\partial_x^{-1}\partial_y|\psi|^2 + \frac{1}{2}|\psi|^2_y|\psi|^2\Big]\psi_x + \frac{\mathrm{i}}{2}\partial_x^{-1}\Big[(\bar\psi_{xxy}\psi - \psi_{xxy}\bar\psi \\ &- \mathrm{i}\partial_y|\psi|^2 + (\bar\psi_x\psi - \psi_x\bar\psi)\partial_y|\psi|^2 + \frac{1}{2}(\bar\psi_{xx}\psi - \psi_{xx}\bar\psi)\partial_x^{-1}\partial_y|\psi|^2 \\ &+ (\bar\psi_{xy}\psi - \psi_{xy}\bar\psi)|\psi|^2 + \frac{1}{2}\partial_x^{-1}(\bar\psi_{xy}\psi - \psi_{xy}\bar\psi)\partial_x|\psi|^2\Big]\psi = 0.\end{aligned} \tag{3.3.102}$$

设相应的 Lax 表示为

$$\boldsymbol{\Phi}_x = \boldsymbol{U\Phi},\quad \boldsymbol{\Phi}_t = \boldsymbol{V\Phi} + \lambda(1+\lambda^3)\boldsymbol{\Phi}_y, \tag{3.3.103}$$

其中

$$\boldsymbol{U} = \frac{1}{2}\begin{pmatrix}-\mathrm{i}\lambda & \psi \\ -\bar\psi & \mathrm{i}\lambda\end{pmatrix},\quad \boldsymbol{V} = \begin{pmatrix}A & B \\ -\bar B & -A\end{pmatrix}, \tag{3.3.104}$$

由相容性条件 $\boldsymbol{\Phi}_{xt} = \boldsymbol{\Phi}_{tx}$，得到四阶情形对应的(2+1)维零曲率方程：

$$\boldsymbol{U}_t - \boldsymbol{V}_x + [\boldsymbol{U},\boldsymbol{V}] + \lambda(1+\lambda^3)\boldsymbol{U}_y = 0. \tag{3.3.105}$$

将式(4.2.68)代入式(4.2.69)，得到

$$\begin{aligned}&A_x = \frac{1}{2}(\psi^*B - \psi B^*), \\ &\psi_t - 2B_x - 2\mathrm{i}\lambda B - 2\psi A - \lambda(1+\lambda^3)\psi_y = 0.\end{aligned} \tag{3.3.106}$$

不妨设 A,B 形式为式(3.3.77).将式(3.3.77)代入式(3.3.106)中，通过比较 λ 不同次幂的系数，得到 $\boldsymbol{V}$ 中的 A,B 如下：

$$
\begin{aligned}
A =\ & \frac{1}{4}\partial_x^{-1}\Big[\bar{\psi}_{xxxy}\psi - \psi_{xxxy}\bar{\psi} - \mathrm{i}\partial_y|\psi|^2 + (\bar{\psi}_x\psi - \psi_x\bar{\psi})\partial_y|\psi|^2 \\
& + \frac{1}{2}(\bar{\psi}_{xx}\psi - \psi_{xx}\bar{\psi})\partial_x^{-1}\partial_y|\psi|^2 + (\bar{\psi}_{xy}\psi - \psi_{xy}\bar{\psi})|\psi|^2 \\
& + \frac{1}{2}\partial_x^{-1}(\psi_{xy}\bar{\psi} - \bar{\psi}_{xy}\psi)\partial_x|\psi|^2\Big] - \frac{\mathrm{i}}{2}\partial_x^{-1}\Big[\frac{1}{2}(\bar{\psi}_{xxy}\psi + \psi_{xxy}\bar{\psi}) \\
& + \frac{1}{4}|\psi|_x^2\partial_x^{-1}\partial_y|\psi|^2 + \frac{1}{2}|\psi|_y^2|\psi|^2\Big]\lambda + \frac{1}{4}\partial_x^{-1}(\bar{\psi}_{xy}\psi - \psi_{xy}\bar{\psi})\lambda^2 \\
& - \frac{\mathrm{i}}{4}\partial_x^{-1}\partial_y|\psi|^2\lambda^3, \\
B =\ & \frac{1}{2}\psi_{xxxy} + \frac{\mathrm{i}}{2}\psi_y + \frac{1}{4}[\psi\partial_x\partial_y|\psi|^2 + 2\psi_x\partial_y|\psi|^2 + \psi_{xx}\partial_x^{-1}\partial_y|\psi|^2] \\
& - \frac{1}{4}[\bar{\psi}_{xy}\psi^2 - \psi_{xy}|\psi|^2\partial_x^{-1}(\bar{\psi}_{xy}\psi - \psi_{xy}\bar{\psi})\psi_x] + \frac{1}{2}\partial_x^{-1}\Big[\frac{1}{2}(\bar{\psi}_{xxy}\psi \\
& + \psi_{xxy}\bar{\psi}) + \frac{1}{4}|\psi|_x^2\partial_x^{-1}\partial_y|\psi|^2 + \frac{1}{2}|\psi|_y^2|\psi|^2\Big]\psi - \Big[\frac{\mathrm{i}}{2}\psi_{xxy} \\
& + \frac{\mathrm{i}}{4}(\psi\partial_y|\psi|^2 + \psi_x\partial_x^{-1}\partial_y|\psi|^2) - \frac{\mathrm{i}}{4}\partial_x^{-1}(\bar{\psi}_{xy}\psi - \psi_{xy}\bar{\psi})\psi\Big]\lambda \\
& - \Big[\frac{1}{2}\psi_{xy} + \frac{1}{4}\psi\partial_x^{-1}\partial_y|\psi|^2\Big]\lambda^2 - \frac{\mathrm{i}}{2}\psi_y\lambda^3.
\end{aligned}
\tag{3.3.107}
$$

第 4 章　超对称 Heisenberg 铁磁链模型

4.1　基本的超对称 Heisenberg 铁磁链模型

超对称作为玻色子和费米子之间的一种对称性，在 20 世纪 70 年代被引进理论物理（量子场论）中，已经成为一个非常重要的研究领域. 超对称理论可以解释 Higgs 机制，解决标准模型中著名的等级（hierarchy）问题，消除量子场论中的很多发散，且在统一四大相互作用中将扮演重要角色. 虽然超对称在自然界中尚未被实验证实，但是超对称理论的研究方法和思维方式必定会对理论物理和数学物理产生深刻的影响. 最近，超对称在量子多体问题[36]、规范理论[37]、Ads/dCFT[38] 以及 Yang-Mills 理论[39] 方面的研究引起了人们的关注，并且超对称理论对宇宙学常数问题的解决起到至关重要的作用[40]，同时超对称模型可能对宇宙构成及暗物质模型提供解释. 此外，超对称的思想推动了数学学科的发展，超分析、超空间以及超流形理论随之产生.

由于可积系统具有丰富的数学结构和广泛的物理应用，所以研究超对称可积系统具有重要意义. 超对称可积系统在非微扰二维超引力、矩阵模型的超对称推广和拓扑场论中具有极其重要的应用. 超对称可积系统的主要研究内容是构造经典可积系统的超对称形式，并研究其相应的可积性质.

可积系统的超对称化始于 20 世纪 70 年代末期，许多重要的可积方程已被推广到超对称情形，如 KdV 方程[41,42]，Kadomtsev-Petviashvili（KP）方程[43]，非线性 Schrödinger 方程[44]，Ablowitz、Kaup、Newell 和 Segur（AKNS）方程[45,46] 以及 Heisenberg 铁磁链模型[47-52] 等，众多学者对超对称可积系统展开了广泛的研究[53]. 与此同时，玻色可积系统中的许多方法都可以推广到超对称可积系统中，例如，Bäcklund 变换法[54]，Painlevé 分析法[55]，τ 函数[56] 方法，Darboux 变换法[57]，Hirota 双线性方法[58]，延拓结构理论等.

超对称 Heisenberg 铁磁链模型是一个重要的超对称可积系统. Makhankov 和 Pashaev[47] 首次提出超对称 Heisenberg 铁磁链模型，同时构造其规范等价方程，研究表明该模型与强电子关联的 Hubbard 模型具有密切的联系，Hubbard 模型描述金属绝缘体相变的一个简化模型，它在固体物理中具有重要作用. 因此研究超对称 Heisenberg 铁磁链模型及其推广模型具有重要的物理意义. Choudhury 和 Chowdhury[59] 研究了超对称 Heisenberg 铁磁链模型的非局域守恒率和非局域超荷，并且证明了这个非局域超荷产生一个分次的 Yangian 型代数.

超对称 Heisenberg 铁磁链模型是 Heisenberg 铁磁链模型的超对称推广模型，其具体表达如下：

$$\mathrm{i}\boldsymbol{S}_t = [\boldsymbol{S}, \boldsymbol{S}_{xx}], \tag{4.1.1}$$

其中，$\boldsymbol{S}$ 是属于超李代数 $uspl(2/1)$ 的超旋变量，$\boldsymbol{S}$ 可以表示为

$$\begin{aligned}\boldsymbol{S} &= 2\sum_{a=1}^{4} S_a \boldsymbol{T}_a + 2\sum_{a=5}^{8} C_a \boldsymbol{T}_a \\ &= \begin{pmatrix} S_3 + S_4 & S^- & C_1^- \\ S^+ & -S_3 + S_4 & C_2^- \\ C_1^+ & C_2^+ & 2S_4 \end{pmatrix}.\end{aligned} \tag{4.1.2}$$

其中，$S_1, \cdots, S_4$ 是玻色变量，$C_5, \cdots, C_8$ 是费米变量，$uspl(2/1)$ 的生成元有 8 个，$\boldsymbol{T}_1, \cdots, \boldsymbol{T}_4$ 是玻色生成元，$\boldsymbol{T}_5, \cdots, \boldsymbol{T}_8$ 是费米生成元，$S^{\pm}$，$C_1^{\pm}$ 和 $C_2^{\pm}$ 的定义分别为 $S^{\pm} = S_1 \pm \mathrm{i}S_2$，$C_1^{\pm} = S_5 \pm \mathrm{i}S_6$ 和 $C_2^{\pm} = S_7 \pm \mathrm{i}S_8$.

Makhankov 和 Pashaev 在自旋变量所满足的两种不同约束下构造了超对称 Heisenberg 铁磁链模型，并证明其规范等价于超的非线性 Schrödinger 方程和费米型的非线性 Schrödinger 方程. 考虑超自旋变量 $\boldsymbol{S}$ 满足以下两种约束：

（Ⅰ）$\boldsymbol{S}^2 = \boldsymbol{S}$，当 $\boldsymbol{S} \in USPL(2/1)/\boldsymbol{S}(L(1/1) \times U(1))$.

（Ⅱ）$\boldsymbol{S}^2 = 3\boldsymbol{S} - 2\boldsymbol{I}$，当 $\boldsymbol{S} \in USPL(2/1)/\boldsymbol{S}(U(2) \times U(1))$.

超对称 Heisenberg 铁磁链模型的 Lax 表示由下式给出：

$$\boldsymbol{\phi}_x = \boldsymbol{U}\boldsymbol{\phi}, \quad \boldsymbol{\phi}_t = \boldsymbol{V}\boldsymbol{\phi}, \tag{4.1.3}$$

其中，

$$\boldsymbol{U} = \mathrm{i}\lambda\boldsymbol{S}, \quad \boldsymbol{V} = \mathrm{i}\lambda^2\boldsymbol{S} + \lambda[\boldsymbol{S}, \boldsymbol{S}_x]. \tag{4.1.4}$$

令

$$\boldsymbol{S}(x,t) = \boldsymbol{g}^{-1}(x,t)\boldsymbol{\Sigma}\boldsymbol{g}(x,t), \tag{4.1.5}$$

其中，$\boldsymbol{g}(x,t) \in USPL(2/1)$ 且 $\boldsymbol{\Sigma} = a\boldsymbol{T}_3 + b\boldsymbol{T}_4$.

引入流

$$\boldsymbol{J}_1 = \boldsymbol{g}_x\boldsymbol{g}^{-1}, \quad J_0 = \boldsymbol{g}_t\boldsymbol{g}^{-1}, \tag{4.1.6}$$

将超李代数 $uspl(2/1)$ 分解为正交的两部分（引入 Z_2 分次李代数），即

$$L = L^{(0)} \oplus L^{(1)}, \tag{4.1.7}$$

其中，$\{L^{(i)}, L^{(j)}\} \subset L^{(i+j)\bmod(2)}$，$L^{(0)}$ 是由不变子群 H 的生成元构造的代数，$\boldsymbol{S} \in USPL(2/1)/\boldsymbol{S}(U(2) \otimes U(1))$.

在约束 $\boldsymbol{S}^2 = \boldsymbol{S}$ 下，$\partial_\mu \boldsymbol{S} = \boldsymbol{g}^{-1}[\boldsymbol{\Sigma}, \boldsymbol{J}_\mu]\boldsymbol{g}(\mu = 1,2)$. 令 $\boldsymbol{J}_1 \in L^{(1)}$，$\boldsymbol{J}_1$ 形式如下：

$$
\boldsymbol{J}_1 = \mathrm{i}\begin{pmatrix} 0 & \varphi & \psi \\ \bar{\varphi} & 0 & 0 \\ \bar{\psi} & 0 & 0 \end{pmatrix}, \tag{4.1.8}
$$

其中，$\varphi(x,t)$是玻色变量，$\psi(x,t)$是 Grassmann 奇变量. 由零曲率方程 $\boldsymbol{U}_t - \boldsymbol{V}_x + [\boldsymbol{U},\boldsymbol{V}]=0$ 得到

$$
\partial_0 \boldsymbol{J}_1 - \partial_1 \boldsymbol{J}_0 + [\boldsymbol{J}_1,\boldsymbol{J}_0] = 0,\quad (\boldsymbol{J}_0^{(0)})_x = [\boldsymbol{J}_1^{(1)},\boldsymbol{J}_0^{(1)}], \tag{4.1.9}
$$

其中，$\boldsymbol{J}_\mu^{(i)}(i=0,1)$分别属于超代数 $uspl(2/1)$的正交分解的两部分[式(4.1.7)]. 由方程(4.1.1)得到

$$
\mathrm{i}[\boldsymbol{\Sigma},\boldsymbol{J}_0] = (\boldsymbol{J}_1)_x. \tag{4.1.10}
$$

令 $\mathrm{i}\boldsymbol{J}_0^{(1)} = \boldsymbol{\gamma}(\boldsymbol{J}_1)_x$，取 $\boldsymbol{\gamma}=\mathrm{diag}(-1,1,1)$，得到

$$
\boldsymbol{J}_0 = \begin{pmatrix} \varphi\bar{\varphi} + \psi\bar{\psi} & \mathrm{i}\varphi_x & \mathrm{i}\psi_x \\ -\mathrm{i}\bar{\varphi}_x & -\bar{\varphi}\varphi & -\bar{\varphi}\psi \\ -\mathrm{i}\bar{\psi}_x & -\bar{\psi}\varphi & -\bar{\psi}\psi \end{pmatrix}. \tag{4.1.11}
$$

在规范变换下，式(4.1.4)中的 $\boldsymbol{U},\boldsymbol{V}$ 分别变为

$$
\widetilde{\boldsymbol{U}} = \boldsymbol{g}\boldsymbol{U}\boldsymbol{g}^{-1} + \boldsymbol{g}_x\boldsymbol{g}^{-1} = \mathrm{i}\lambda\boldsymbol{\Sigma} + \boldsymbol{J}_1, \tag{4.1.12}
$$

$$
\widetilde{\boldsymbol{V}} = \boldsymbol{g}\boldsymbol{V}\boldsymbol{g}^{-1} + \boldsymbol{g}_t\boldsymbol{g}^{-1} = \mathrm{i}\lambda^2\boldsymbol{\Sigma} + \lambda\boldsymbol{J}_1 + \boldsymbol{J}_0. \tag{4.1.13}
$$

相应的矩阵 $\widetilde{\boldsymbol{U}},\widetilde{\boldsymbol{V}}$ 具体表示如下：

$$
\widetilde{\boldsymbol{U}} = \mathrm{i}\begin{pmatrix} 0 & \varphi & \psi \\ \bar{\varphi} & \lambda & 0 \\ \bar{\psi} & 0 & \lambda \end{pmatrix},\quad \widetilde{\boldsymbol{V}} = \mathrm{i}\begin{pmatrix} \varphi\bar{\varphi} + \psi\bar{\psi} & \lambda\varphi + \mathrm{i}\varphi_x & \lambda\psi + \mathrm{i}\psi_x \\ \lambda\bar{\varphi} - \mathrm{i}\bar{\varphi}_x & \lambda^2 - \bar{\varphi}\varphi & -\bar{\varphi}\psi \\ \lambda\bar{\psi} - \mathrm{i}\bar{\psi}_x & -\bar{\psi}\varphi & \lambda^2 - \bar{\psi}\psi \end{pmatrix}. \tag{4.1.14}
$$

由 $\boldsymbol{U},\boldsymbol{V}$ 的零曲率方程，得到超的非线性 Schrödinger 方程：

$$
\begin{aligned}
&\mathrm{i}\varphi_t + \varphi_{xx} + 2(\bar{\varphi}\varphi + \psi\bar{\psi})\varphi = 0,\\
&\mathrm{i}\psi_t + \psi_{xx} + 2\bar{\varphi}\varphi\psi = 0.
\end{aligned} \tag{4.1.15}
$$

同样的方法，在约束 $\boldsymbol{S}^2=3\boldsymbol{S}-2\boldsymbol{I}$ 下，可以得到费米变量的非线性 Schrödinger 方程(也称为费米型的非线性 Schrödinger 方程)：

$$
\begin{aligned}
&\mathrm{i}\psi_{1t} + \psi_{1xx} + 2\bar{\psi}_2\psi_2\psi_1 = 0,\\
&\mathrm{i}\psi_{2t} + \psi_{2xx} + 2\bar{\psi}_1\psi_1\psi_2 = 0.
\end{aligned} \tag{4.1.16}
$$

令超的非线性 Schrödinger 方程(4.1.15)取玻色极限，即 $\psi\to 0$，则可得非线性 Schrödinger 方程(3.1.37).

4.2 (1+1)维推广的超对称 Heisenberg 铁磁链模型

4.2.1 非均匀情形

在约束 $\boldsymbol{S}^2=\boldsymbol{S}$ 下考虑推广的超对称非均匀 Heisenberg 铁磁链模型具有如下形式[49]：

$$\mathrm{i}\boldsymbol{S}_t = f[\boldsymbol{S},\boldsymbol{S}_{xx}] + p[\boldsymbol{S},\boldsymbol{S}_x] + u\boldsymbol{S}_x, \tag{4.2.1}$$

其中，f 是 x,t 的函数，p 和 u 是待定函数. 由约束条件不难验证 $\boldsymbol{S}[\boldsymbol{S},\boldsymbol{S}_x]\boldsymbol{S}=0$，$\boldsymbol{S}\boldsymbol{S}_x\boldsymbol{S}=0$.

取

$$\begin{aligned} \boldsymbol{U} &= \lambda\boldsymbol{S}, \\ \boldsymbol{V} &= \mathrm{i}\lambda f[\boldsymbol{S}_x,\boldsymbol{S}] + v(\boldsymbol{S},\boldsymbol{S}_x), \end{aligned} \tag{4.2.2}$$

其中，λ 是谱参数.

零曲率方程为

$$\boldsymbol{U}_t - \boldsymbol{V}_x + [\boldsymbol{U},\boldsymbol{V}] = 0, \tag{4.2.3}$$

将式(4.2.2)代入式(4.2.3)，得到

$$\begin{aligned} p &= f_x, \\ u &= -\mathrm{i}h, \\ v &= -(\lambda h + \mathrm{i}\lambda^2 f)S, \\ \lambda_t &= -\mathrm{i}\lambda^2 f_x - \lambda h_x. \end{aligned} \tag{4.2.4}$$

其中，h 是 x,t 的函数，λ 是谱参数.

将方程(4.2.1)改写为如下形式：

$$\mathrm{i}\boldsymbol{S}_t = f[\boldsymbol{S},\boldsymbol{S}_{xx}] + f_x[\boldsymbol{S},\boldsymbol{S}_x] - \mathrm{i}h\boldsymbol{S}_x. \tag{4.2.5}$$

下面考虑式(4.2.5)的规范等价方程.

令

$$\boldsymbol{S}(x,t) = \boldsymbol{g}^{-1}(x,t)\boldsymbol{\Sigma}\boldsymbol{g}(x,t), \tag{4.2.6}$$

其中，$\boldsymbol{g}(x,t)\in USPL(2/1)$. 在两种约束(Ⅰ)和(Ⅱ)下，分别取 $\boldsymbol{\Sigma}=\mathrm{diag}(0,1,1)$. 引入流

$$\boldsymbol{J}_1 = \boldsymbol{g}_x\boldsymbol{g}^{-1}, \quad \boldsymbol{J}_0 = \boldsymbol{g}_t\boldsymbol{g}^{-1}, \tag{4.2.7}$$

满足下面条件

$$\partial_t \boldsymbol{J}_1 - \partial_x \boldsymbol{J}_0 + [\boldsymbol{J}_1, \boldsymbol{J}_0] = 0. \tag{4.2.8}$$

将超李代数 $uspl(2/1)$ 分解为两个正交部分 $\boldsymbol{J}_0$ 和 $\boldsymbol{J}_1$，有

$$L = L^{(0)} \oplus L^{(1)}, \tag{4.2.9}$$

其中，$[L^{(i)}, L^{(j)}\} \subset L^{(i+j)\bmod(2)}$. $L^{(0)}$ 是由 H 的不变子群构造的代数. H 的不变子群在两种约束下分别为 $S(L(1/1)\times U(1))$ 和 $S(U(2)\times U(1))$.

（Ⅰ）令

$$\boldsymbol{J}_1 = \mathrm{i}\begin{pmatrix} 0 & \varphi & \psi \\ \bar{\varphi} & 0 & 0 \\ \bar{\psi} & 0 & 0 \end{pmatrix} \in L^{(1)}, \quad \boldsymbol{S} \in USPL(2/1)/S(L(1/1)\times U(1)), \tag{4.2.10}$$

其中，$\varphi(x,t)$ 和 $\psi(x,t)$ 分别为玻色变量和费米变量.

利用式(4.2.6)、式(4.2.7)和式(4.2.10)，可得

$$\begin{aligned} \boldsymbol{S}_t &= \boldsymbol{g}^{-1}(x,t)[\boldsymbol{\Sigma}, \boldsymbol{J}_0]\boldsymbol{g}(x,t), \\ \boldsymbol{S}_x &= \boldsymbol{g}^{-1}(x,t)[\boldsymbol{\Sigma}, \boldsymbol{J}_1]\boldsymbol{g}(x,t), \\ \boldsymbol{S}_{xx} &= \boldsymbol{g}^{-1}(x,t)([[\boldsymbol{\Sigma}, \boldsymbol{J}_1], \boldsymbol{J}_1] + [\boldsymbol{\Sigma}, \boldsymbol{J}_{1x}])\boldsymbol{g}(x,t). \end{aligned} \tag{4.2.11}$$

将式(4.2.11)代入式(4.2.5)，得到

$$\mathrm{i}[\boldsymbol{\Sigma}, \boldsymbol{J}_0] = f[\boldsymbol{\Sigma}, [[\boldsymbol{\Sigma}, \boldsymbol{J}_1], \boldsymbol{J}_1] + [\boldsymbol{\Sigma}, \boldsymbol{J}_{1x}]] + f_x[\boldsymbol{\Sigma}, [\boldsymbol{\Sigma}, \boldsymbol{J}_1]] - \mathrm{i}h[\boldsymbol{\Sigma}, \boldsymbol{J}_1]. \tag{4.2.12}$$

在约束（Ⅰ）下，利用式(4.2.12)和条件 $[\boldsymbol{\Sigma}, \boldsymbol{J}_0^{(0)}] = 0$，可得

$$\boldsymbol{J}_0^{(1)} = \mathrm{i}\begin{pmatrix} 0 & \mathrm{i}(f\varphi)_x - h\varphi & \mathrm{i}(f\psi)_x - h\psi \\ -\mathrm{i}(f\bar{\varphi})_x - h\bar{\varphi} & 0 & 0 \\ -\mathrm{i}(f\bar{\psi})_x - h\bar{\psi} & 0 & 0 \end{pmatrix}, \tag{4.2.13}$$

利用 $\boldsymbol{J}_0 = \boldsymbol{J}_0^{(0)} + \boldsymbol{J}_0^{(1)}$，由方程(4.2.8)可得

$$(\boldsymbol{J}_0^{(0)})_x = [\boldsymbol{J}_1, \boldsymbol{J}_0^{(1)}]. \tag{4.2.14}$$

将式(4.2.10)和式(4.2.13)代入式(4.2.14)并且对式(4.2.14)进行积分，可以得到

$$\boldsymbol{J}_0^{(0)} = \begin{pmatrix} A & 0 & 0 \\ 0 & -\mathrm{i}f\bar{\varphi}\varphi - \mathrm{i}\int_{-\infty}^{x} f_x\bar{\varphi}\varphi\,\mathrm{d}x' & -\mathrm{i}f\bar{\varphi}\psi - \mathrm{i}\int_{-\infty}^{x} f_x\bar{\varphi}\psi\,\mathrm{d}x' \\ 0 & -\mathrm{i}f\bar{\psi}\varphi - \mathrm{i}\int_{-\infty}^{x} f_x\bar{\psi}\varphi\,\mathrm{d}x' & -\mathrm{i}f\bar{\psi}\psi - \mathrm{i}\int_{-\infty}^{x} f_x\bar{\psi}\psi\,\mathrm{d}x' \end{pmatrix}, \tag{4.2.15}$$

其中，$A = \mathrm{i}f(\varphi\bar{\varphi} + \psi\bar{\psi}) + \mathrm{i}\int_{-\infty}^{x} f_x(\varphi\bar{\varphi} + \psi\bar{\psi})\mathrm{d}x'$.

由 $\boldsymbol{J}_0 = \boldsymbol{J}_0^{(0)} + \boldsymbol{J}_0^{(1)}$，可得

$$
\boldsymbol{J}_0 = \begin{pmatrix} A & -(f\varphi)_x - \mathrm{i}h\varphi & -(f\psi)_x - \mathrm{i}h\psi \\ (f\bar{\varphi})_x - \mathrm{i}h\bar{\varphi} & -\mathrm{i}f\bar{\varphi}\varphi - \mathrm{i}\int_{-\infty}^{x} f_x\bar{\varphi}\varphi \mathrm{d}x' & -\mathrm{i}f\bar{\varphi}\psi - \mathrm{i}\int_{-\infty}^{x} f_x\bar{\varphi}\psi \mathrm{d}x' \\ (f\bar{\psi})_x - \mathrm{i}h\bar{\psi} & -\mathrm{i}f\bar{\psi}\varphi - \mathrm{i}\int_{-\infty}^{x} f_x\bar{\psi}\varphi \mathrm{d}x' & -\mathrm{i}f\bar{\psi}\psi - \mathrm{i}\int_{-\infty}^{x} f_x\bar{\psi}\psi \mathrm{d}x' \end{pmatrix}. \tag{4.2.16}
$$

利用规范变换，式(4.2.2)中的 $\boldsymbol{U}$ 和 $\boldsymbol{V}$ 分别变为 $\hat{\boldsymbol{U}}$ 和 $\hat{\boldsymbol{V}}$：

$$
\begin{aligned}
\hat{\boldsymbol{U}} &= \boldsymbol{g}\boldsymbol{U}\boldsymbol{g}^{-1} + \boldsymbol{g}_x\boldsymbol{g}^{-1} = \lambda\boldsymbol{\Sigma} + \boldsymbol{J}_1, \\
\hat{\boldsymbol{V}} &= \boldsymbol{g}\boldsymbol{V}\boldsymbol{g}^{-1} + \boldsymbol{g}_t\boldsymbol{g}^{-1} = -\mathrm{i}\lambda f\boldsymbol{J}_1 - (\lambda h + \mathrm{i}\lambda^2 f)\boldsymbol{\Sigma} + \boldsymbol{J}_0.
\end{aligned} \tag{4.2.17}
$$

将 $\boldsymbol{\Sigma}=\mathrm{diag}(0,1,1)$、式(4.2.10)和式(4.2.16)代入式(4.2.17)，可得

$$
\hat{U} = \begin{pmatrix} 0 & \mathrm{i}\varphi & \mathrm{i}\psi \\ \mathrm{i}\bar{\varphi} & \lambda & 0 \\ \mathrm{i}\bar{\psi} & 0 & \lambda \end{pmatrix}, \tag{4.2.18}
$$

$$
\hat{V} = \begin{pmatrix} \hat{V}_{11} & -(f\varphi)_x - \mathrm{i}h\varphi + \lambda f\varphi & -(f\psi)_x - \mathrm{i}h\psi + \lambda f\psi \\ (f\bar{\varphi})_x - \mathrm{i}h\bar{\varphi} + \lambda f\bar{\varphi} & \hat{V}_{22} & -\mathrm{i}f\bar{\varphi}\psi - \mathrm{i}\int_{-\infty}^{x} f_x\bar{\varphi}\psi \mathrm{d}x' \\ (f\bar{\psi})_x - \mathrm{i}h\bar{\psi} + \lambda f\bar{\psi} & -\mathrm{i}f\bar{\psi}\varphi - \mathrm{i}\int_{-\infty}^{x} f_x\bar{\psi}\varphi \mathrm{d}x' & \hat{V}_{33} \end{pmatrix}, \tag{4.2.19}
$$

其中

$$
\begin{aligned}
\hat{V}_{11} &= \mathrm{i}f(\varphi\bar{\varphi} + \psi\bar{\psi}) + \mathrm{i}\int_{-\infty}^{x} f_x(\varphi\bar{\varphi} + \psi\bar{\psi})\mathrm{d}x', \\
\hat{V}_{22} &= -\mathrm{i}\lambda^2 f - \lambda h - \mathrm{i}f\bar{\varphi}\varphi - \mathrm{i}\int_{-\infty}^{x} f_x\bar{\varphi}\varphi \mathrm{d}x', \\
\hat{V}_{33} &= -\mathrm{i}\lambda^2 f - \lambda h - \mathrm{i}f\bar{\psi}\psi - \mathrm{i}\int_{-\infty}^{x} f_x\bar{\psi}\psi \mathrm{d}x'.
\end{aligned} \tag{4.2.20}
$$

利用 $\hat{\boldsymbol{U}}$ 和 $\hat{\boldsymbol{V}}$ 的零曲率方程，得到超的推广的非均匀 Hirota 方程：

$$
\begin{aligned}
&\mathrm{i}\varphi_t + \mathrm{i}(h\varphi)_x + f[\varphi_{xx} + 2(\varphi\bar{\varphi} + \psi\bar{\psi})\varphi] + 2f_x\varphi_x + 2\varphi\int_{-\infty}^{x} f_x\bar{\varphi}\varphi \mathrm{d}x' \\
&+ \psi\int_{-\infty}^{x} f_x\bar{\psi}\varphi \mathrm{d}x' + \varphi\int_{-\infty}^{x} f_x\psi\bar{\psi}\mathrm{d}x' = 0, \\
&\mathrm{i}\psi_t + \mathrm{i}(h\psi)_x + f(\psi_{xx} + 2\varphi\bar{\varphi}\psi) + 2f_x\psi_x + \varphi\int_{-\infty}^{x} f_x\bar{\varphi}\psi \mathrm{d}x' \\
&+ \psi\int_{-\infty}^{x} f_x\varphi\bar{\varphi}\mathrm{d}x' = 0.
\end{aligned} \tag{4.2.21}
$$

式(4.2.21)是非均匀 Hirota 方程推广到超对称的情形. 令费米项为零，取 $\gamma=0, h(x,t)=\nu_1+\mu_1 x, f(x,t)=\nu_2+\mu_2 x$ 时，式(4.2.21)退化为如下推广的非

均匀 Hirota 方程[61]：

$$
\begin{aligned}
& \mathrm{i}\varphi_t + \mathrm{i}\mu_1\varphi + \mathrm{i}(\nu_1 + \mu_1 x)\varphi_x + (\nu_2 + \mu_2 x)[\varphi_{xx} + 2(\varphi\bar{\varphi})\varphi] \\
& + 2\mu_2\left(\varphi_x + \varphi\int_{-\infty}^{x}\bar{\varphi}\varphi\mathrm{d}x'\right) = 0.
\end{aligned} \tag{4.2.22}
$$

取 $f=1,h=0$，式(4.2.21)退化为超的非线性 Schrödinger 方程(4.1.15)。

考虑约束 $\boldsymbol{S}^2=3\boldsymbol{S}-2\boldsymbol{I}$. 经计算，在该约束下的超的非均匀方程形式仍为式(4.2.5)，并且有

$$
\begin{aligned}
\boldsymbol{S}\boldsymbol{S}_t\boldsymbol{S} = 2\boldsymbol{S}_t, \quad \boldsymbol{S}[\boldsymbol{S},\boldsymbol{S}_{xx}]\boldsymbol{S} = 2[\boldsymbol{S},\boldsymbol{S}_{xx}], \\
\boldsymbol{S}\boldsymbol{S}_x\boldsymbol{S} = 2\boldsymbol{S}_x, \quad \boldsymbol{S}[\boldsymbol{S},\boldsymbol{S}_x]\boldsymbol{S} = 2[\boldsymbol{S},\boldsymbol{S}_x].
\end{aligned} \tag{4.2.23}
$$

(Ⅱ)设

$$
\boldsymbol{J}_1 = \mathrm{i}\begin{pmatrix} 0 & 0 & \psi_1 \\ 0 & 0 & \psi_1 \\ \bar{\psi}_1 & \bar{\psi}_2 & 0 \end{pmatrix} \in L^{(1)}, \quad \boldsymbol{S} \in USPL(2/1)/S(U(2)\times U(1)), \tag{4.2.24}
$$

其中，$\psi_1(x,t)$，$\psi_2(x,t)$是费米变量.

经计算可得

$$
\begin{aligned}
\boldsymbol{J}_0^{(0)} &= \mathrm{i}\begin{pmatrix} f\psi_1\bar{\psi}_1 + \int_{-\infty}^{x} f_x\psi_1\bar{\psi}_1\mathrm{d}x' & f\psi_1\bar{\psi}_2 + \int_{-\infty}^{x} f_x\psi_1\bar{\psi}_2\mathrm{d}x' & 0 \\ f\psi_2\bar{\psi}_1 + \int_{-\infty}^{x} f_x\psi_2\bar{\psi}_1\mathrm{d}x' & f\psi_2\bar{\psi}_2 + \int_{-\infty}^{x} f_x\psi_2\bar{\psi}_2\mathrm{d}x' & 0 \\ 0 & 0 & B \end{pmatrix}, \\
\boldsymbol{J}_0^{(1)} &= \begin{pmatrix} 0 & 0 & -\mathrm{i}h\psi_1 - (f\psi_1)_x \\ 0 & 0 & -\mathrm{i}h\psi_2 - (f\psi_2)_x \\ -\mathrm{i}h\bar{\psi}_1 + (f\bar{\psi}_1)_x & -\mathrm{i}h\bar{\psi}_2 + (f\bar{\psi}_2)_x & 0 \end{pmatrix},
\end{aligned} \tag{4.2.25}
$$

其中，$B = f(\psi_1\bar{\psi}_1 + \psi_2\bar{\psi}_2) + \int_{-\infty}^{x} f_x(\psi_1\bar{\psi}_1 + \psi_2\bar{\psi}_2)\mathrm{d}x'$.

合并式(4.2.25)中两式，可以得到

$$
\boldsymbol{J}_0 = \begin{pmatrix} \mathrm{i}f\psi_1\bar{\psi}_1 + \mathrm{i}\int_{-\infty}^{x} f_x\psi_1\bar{\psi}_1\mathrm{d}x' & \mathrm{i}f\psi_1\bar{\psi}_2 + \mathrm{i}\int_{-\infty}^{x} f_x\psi_1\bar{\psi}_2\mathrm{d}x' & -\mathrm{i}h\psi_1 - (f\psi_1)_x \\ \mathrm{i}f\psi_2\bar{\psi}_1 + \mathrm{i}\int_{-\infty}^{x} f_x\psi_2\bar{\psi}_1\mathrm{d}x' & \mathrm{i}f\psi_2\bar{\psi}_2 + \mathrm{i}\int_{-\infty}^{x} f_x\psi_2\bar{\psi}_2\mathrm{d}x' & -\mathrm{i}h\psi_2 - (f\psi_2)_x \\ -\mathrm{i}h\bar{\psi}_1 + (f\bar{\psi}_1)_x & -\mathrm{i}h\bar{\psi}_2 + (f\bar{\psi}_2)_x & B \end{pmatrix}. \tag{4.2.26}
$$

利用规范变换，$\boldsymbol{U}$ 和 $\boldsymbol{V}$ 分别变为 $\widetilde{\boldsymbol{U}}$ 和 $\widetilde{\boldsymbol{V}}$：

$$\begin{aligned} \widetilde{\boldsymbol{U}} &= \boldsymbol{g}\boldsymbol{U}\boldsymbol{g}^{-1} + \boldsymbol{g}_x\boldsymbol{g}^{-1} = \lambda\hat{\boldsymbol{\Sigma}} + \boldsymbol{J}_1, \\ \widetilde{\boldsymbol{V}} &= \boldsymbol{g}\boldsymbol{V}\boldsymbol{g}^{-1} + \boldsymbol{g}_t\boldsymbol{g}^{-1} = -\mathrm{i}\lambda f\boldsymbol{J}_1 - (\lambda h + \mathrm{i}\lambda^2 f)\hat{\boldsymbol{\Sigma}} + \boldsymbol{J}_0, \end{aligned} \tag{4.2.27}$$

其中，$\hat{\boldsymbol{\Sigma}} = \mathrm{diag}(1,1,2)$.

利用式(4.2.24)和式(4.2.26)，则式(4.2.27)可写为

$$\widetilde{\boldsymbol{U}} = \begin{pmatrix} \lambda & 0 & \mathrm{i}\psi_1 \\ 0 & \lambda & \mathrm{i}\psi_2 \\ \mathrm{i}\bar{\psi}_1 & \mathrm{i}\bar{\psi}_2 & 2\lambda \end{pmatrix},$$

$$\widetilde{\boldsymbol{V}} = \begin{pmatrix} \widetilde{V}_{11} & \mathrm{i}f\psi_1\bar{\psi}_2 + \mathrm{i}\int_{-\infty}^{x} f_x\psi_1\bar{\psi}_2\mathrm{d}x' & \lambda f\psi_1 - \mathrm{i}h\psi_1 - (f\psi_1)_x \\ \mathrm{i}f\psi_2\bar{\psi}_1 + \mathrm{i}\int_{-\infty}^{x} f_x\psi_2\bar{\psi}_1\mathrm{d}x' & \widetilde{V}_{22} & \lambda f\psi_2 - \mathrm{i}h\psi_2 - (f\psi_2)_x \\ \lambda f\bar{\psi}_1 - \mathrm{i}h\bar{\psi}_1 + (f\bar{\psi}_1)_x & \lambda f\bar{\psi}_2 - \mathrm{i}h\bar{\psi}_2 + (f\bar{\psi}_2)_x & \widetilde{V}_{33} \end{pmatrix}, \tag{4.2.28}$$

其中

$$\begin{aligned} \widetilde{V}_{11} &= -\mathrm{i}\lambda^2 f - \lambda h + \mathrm{i}f\psi_1\bar{\psi}_1 + \mathrm{i}\int_{-\infty}^{x} f_x\psi_1\bar{\psi}_1\mathrm{d}x', \\ \widetilde{V}_{22} &= -\mathrm{i}\lambda^2 f - \lambda h + \mathrm{i}f\psi_2\bar{\psi}_2 + \mathrm{i}\int_{-\infty}^{x} f_x\psi_2\bar{\psi}_2\mathrm{d}x', \\ \widetilde{V}_{33} &= -2(\mathrm{i}\lambda^2 f + \lambda h) + \mathrm{i}f(\psi_1\bar{\psi}_1 + \psi_2\bar{\psi}_2) + \mathrm{i}\int_{-\infty}^{x} f_x(\psi_1\bar{\psi}_1 + \psi_2\bar{\psi}_2)\mathrm{d}x'. \end{aligned} \tag{4.2.29}$$

由 $\widetilde{\boldsymbol{U}}$ 和 $\widetilde{\boldsymbol{V}}$ 所满足的零曲率方程，可以得到费米型的非线性 Schrödinger 方程：

$$\begin{aligned} &\mathrm{i}\psi_{1t} + \mathrm{i}(h\psi_1)_x + (f\psi_1)_{xx} + 2f\psi_1\bar{\psi}_2\psi_2 - \psi_1\int_{-\infty}^{x} f_x\psi_2\bar{\psi}_2\mathrm{d}x' \\ &+ \psi_2\int_{-\infty}^{x} f_x\psi_1\bar{\psi}_2\mathrm{d}x' = 0, \\ &\mathrm{i}\psi_{2t} + \mathrm{i}(h\psi_2)_x + (f\psi_2)_{xx} + 2f\psi_2\bar{\psi}_1\psi_1 - \psi_2\int_{-\infty}^{x} f_x\psi_1\bar{\psi}_1\mathrm{d}x' \\ &+ \psi_1\int_{-\infty}^{x} f_x\psi_2\bar{\psi}_1\mathrm{d}x' = 0. \end{aligned} \tag{4.2.30}$$

在约束 $f=1, h=0$ 下，式(4.2.30)变为费米型的非线性 Schrödinger 方程(4.1.15).

4.2.2 特殊推广情形

本节将介绍(1+1)维推广的超对称 Heisenberg 铁磁链模型已有的一些研究结果[50].

(1+1)维推广的超对称 Heisenberg 铁磁链模型如下：

$$\mathrm{i}\boldsymbol{S}_t = [\boldsymbol{S}, \boldsymbol{S}_{xx}] + \boldsymbol{E}, \quad \boldsymbol{E} = \varepsilon \boldsymbol{S}_x \boldsymbol{S}_x \boldsymbol{S}_x, \tag{4.2.31}$$

其中，ε 是形变参数.

在约束 $\boldsymbol{S}^2 = \boldsymbol{S}$ 下，$\boldsymbol{S}_t$ 和形变项 $\boldsymbol{E}$ 分别满足 $\boldsymbol{S}\boldsymbol{S}_t\boldsymbol{S} = 0$，$\boldsymbol{S}\boldsymbol{E}\boldsymbol{S} = 0$. 这表明待定参数 ε 可以不为零，为确定系数 ε，由下式：

$$\begin{aligned} \boldsymbol{U} &= -\mathrm{i}\alpha\lambda^2 \boldsymbol{S} - \mathrm{i}\alpha\lambda \boldsymbol{S}_x, \\ \boldsymbol{V} &= -\alpha\lambda[\boldsymbol{S}, \boldsymbol{S}_{xx}] - \alpha\lambda^2[\boldsymbol{S}, \boldsymbol{S}_x] + f(\boldsymbol{S}, \boldsymbol{S}_x)\boldsymbol{S}_x + g(\boldsymbol{S}, \boldsymbol{S}_x)S, \end{aligned} \tag{4.2.32}$$

其中，λ 是谱参数，α 是一个常数，代入零曲率方程可得

$$\begin{aligned} \varepsilon &= 2\mathrm{i}\alpha, \\ f &= \mathrm{i}\alpha^2\lambda^3 - 2\mathrm{i}\alpha^2\lambda \boldsymbol{S}_x\boldsymbol{S}_x + \mathrm{i}\alpha^2\lambda^2 \boldsymbol{S}_x, \\ g &= \mathrm{i}\alpha^2\lambda^4 - 2\mathrm{i}\alpha^2\lambda^2 \boldsymbol{S}_x\boldsymbol{S}_x, \end{aligned} \tag{4.2.33}$$

可得推广的超对称 Heisenberg 铁磁链模型：

$$\mathrm{i}\boldsymbol{S}_t = [\boldsymbol{S}, \boldsymbol{S}_{xx}] + 2\mathrm{i}\alpha \boldsymbol{S}_x\boldsymbol{S}_x\boldsymbol{S}_x. \tag{4.2.34}$$

利用类似的方法，在规范变换下 $\boldsymbol{U}$ 和 $\boldsymbol{V}$ 变为 $\hat{\boldsymbol{U}}$ 和 $\hat{\boldsymbol{V}}$：

$$\begin{aligned} \hat{\boldsymbol{U}} &= \mathrm{i}\begin{pmatrix} 0 & (1+\mathrm{i}\alpha\lambda)\varphi & (1+\mathrm{i}\alpha\lambda)\psi \\ (1-\mathrm{i}\alpha\lambda)\bar{\varphi} & -\alpha\lambda^2 & 0 \\ (1-\mathrm{i}\alpha\lambda)\bar{\psi} & 0 & -\alpha\lambda^2 \end{pmatrix}, \\ \hat{\boldsymbol{V}} &= \mathrm{i}\begin{pmatrix} \hat{V}_{11} & \hat{V}_{12} & \hat{V}_{13} \\ \hat{V}_{21} & \hat{V}_{22} & \hat{V}_{22} \\ \hat{V}_{31} & \hat{V}_{32} & \hat{V}_{33} \end{pmatrix}, \end{aligned} \tag{4.2.35}$$

其中

$$\begin{aligned} \hat{V}_{11} &= (1+\alpha^2\lambda^2)(\varphi\bar{\varphi} + \psi\bar{\psi}), \\ \hat{V}_{12} &= (1+\mathrm{i}\alpha\lambda)[\mathrm{i}\varphi_x - \alpha\lambda^2\varphi + 2\alpha(\varphi\bar{\varphi}\varphi + \psi\bar{\psi}\varphi)], \\ \hat{V}_{13} &= (1+\mathrm{i}\alpha\lambda)[\mathrm{i}\psi_x - \alpha\lambda^2\psi + 2\alpha\varphi\bar{\varphi}\psi], \\ \hat{V}_{21} &= -(1-\mathrm{i}\alpha\lambda)[\mathrm{i}\bar{\varphi}_x + \alpha\lambda^2\bar{\varphi} - 2\alpha(\bar{\varphi}\varphi\bar{\varphi} + \bar{\varphi}\psi\bar{\psi})], \\ \hat{V}_{22} &= \alpha^2\lambda^4 - (1+\alpha^2\lambda^2)\bar{\varphi}\varphi, \\ \hat{V}_{23} &= -(1+\alpha^2\lambda^2)\bar{\varphi}\psi, \\ \hat{V}_{31} &= -(1-\mathrm{i}\alpha\lambda)(\mathrm{i}\bar{\psi}_x + \alpha\lambda^2\bar{\psi} - 2\alpha\bar{\psi}\varphi\bar{\varphi}), \\ \hat{V}_{32} &= -(1+\alpha^2\lambda^2)\bar{\psi}\varphi, \\ \hat{V}_{33} &= \alpha^2\lambda^4 - (1+\alpha^2\lambda^2)\bar{\psi}\psi. \end{aligned} \tag{4.2.36}$$

由 $\hat{\boldsymbol{U}}$ 和 $\hat{\boldsymbol{V}}$ 的零曲率方程得到超的混合求导的 Schrödinger 方程：

$$
\begin{aligned}
&\mathrm{i}\varphi_t+\varphi_{xx}+2(\varphi\bar{\varphi}+\psi\bar{\psi})\varphi-2\mathrm{i}\alpha(\varphi\bar{\varphi}\varphi+\psi\bar{\psi}\varphi)_x=0,\\
&\mathrm{i}\psi_t+\psi_{xx}+2\varphi\bar{\varphi}\psi-2\mathrm{i}\alpha(\varphi\bar{\varphi}\psi)_x=0.
\end{aligned}
\tag{4.2.37}
$$

令 $\psi=0$,式(4.2.37)约化为混合求导的 Schrödinger 方程[60].

在约束 $\boldsymbol{S}^2=3\boldsymbol{S}-2\boldsymbol{I}$ 下,注意到 $\boldsymbol{S}_t$ 和形变项 $\boldsymbol{E}$ 分别满足 $\boldsymbol{S}\boldsymbol{S}_t\boldsymbol{S}=2\boldsymbol{S}_t$,$\boldsymbol{SES}=2\boldsymbol{E}$.经计算,方程仍为式(4.2.34),相应的 $\boldsymbol{U},\boldsymbol{V}$ 为

$$
\begin{aligned}
\boldsymbol{U}&=-\mathrm{i}\alpha\lambda^2\boldsymbol{S}-\mathrm{i}\alpha\lambda\boldsymbol{S}_x,\\
\boldsymbol{V}&=-\alpha\lambda[\boldsymbol{S},\boldsymbol{S}_{xx}]-\alpha\lambda^2[\boldsymbol{S},\boldsymbol{S}_x]+(\mathrm{i}\alpha^2\lambda^3-2\mathrm{i}\alpha^2\lambda\boldsymbol{S}_x\boldsymbol{S}_x+3\mathrm{i}\alpha^2\lambda^2\boldsymbol{S}_x)\boldsymbol{S}_x\\
&\quad+(\mathrm{i}\alpha^2\lambda^4-2\mathrm{i}\alpha^2\lambda^2\boldsymbol{S}_x\boldsymbol{S}_x)\boldsymbol{S},
\end{aligned}
\tag{4.2.38}
$$

其中,λ 是谱参数,α 是一个常数.经过计算,与其规范等价方程的 Lax 表示为

$$
\begin{aligned}
\widetilde{\boldsymbol{U}}&=\mathrm{i}\begin{pmatrix}-\alpha\lambda^2 & 0 & (1+\mathrm{i}\alpha\lambda)\psi_1\\ 0 & -\alpha\lambda^2 & (1+\mathrm{i}\alpha\lambda)\psi_2\\ (1-\mathrm{i}\alpha\lambda)\bar{\psi}_1 & (1-\mathrm{i}\alpha\lambda)\bar{\psi}_2 & -2\alpha\lambda^2\end{pmatrix},\\
\widetilde{\boldsymbol{V}}&=\mathrm{i}\begin{pmatrix}V_{11} & V_{12} & V_{13}\\ V_{21} & V_{22} & V_{23}\\ V_{31} & V_{32} & V_{33}\end{pmatrix},
\end{aligned}
\tag{4.2.39}
$$

其中

$$
\begin{aligned}
V_{11}&=\alpha^2\lambda^4+(1+\alpha^2\lambda^2)\psi_1\bar{\psi}_1,\\
V_{12}&=(1+\alpha^2\lambda^2)\psi_1\bar{\psi}_2,\\
V_{13}&=(1+\mathrm{i}\alpha\lambda)(2\alpha\psi_1\bar{\psi}_2\psi_2+\mathrm{i}\psi_{1x}-\alpha\lambda^2\psi_1),\\
V_{21}&=(1+\alpha^2\lambda^2)\psi_2\bar{\psi}_1,\\
V_{22}&=\alpha^2\lambda^4+(1+\alpha^2\lambda^2)\psi_2\bar{\psi}_2,\\
V_{23}&=(1+\mathrm{i}\alpha\lambda)(2\alpha\psi_2\bar{\psi}_1\psi_1+\mathrm{i}\psi_{2x}-\alpha\lambda^2\psi_2),\\
V_{31}&=(1-\mathrm{i}\alpha\lambda)(2\alpha\bar{\psi}_2\psi_2\bar{\psi}_1-\mathrm{i}\bar{\psi}_{1x}-\alpha\lambda^2\bar{\psi}_1),\\
V_{32}&=(1-\mathrm{i}\alpha\lambda)(2\alpha\bar{\psi}_1\psi_1\bar{\psi}_2-\mathrm{i}\bar{\psi}_{2x}-\alpha\lambda^2\bar{\psi}_2),\\
V_{33}&=2\alpha^2\lambda^4+(1+\alpha^2\lambda^2)(\psi_1\bar{\psi}_1+\psi_2\bar{\psi}_2).
\end{aligned}
\tag{4.2.40}
$$

由 $\widetilde{\boldsymbol{U}}$ 和 $\widetilde{\boldsymbol{V}}$ 所满足的零曲率方程得到费米型混合求导的 Schrödinger 方程:

$$
\begin{aligned}
&\mathrm{i}\psi_{1t}+\psi_{1xx}+2\psi_1\bar{\psi}_2\psi_2-2\mathrm{i}\alpha(\psi_1\bar{\psi}_2\psi_2)_x=0,\\
&\mathrm{i}\psi_{2t}+\psi_{2xx}+2\psi_2\bar{\psi}_1\psi_1-2\mathrm{i}\alpha(\psi_2\bar{\psi}_1\psi_1)_x=0.
\end{aligned}
\tag{4.2.41}
$$

4.2.3　高阶情形

4.2.3.1　三阶超对称 Heisenberg 铁磁链模型

本节将推导三阶推广的超对称 Heisenberg 铁磁链模型[48].

在约束(Ⅰ)$\boldsymbol{S}^2=\boldsymbol{S}$ 下,超对称 Heisenberg 铁磁链模型(4.1.1)满足:

$$\boldsymbol{S}\boldsymbol{S}_t\boldsymbol{S}=0,\quad \boldsymbol{S}[\boldsymbol{S},\boldsymbol{S}_{xx}]\boldsymbol{S}=0. \tag{4.2.42}$$

设主阶超对称 Heisenberg 铁磁链模型 $\mathrm{i}\boldsymbol{S}t=[\boldsymbol{S},\boldsymbol{S}_{xx}]+\boldsymbol{E}$,其中 $\boldsymbol{E}$ 是待定函数,且满足变换条件:

$$\boldsymbol{S}\boldsymbol{E}\boldsymbol{S}=0. \tag{4.2.43}$$

经计算可得,在约束(Ⅰ)下三阶超对称 Heisenberg 铁磁链模型的一种形式:

$$\mathrm{i}\boldsymbol{S}_t=[\boldsymbol{S},\boldsymbol{S}_{xx}]+\mathrm{i}\varepsilon\left(\boldsymbol{S}_{xxx}+\frac{3}{2}([\boldsymbol{S},\boldsymbol{S}_x]\boldsymbol{S}_x-\boldsymbol{S}_x[\boldsymbol{S},\boldsymbol{S}_x])_x\right), \tag{4.2.44}$$

及其相应的 Lax 对为

$$\begin{aligned}\boldsymbol{U}&=-\mathrm{i}\lambda\boldsymbol{S},\\ \boldsymbol{V}&=-\lambda[\boldsymbol{S},\boldsymbol{S}_x]+\mathrm{i}\lambda^2\boldsymbol{S}+\varepsilon\Big\{\mathrm{i}\Big(\boldsymbol{S}_{xx}+\frac{3}{2}([\boldsymbol{S},\boldsymbol{S}_x]\boldsymbol{S}_x\\ &\quad-\boldsymbol{S}_x[\boldsymbol{S},\boldsymbol{S}_x])\Big)\lambda+[\boldsymbol{S},\boldsymbol{S}_x]\lambda^2-\mathrm{i}\lambda^3\boldsymbol{S}\Big\}.\end{aligned} \tag{4.2.45}$$

在求解过程中,容易验证超对称 Heisenberg 铁磁链模型的三阶项为

$$\begin{aligned}\boldsymbol{E}&=\mathrm{i}\left(\boldsymbol{S}_{xxx}+\frac{3}{2}([\boldsymbol{S},\boldsymbol{S}_x]\boldsymbol{S}_x-\boldsymbol{S}_x[\boldsymbol{S},\boldsymbol{S}_x])_x\right)\\ &=\mathrm{i}(\boldsymbol{S}_{xxx}+6\boldsymbol{S}\boldsymbol{S}_x\boldsymbol{S}_{xx}-3\boldsymbol{S}_x\boldsymbol{S}_{xx}+6\boldsymbol{S}\boldsymbol{S}_{xx}\boldsymbol{S}_x-3\boldsymbol{S}_{xx}\boldsymbol{S}_x+6\boldsymbol{S}_x\boldsymbol{S}_x\boldsymbol{S}_x).\end{aligned} \tag{4.2.46}$$

且满足变换条件(4.2.43).

在约束(Ⅱ)$\boldsymbol{S}^2=3\boldsymbol{S}-2\boldsymbol{I}$ 下,注意到 $\boldsymbol{S}_t$ 满足:

$$\boldsymbol{S}_t\boldsymbol{S}+\boldsymbol{S}\boldsymbol{S}_t=3\boldsymbol{S}_t, \tag{4.2.47}$$

利用式(4.2.47)以及约束(Ⅱ)可得

$$\boldsymbol{S}(\mathrm{i}\boldsymbol{S}_t)\boldsymbol{S}=2\mathrm{i}\boldsymbol{S}_t, \tag{4.2.48}$$

因此在约束(Ⅱ)下,超对称 Heisenberg 铁磁链模型方程(4.1.1)具有变换性质(4.2.48).且可验证

$$\boldsymbol{S}[\boldsymbol{S},\boldsymbol{S}_{xx}]\boldsymbol{S}=2[\boldsymbol{S},\boldsymbol{S}_{xx}], \tag{4.2.49}$$

由式(4.1.1)的两边具有相同的变换性质.因此有如下论断:对 x 的高阶导数部分的待定项 $\boldsymbol{E}$ 在约束(Ⅱ)下,满足变换条件:

$$\boldsymbol{S}\boldsymbol{E}\boldsymbol{S}=2\boldsymbol{E}, \tag{4.2.50}$$

结合超对称 Heisenberg 铁磁链模型(4.1.1)的 Lax 表示,考虑新的高阶方程中含有 $\boldsymbol{S}$ 关于 x 的最高阶导数项可能的形式,从而可以做出判定:奇数阶和偶数阶高阶

方程中含有 $\boldsymbol{S}$ 关于 x 的最高阶导数项形式分别为

$$\boldsymbol{E} = \mathrm{i}\boldsymbol{S}_{(2k+1)x} + \hat{\boldsymbol{E}}(\boldsymbol{S},\boldsymbol{S}_x,\cdots,\boldsymbol{S}_{(2k)x}), \tag{4.2.51}$$

$$\boldsymbol{E} = [\boldsymbol{S},\boldsymbol{S}_{(2k)x}] + \hat{\boldsymbol{E}}(\boldsymbol{S},\boldsymbol{S}_x,\cdots,\boldsymbol{S}_{(2k-1)x}), \tag{4.2.52}$$

其中，$k=1,2,\cdots,n$，$\boldsymbol{S}_{nx}$表示函数$\boldsymbol{S}$ 关于变量x 的n 阶导数.

设在约束(Ⅱ)$\boldsymbol{S}^2=3\boldsymbol{S}-2\boldsymbol{I}$ 下三阶超对称 Heisenberg 铁磁链模型可能的形式为

$$\begin{aligned}\mathrm{i}\boldsymbol{S}_t &= [\boldsymbol{S},\boldsymbol{S}_{xx}] + \varepsilon\boldsymbol{E},\\ \boldsymbol{E} &= \mathrm{i}\boldsymbol{S}_{xxx} + \hat{\boldsymbol{E}}(\boldsymbol{S},\boldsymbol{S}_x,\boldsymbol{S}_{xx}),\end{aligned} \tag{4.2.53}$$

其中，ε 为定义参数，函数 $\boldsymbol{E}$ 为必须满足约束(Ⅱ)下的变换条件(4.2.50)的待定函数. 同时将三阶超对称 Heisenberg 铁磁链模型的 Lax 对设为下列形式：

$$\begin{aligned}\boldsymbol{U} &= -\mathrm{i}\lambda\boldsymbol{S},\\ \boldsymbol{V} &= -\lambda[\boldsymbol{S},\boldsymbol{S}_x] + \mathrm{i}\lambda^2\boldsymbol{S} + \varepsilon\sum_{i=1}^{n}\lambda^i f_i(\boldsymbol{S},\boldsymbol{S}_x,\boldsymbol{S}_{xx}),\end{aligned} \tag{4.2.54}$$

其中，λ 为谱参数. 将式(4.2.54)代入零曲率方程：

$$\boldsymbol{U}_t - \boldsymbol{V}_x + [\boldsymbol{U},\boldsymbol{V}] = 0, \tag{4.2.55}$$

并利用下列约束(Ⅱ)$\boldsymbol{S}^2=3\boldsymbol{S}-2\boldsymbol{I}$ 对 x 求各阶导数得到的关系式：

$$\begin{aligned}&\boldsymbol{S}_x\boldsymbol{S} + \boldsymbol{S}\boldsymbol{S}_x = 3\boldsymbol{S}_x,\\ &\boldsymbol{S}_{xx}\boldsymbol{S} + 2\boldsymbol{S}_x\boldsymbol{S}_x + \boldsymbol{S}\boldsymbol{S}_{xx} = 3\boldsymbol{S}_{xx},\\ &\boldsymbol{S}_{xxx}\boldsymbol{S} + 3\boldsymbol{S}_{xx}\boldsymbol{S}_x + 3\boldsymbol{S}_x\boldsymbol{S}_{xx} + \boldsymbol{S}\boldsymbol{S}_{xxx} = 3\boldsymbol{S}_{xxx},\end{aligned} \tag{4.2.56}$$

比较 λ 各阶项的系数，可以得到以下满足零曲率方程要求的一组解：

$$\begin{aligned}\hat{\boldsymbol{E}} &= \frac{3}{2}\mathrm{i}([\boldsymbol{S},\boldsymbol{S}_x]\boldsymbol{S}_x - \boldsymbol{S}_x[\boldsymbol{S},\boldsymbol{S}_x])_x,\\ f_1 &= \mathrm{i}\boldsymbol{S}_{xx} + \frac{3}{2}\mathrm{i}([\boldsymbol{S},\boldsymbol{S}_x]\boldsymbol{S}_x - \boldsymbol{S}_x[\boldsymbol{S},\boldsymbol{S}_x]),\\ f_2 &= [\boldsymbol{S},\boldsymbol{S}_x],\\ f_3 &= -\mathrm{i}\boldsymbol{S},\\ f_4 &= f_5 = \cdots = f_n = 0,\end{aligned} \tag{4.2.57}$$

下面验证(4.2.57)中的待定函数 $\boldsymbol{E}$ 满足变换条件式(4.2.50). 利用对易关系式$[\boldsymbol{A},\boldsymbol{B}]=\boldsymbol{AB}-\boldsymbol{BA}$，把 $\boldsymbol{E}$ 中的对易式展开并化作关于$\boldsymbol{S}$，$\boldsymbol{S}_x$，$\boldsymbol{S}_{xx}$以及$\boldsymbol{S}_{xxx}$的多项式，将多项式各项中的 $\boldsymbol{S}$ 移至项首，即

$$\begin{aligned}\boldsymbol{E} &= \mathrm{i}(\boldsymbol{S}_{xxx} + \frac{3}{2}([\boldsymbol{S},\boldsymbol{S}_x]\boldsymbol{S}_x - \boldsymbol{S}_x[\boldsymbol{S},\boldsymbol{S}_x])_x),\\ &= \mathrm{i}(\boldsymbol{S}_{xxx} + 6\boldsymbol{S}\boldsymbol{S}_x\boldsymbol{S}_{xx} - 9\boldsymbol{S}_x\boldsymbol{S}_{xx} + 6\boldsymbol{S}\boldsymbol{S}_{xx}\boldsymbol{S}_x - 9\boldsymbol{S}_{xx}\boldsymbol{S}_x + 6\boldsymbol{S}_x\boldsymbol{S}_x\boldsymbol{S}_x)\end{aligned} \tag{4.2.58}$$

并利用式(4.2.56)可得

$$\begin{aligned}\boldsymbol{SES} = \mathrm{i}(&\boldsymbol{S}\boldsymbol{S}_{xxx}\boldsymbol{S} + 6\boldsymbol{S}^2\boldsymbol{S}_x\boldsymbol{S}_{xx}\boldsymbol{S} - 9\boldsymbol{S}\boldsymbol{S}_x\boldsymbol{S}_{xx}\boldsymbol{S} + 6\boldsymbol{S}^2\boldsymbol{S}_{xx}\boldsymbol{S}_x\boldsymbol{S}\\ &- 9\boldsymbol{S}\boldsymbol{S}_{xx}\boldsymbol{S}_x\boldsymbol{S} + 6\boldsymbol{S}\boldsymbol{S}_x\boldsymbol{S}_x\boldsymbol{S}_x\boldsymbol{S}) + 3\boldsymbol{S}\boldsymbol{S}_{xx}\boldsymbol{S}_x\boldsymbol{S}\end{aligned}$$

$$
\begin{aligned}
&= 2\mathrm{i}\boldsymbol{S}_{xxx} + 3\mathrm{i}(3\boldsymbol{S}\boldsymbol{S}_x\boldsymbol{S}_{xx}\boldsymbol{S} - 4\boldsymbol{S}_x\boldsymbol{S}_{xx}\boldsymbol{S} - \boldsymbol{S}\boldsymbol{S}_x\boldsymbol{S}_{xx} \\
&\quad - 4\boldsymbol{S}_{xx}\boldsymbol{S}_x\boldsymbol{S} - \boldsymbol{S}\boldsymbol{S}_{xx}\boldsymbol{S}_x + 2\boldsymbol{S}\boldsymbol{S}_x\boldsymbol{S}_x\boldsymbol{S}_x\boldsymbol{S}) \\
&= 2\boldsymbol{E}.
\end{aligned}
\tag{4.2.59}
$$

因此约束(Ⅱ)下三阶超对称 Heisenberg 铁磁链模型的一种形式为

$$
\mathrm{i}\boldsymbol{S}_t = [\boldsymbol{S},\boldsymbol{S}_{xx}] + \mathrm{i}\varepsilon\left(\boldsymbol{S}_{xxx} + \frac{3}{2}([\boldsymbol{S},\boldsymbol{S}_x]\boldsymbol{S}_x - \boldsymbol{S}_x[\boldsymbol{S},\boldsymbol{S}_x])_x\right), \tag{4.2.60}
$$

相应的 Lax 对为

$$
\begin{aligned}
\boldsymbol{U} &= -\mathrm{i}\lambda\boldsymbol{S}, \\
\boldsymbol{V} &= -\lambda[\boldsymbol{S},\boldsymbol{S}_x] + \mathrm{i}\lambda^2\boldsymbol{S} + \varepsilon\Big\{\mathrm{i}\Big(\boldsymbol{S}_{xx} + \frac{3}{2}([\boldsymbol{S},\boldsymbol{S}_x]\boldsymbol{S}_x - \boldsymbol{S}_x[\boldsymbol{S},\boldsymbol{S}_x])\Big)\lambda \\
&\quad + [\boldsymbol{S},\boldsymbol{S}_x]\lambda^2 - \mathrm{i}\lambda^3\boldsymbol{S}\Big\}.
\end{aligned}
\tag{4.2.61}
$$

4.2.3.2　四阶超对称 Heisenberg 铁磁链模型

设四阶超对称 Heisenberg 铁磁链模型在约束(Ⅰ)$\boldsymbol{S}^2 = \boldsymbol{S}$ 下可能的形式为

$$
\begin{aligned}
\mathrm{i}\boldsymbol{S}_t &= [\boldsymbol{S},\boldsymbol{S}_{xx}] + \varepsilon\boldsymbol{E}, \\
\boldsymbol{E} &= [\boldsymbol{S},\boldsymbol{S}_{xxxx}] + \hat{\boldsymbol{E}}(S,S_x,S_{xx},S_{xxx}),
\end{aligned}
\tag{4.2.62}
$$

其中，ε 为参数.

在约束(Ⅰ)$\boldsymbol{S}^2 = \boldsymbol{S}$ 和(Ⅱ)$\boldsymbol{S}^2 = 3\boldsymbol{S} - 2\boldsymbol{I}$ 下，待定项 $\boldsymbol{E}$ 分别满足变换条件：

$$
\boldsymbol{SES} = 0, \tag{4.2.63}
$$

$$
\boldsymbol{SES} = 2\boldsymbol{E}. \tag{4.2.64}
$$

令四阶超对称 Heisenberg 铁磁链模型的 Lax 对为

$$
\begin{aligned}
\boldsymbol{U} &= -\mathrm{i}\lambda\boldsymbol{S}, \\
\boldsymbol{V} &= -\lambda[\boldsymbol{S},\boldsymbol{S}_x] + \mathrm{i}\lambda^2\boldsymbol{S} + \varepsilon\sum_{i=1}^{n}\lambda^i f_i(\boldsymbol{S},\boldsymbol{S}_x,\boldsymbol{S}_{xx}),
\end{aligned}
\tag{4.2.65}
$$

其中，λ 为谱参数.将式(4.2.65)代入零曲率方程

$$
\boldsymbol{U}_t - \boldsymbol{V}_x + [\boldsymbol{U},\boldsymbol{V}] = 0, \tag{4.2.66}
$$

可得

$$
\begin{aligned}
\hat{\boldsymbol{E}} &= 10(\boldsymbol{S}_{xx}\boldsymbol{S}_x[\boldsymbol{S},\boldsymbol{S}_x] + \boldsymbol{S}_x\boldsymbol{S}_{xx}[\boldsymbol{S},\boldsymbol{S}_x] + \boldsymbol{S}_x\boldsymbol{S}_x[\boldsymbol{S},\boldsymbol{S}_{xx}]), \\
f_1 &= -[\boldsymbol{S},\boldsymbol{S}_{xxx}] + [\boldsymbol{S}_x,\boldsymbol{S}_{xx}] - 10\boldsymbol{S}_x\boldsymbol{S}_x[\boldsymbol{S},\boldsymbol{S}_x], \\
f_2 &= \mathrm{i}(\boldsymbol{S}_{xx} - 3\boldsymbol{S}_x[\boldsymbol{S},\boldsymbol{S}_x]), \\
f_3 &= [\boldsymbol{S},\boldsymbol{S}_x], \\
f_4 &= -\mathrm{i}\boldsymbol{S}, \\
f_5 &= f_6 = \cdots = f_n = 0.
\end{aligned}
\tag{4.2.67}
$$

容易验证

$$
\boldsymbol{S}\{[\boldsymbol{S},\boldsymbol{S}_{xxxx}] + 10(\boldsymbol{S}_{xx}\boldsymbol{S}_x[\boldsymbol{S},\boldsymbol{S}_x] + \boldsymbol{S}_x\boldsymbol{S}_{xx}[\boldsymbol{S},\boldsymbol{S}_x] + \boldsymbol{S}_x\boldsymbol{S}_x[\boldsymbol{S},\boldsymbol{S}_{xx}])\}\boldsymbol{S}
$$

$$= 2\{[\boldsymbol{S},\boldsymbol{S}_{xxxx}] + 10(\boldsymbol{S}_{xx}\boldsymbol{S}_x[\boldsymbol{S},\boldsymbol{S}_x] + \boldsymbol{S}_x\boldsymbol{S}_{xx}[\boldsymbol{S},\boldsymbol{S}_x] + \boldsymbol{S}_x\boldsymbol{S}_x[\boldsymbol{S},\boldsymbol{S}_{xx}])\}. \tag{4.2.68}$$

约束(Ⅰ)$\boldsymbol{S}^2 = \boldsymbol{S}$ 下四阶可积超对称 Heisenberg 铁磁链模型为

$$\begin{aligned} \mathrm{i}\boldsymbol{S}_t &= [\boldsymbol{S},\boldsymbol{S}_{xx}] + \varepsilon\{[\boldsymbol{S},\boldsymbol{S}_{xxxx}] + 10(\boldsymbol{S}_{xx}\boldsymbol{S}_x[\boldsymbol{S},\boldsymbol{S}_x] \\ &\quad + \boldsymbol{S}_x\boldsymbol{S}_{xx}[\boldsymbol{S},\boldsymbol{S}_x] + \boldsymbol{S}_x\boldsymbol{S}_x[\boldsymbol{S},\boldsymbol{S}_{xx}])\}. \end{aligned} \tag{4.2.69}$$

同理可得在约束(Ⅱ)$\boldsymbol{S}^2 = 3\boldsymbol{S} - 2\boldsymbol{I}$ 下,四阶可积超对称 Heisenberg 铁磁链模型与式(4.2.69)形式相同,对应的 Lax 也具有相同的形式.

4.2.3.3　五阶超对称 Heisenberg 铁磁链模型

在约束(Ⅰ)$\boldsymbol{S}^2 = \boldsymbol{S}$ 和(Ⅱ)$\boldsymbol{S}^2 = 3\boldsymbol{S} - 2\boldsymbol{I}$ 下,五阶超对称 Heisenberg 铁磁链模型的待定项 $\boldsymbol{E}$ 满足同四阶相同的变换条件. 在约束(Ⅰ)$\boldsymbol{S}^2 = \boldsymbol{S}$ 下,五阶超对称 Heisenberg 铁磁链模型[52]为

$$\begin{aligned} \mathrm{i}\boldsymbol{S}_t &= \mathrm{i}[\boldsymbol{S}_{xxxxx} - 5(\boldsymbol{S}_{xxx}\boldsymbol{S}_x + \boldsymbol{S}_{xx}\boldsymbol{S}_{xx} + \boldsymbol{S}_x\boldsymbol{S}_{xxx} - \boldsymbol{S}_x\boldsymbol{S}_x\boldsymbol{S}_{xx})_x + 10(\boldsymbol{S}\boldsymbol{S}_{xxx}\boldsymbol{S}_x \\ &\quad + \boldsymbol{S}\boldsymbol{S}_{xx}\boldsymbol{S}_{xx} + \boldsymbol{S}\boldsymbol{S}_x\boldsymbol{S}_{xxx} + \boldsymbol{S}_x\boldsymbol{S}_{xx}\boldsymbol{S}_x)_x + 15(\boldsymbol{S}_{xx}\boldsymbol{S}_x\boldsymbol{S}_x)_x + 35(2\boldsymbol{S}\boldsymbol{S}_x\boldsymbol{S}_x\boldsymbol{S}_x\boldsymbol{S}_x \\ &\quad - \boldsymbol{S}_x\boldsymbol{S}_x\boldsymbol{S}_x\boldsymbol{S}_x)_x]. \end{aligned} \tag{4.2.70}$$

相应的 Lax 对 $\boldsymbol{F}$ 和 $\boldsymbol{G}$ 由下式给出:

$$\begin{aligned} \boldsymbol{F} &= -\mathrm{i}\lambda\boldsymbol{S}, \\ \boldsymbol{G} &= -\mathrm{i}\lambda^5\boldsymbol{S} + \lambda^4[\boldsymbol{S},\boldsymbol{S}_x] + \mathrm{i}\lambda^3(\boldsymbol{S}_{xx} - 3\boldsymbol{S}_x\boldsymbol{S}_x + 6\boldsymbol{S}\boldsymbol{S}_x\boldsymbol{S}_x) + \lambda^2(-[\boldsymbol{S},\boldsymbol{S}_{xxx}] \\ &\quad + [\boldsymbol{S}_x,\boldsymbol{S}_{xx}] + 10\boldsymbol{S}_x\boldsymbol{S}_x\boldsymbol{S}_x - 20\boldsymbol{S}\boldsymbol{S}_x\boldsymbol{S}_x\boldsymbol{S}_x) + \mathrm{i}\lambda(-\boldsymbol{S}_{xxxx} + 5\boldsymbol{S}_{xxx}\boldsymbol{S}_x + 5\boldsymbol{S}_{xx}\boldsymbol{S}_{xx} \\ &\quad + 5\boldsymbol{S}_x\boldsymbol{S}_{xxx} - 10\boldsymbol{S}\boldsymbol{S}_{xxx}\boldsymbol{S}_x - 10\boldsymbol{S}\boldsymbol{S}_{xx}\boldsymbol{S}_{xx} - 10\boldsymbol{S}\boldsymbol{S}_x\boldsymbol{S}_{xxx} - 15\boldsymbol{S}_{xx}\boldsymbol{S}_x\boldsymbol{S}_x \\ &\quad - 10\boldsymbol{S}_x\boldsymbol{S}_{xx}\boldsymbol{S}_x - 5\boldsymbol{S}_x\boldsymbol{S}_x\boldsymbol{S}_{xx} + 35\boldsymbol{S}_x\boldsymbol{S}_x\boldsymbol{S}_x\boldsymbol{S}_x - 70\boldsymbol{S}\boldsymbol{S}_x\boldsymbol{S}_x\boldsymbol{S}_x\boldsymbol{S}_x). \end{aligned} \tag{4.2.71}$$

在约束(Ⅰ)$\boldsymbol{S}^2 = 3\boldsymbol{S} - 2\boldsymbol{I}$ 下,五阶超对称 Heisenberg 铁磁链模型为

$$\begin{aligned} \boldsymbol{S}_t &= \boldsymbol{S}_{xxxxx} - 15(\boldsymbol{S}_{xxx}\boldsymbol{S}_x + \boldsymbol{S}_{xx}\boldsymbol{S}_{xx} + \boldsymbol{S}_x\boldsymbol{S}_{xxx} - \boldsymbol{S}_{xx}\boldsymbol{S}_x\boldsymbol{S}_x)_x + 10(\boldsymbol{S}\boldsymbol{S}_{xxx}\boldsymbol{S}_x \\ &\quad + \boldsymbol{S}\boldsymbol{S}_{xx}\boldsymbol{S}_{xx} + \boldsymbol{S}\boldsymbol{S}_x\boldsymbol{S}_{xxx} + \boldsymbol{S}_x\boldsymbol{S}_{xx}\boldsymbol{S}_x)_x + 5(\boldsymbol{S}_x\boldsymbol{S}_x\boldsymbol{S}_{xx})_x - 105(\boldsymbol{S}_x\boldsymbol{S}_x\boldsymbol{S}_x\boldsymbol{S}_x)_x \\ &\quad + 70(\boldsymbol{S}\boldsymbol{S}_x\boldsymbol{S}_x\boldsymbol{S}_x\boldsymbol{S}_x)_x. \end{aligned} \tag{4.2.72}$$

方程(4.2.72)的 Lax 对为

$$\begin{aligned} \boldsymbol{F} &= -\mathrm{i}\lambda\boldsymbol{S}, \\ \boldsymbol{G} &= -\mathrm{i}\lambda^5\boldsymbol{S} + \lambda^4[\boldsymbol{S},\boldsymbol{S}_x] + \mathrm{i}\lambda^3(\boldsymbol{S}_{xx} - 9\boldsymbol{S}_x\boldsymbol{S}_x + 6\boldsymbol{S}\boldsymbol{S}_x\boldsymbol{S}_x) + \lambda^2(-[\boldsymbol{S},\boldsymbol{S}_{xxx}] \\ &\quad + [\boldsymbol{S}_x,\boldsymbol{S}_{xx}] + 30\boldsymbol{S}_x\boldsymbol{S}_x\boldsymbol{S}_x - 20\boldsymbol{S}\boldsymbol{S}_x\boldsymbol{S}_x\boldsymbol{S}_x) + \mathrm{i}\lambda(-\boldsymbol{S}_{xxxx} + 15\boldsymbol{S}_{xxx}\boldsymbol{S}_x + 15\boldsymbol{S}_{xx}\boldsymbol{S}_{xx} \\ &\quad + 15\boldsymbol{S}_x\boldsymbol{S}_{xxx} - 10\boldsymbol{S}\boldsymbol{S}_{xxx}\boldsymbol{S}_x - 10\boldsymbol{S}\boldsymbol{S}_{xx}\boldsymbol{S}_{xx} - 10\boldsymbol{S}\boldsymbol{S}_x\boldsymbol{S}_{xxx} - 15\boldsymbol{S}_{xx}\boldsymbol{S}_x\boldsymbol{S}_x - 10\boldsymbol{S}_x\boldsymbol{S}_{xx}\boldsymbol{S}_x \\ &\quad - 5\boldsymbol{S}_x\boldsymbol{S}_x\boldsymbol{S}_{xx} + 105\boldsymbol{S}_x\boldsymbol{S}_x\boldsymbol{S}_x\boldsymbol{S}_x - 70\boldsymbol{S}\boldsymbol{S}_x\boldsymbol{S}_x\boldsymbol{S}_x\boldsymbol{S}_x). \end{aligned} \tag{4.2.73}$$

4.2.4　规范等价性

在可积系统的研究中,不同的孤子方程反映不同的物理现象,虽然形式上可能

存在很大差异，但在一定的意义下，二者等价．利用等价性，人们可以将众多的非线性系统进行分类，通过研究与其等价的可积方程的结构和性质进一步了解系统本身的性质，这在可积系统的研究中很有价值．

规范等价性在可积理论系统中具有重要作用，所谓规范等价性就是在规范变换下系统保持不变的性质，通过了解相应规范等价方程的性质有助于了解可积方程的性质，同时规范等价性提供了一种构造孤子方程的有效方法[62-64]．

超对称 Heisenberg 铁磁链模型在约束（Ⅰ）和（Ⅱ）下的规范等价形式分别为超的非线性 Schrödinger 方程和费米型的非线性 Schrödinger 方程．下面以三阶超对称 Heisenberg 铁磁链模型为例，构造在两种约束情形下的规范等价形式．

设

$$\boldsymbol{S} = \boldsymbol{g}^{-1}(x,t)\boldsymbol{\Sigma}\boldsymbol{g}(x,t), \tag{4.2.74}$$

其中，$\boldsymbol{g}(x,t)\in USPL(2/1)$，在约束（Ⅰ）和约束（Ⅱ）下 $\boldsymbol{\Sigma}$ 分别取 $\mathrm{diag}(0,1,1)$ 和 $\mathrm{diag}(1,1,2)$．引入流函数

$$\boldsymbol{J}_1 = \boldsymbol{g}_x\boldsymbol{g}^{-1},\quad \boldsymbol{J}_0 = \boldsymbol{g}_t\boldsymbol{g}^{-1}, \tag{4.2.75}$$

满足下列条件：

$$\partial_t\boldsymbol{J}_1 - \partial_x\boldsymbol{J}_0 + [\boldsymbol{J}_1,\boldsymbol{J}_0] = 0. \tag{4.2.76}$$

在规范变换下，$\boldsymbol{U}$ 和 $\boldsymbol{V}$ 分别取作以下形式的 $\widetilde{\boldsymbol{U}}$ 和 $\widetilde{\boldsymbol{V}}$：

$$\begin{aligned}
\widetilde{\boldsymbol{U}} &= \boldsymbol{gUg}^{-1} + \boldsymbol{g}_x\boldsymbol{g}^{-1} = -\mathrm{i}\boldsymbol{\Sigma}\lambda + \boldsymbol{J}_1,\\
\widetilde{\boldsymbol{V}} &= \boldsymbol{gVg}^{-1} + \boldsymbol{g}_t\boldsymbol{g}^{-1}\\
&= -\mathrm{i}\lambda^4\varepsilon\boldsymbol{\Sigma} + \lambda^3\varepsilon\boldsymbol{J}_1 + \mathrm{i}\lambda^2\{\varepsilon\boldsymbol{g}(\boldsymbol{S}_{xx} + \frac{3}{2}([\boldsymbol{S},\boldsymbol{S}_x]\boldsymbol{S}_x\\
&\quad - \boldsymbol{S}_x[\boldsymbol{S},\boldsymbol{S}_x]))\boldsymbol{g}^{-1} + \boldsymbol{\Sigma}\} - \boldsymbol{g}\{\varepsilon([\boldsymbol{S},\boldsymbol{S}_{xxx}] - [\boldsymbol{S}_x,\boldsymbol{S}_{xx}]\\
&\quad + 10\boldsymbol{S}_x\boldsymbol{S}_x[\boldsymbol{S},\boldsymbol{S}_x]) + [\boldsymbol{S},\boldsymbol{S}_x]\}\boldsymbol{g}^{-1}\lambda + \boldsymbol{J}_0.
\end{aligned} \tag{4.2.77}$$

为了得到 $\boldsymbol{J}_0$ 和 $\boldsymbol{J}_1$，将代数 $uspl(2/1)$ 分解为两个相互正交的部分：

$$L = L^{(0)} \oplus L^{(1)}, \tag{4.2.78}$$

其中，$[L^{(i)},L^{(j)}\}\subset L^{(i+j)\mathrm{mod}(2)}$，$L^{(0)}$ 是一个由不变子群 H 的生成元构成的代数，在约束（Ⅰ）下，H 为 $\boldsymbol{S}(L(1/1)\otimes U(1))$，$\boldsymbol{S}\in USPL(2/1)/\boldsymbol{S}(L(1/1)\otimes U(1))$，在约束（Ⅱ）下，$H$ 为 $\boldsymbol{S}(U(2)\otimes U(1))$，$\boldsymbol{S}\in USPL(2/1)/\boldsymbol{S}(U(2)\otimes U(1))$．

令

$$(\text{Ⅰ})\ \boldsymbol{J}_1 = \mathrm{i}\begin{pmatrix} 0 & \varphi & \psi \\ \bar{\varphi} & 0 & 0 \\ \bar{\psi} & 0 & 0 \end{pmatrix}, \tag{4.2.79}$$

$$(\text{Ⅱ})\ \boldsymbol{J}_1 = \mathrm{i}\begin{pmatrix} 0 & 0 & \psi_1 \\ 0 & 0 & \psi_2 \\ \bar{\psi}_1 & \bar{\psi}_2 & 0 \end{pmatrix}, \tag{4.2.80}$$

其中，$\varphi(x,t)$是玻色变量，$\psi(x,t)$是费米变量．由式(4.2.74)和式(4.2.75)，可以得到

$$\boldsymbol{S}_t = \boldsymbol{g}^{-1}[\boldsymbol{\Sigma},\boldsymbol{J}_0]\boldsymbol{g}, \quad \boldsymbol{S}_x = \boldsymbol{g}^{-1}[\boldsymbol{\Sigma},\boldsymbol{J}_1]\boldsymbol{g}. \tag{4.2.81}$$

联立式(4.2.80)和式(4.2.81)，求得 $\boldsymbol{S}$ 对 x 的各阶导数并代入到式(4.2.69)中，可得关于 $\boldsymbol{J}_0$ 的方程，在约束条件(Ⅰ)下，有

$$(\text{Ⅰ})\ \mathrm{i}[\boldsymbol{\Sigma},\boldsymbol{J}_0] = \mathrm{i}\begin{pmatrix} 0 & J_{12} & J_{13} \\ J_{21} & 0 & 0 \\ J_{31} & 0 & 0 \end{pmatrix}, \tag{4.2.82}$$

其中

$$\begin{aligned} J_{12} &= \varphi_x + \varepsilon\varphi_{xxx} + 3\varepsilon[(\varphi\bar{\varphi}_x + \psi\bar{\psi}_x)\varphi, + (\varphi\varphi + \psi\bar{\psi})\varphi_x], \\ J_{13} &= \psi_x + \varepsilon\psi_{xxx} + 3\varepsilon[(\varphi\bar{\varphi}_x + \psi\bar{\psi}_x)\psi + (\varphi\bar{\varphi} + \psi\bar{\psi})\psi_x], \\ J_{21} &= \bar{\varphi}_x + \varepsilon\bar{\varphi}_{xxx} + 3\varepsilon[\bar{\varphi}(\varphi_x\bar{\varphi} + \psi_x\bar{\psi}) + \bar{\varphi}_x(\varphi\bar{\varphi} + \psi\bar{\psi})], \\ J_{31} &= \bar{\psi}_x + \varepsilon\bar{\psi}_{xxx} + 3\varepsilon[\bar{\psi}(\varphi_x\bar{\varphi} + \psi_x\bar{\psi}) + \bar{\psi}_x(\varphi\bar{\varphi} + \psi\bar{\psi})]. \end{aligned} \tag{4.2.83}$$

在约束条件(Ⅱ)下，有

$$(\text{Ⅱ})\ \mathrm{i}[\boldsymbol{\Sigma},\boldsymbol{J}_0] = \mathrm{i}\begin{pmatrix} 0 & 0 & \bar{J}_{13} \\ 0 & 0 & \bar{J}_{23} \\ \bar{J}_{31} & \bar{J}_{32} & 0 \end{pmatrix}, \tag{4.2.84}$$

其中

$$\begin{aligned} \bar{J}_{13} &= \psi_{1x} + \varepsilon\psi_{1xxx} - 3\varepsilon[\psi_1\bar{\psi}_2\psi_{2x} + \psi_{1x}\bar{\psi}_2\psi_2], \\ \bar{J}_{23} &= \psi_{2x} + \varepsilon\psi_{2xxx} + 3\varepsilon[\psi_2\bar{\psi}_1\psi_{1x} + \psi_{2x}\bar{\psi}_1\psi_1], \\ \bar{J}_{31} &= \bar{\psi}_{1x} + \varepsilon\bar{\psi}_{1xxx} + 3\varepsilon[\bar{\psi}_{2x}\psi_2\bar{\psi}_1 + \bar{\psi}_2\psi_2\bar{\psi}_{1x}], \\ \bar{J}_{32} &= \bar{\psi}_{2x} + \varepsilon\bar{\psi}_{2xxx} + 3\varepsilon[\bar{\psi}_{1x}\psi_1\bar{\psi}_2 + \bar{\psi}_1\psi_1\bar{\psi}_{2x}]. \end{aligned} \tag{4.2.85}$$

通过求解方程(4.2.82)得到 $\boldsymbol{J}_0$．取 $\mathrm{i}[\boldsymbol{\Sigma},\boldsymbol{J}_0]=\mathrm{i}\boldsymbol{C}$，利用$[\Sigma,J_0^{(0)}]=0$，可得

$$[\boldsymbol{\Sigma},\boldsymbol{J}_0^{(1)}] = \boldsymbol{C}, \tag{4.2.86}$$

记

$$\boldsymbol{C} = \mathrm{i}\begin{pmatrix} 0 & A & B \\ E & 0 & 0 \\ F & 0 & 0 \end{pmatrix}, \tag{4.2.87}$$

根据 $\boldsymbol{\Sigma}$ 的形式，令

$$\boldsymbol{J}_0^{(1)} = \boldsymbol{\gamma}_1\boldsymbol{C}, \tag{4.2.88}$$

其中，$\boldsymbol{\gamma}_1$ 为三阶矩阵，记为

$$\boldsymbol{\gamma}_1 = \begin{pmatrix} a_1 & a_2 & a_3 \\ b_1 & b_2 & b_3 \\ c_1 & c_2 & c_3 \end{pmatrix}, \tag{4.2.89}$$

则有

$$\boldsymbol{\Sigma}\boldsymbol{\gamma}_1\boldsymbol{C}-\boldsymbol{\gamma}_1\boldsymbol{C}\boldsymbol{\Sigma}=\boldsymbol{C}. \tag{4.2.90}$$

将式(4.2.87)和式(4.2.90)代入式(4.21.90)，可得

$$\begin{pmatrix} 0 & -a_1A & -a_1B \\ b_2\boldsymbol{E}+b_3\boldsymbol{F} & 0 & 0 \\ c_2\boldsymbol{E}+c_3\boldsymbol{F} & 0 & 0 \end{pmatrix}=\begin{pmatrix} 0 & A & B \\ \boldsymbol{E} & 0 & 0 \\ \boldsymbol{F} & 0 & 0 \end{pmatrix}, \tag{4.2.91}$$

可得

$$a_1=-1,\quad b_2=b_3=1,\quad c_2=c_3=0,$$

由 $\boldsymbol{C}$ 的形式，取 $a_2=a_3=b_1=c_1=0$ 显然符合题意，因此

$$\boldsymbol{\gamma}_1=\begin{pmatrix} -1 & 0 & 0 \\ 0 & 1 & 0 \\ 0 & 0 & 1 \end{pmatrix}. \tag{4.2.92}$$

采取同样的步骤，可以求得约束(Ⅱ)下对应的三阶矩阵为

$$\boldsymbol{\gamma}_2=\mathrm{diag}(-1,-1,1). \tag{4.2.93}$$

可以得到在约束(Ⅰ)和约束(Ⅱ)下的 $\boldsymbol{J}_0^{(1)}$ 的形式分别为

$$(\text{Ⅰ})\ \boldsymbol{J}_0^{(1)}=\begin{pmatrix} 0 & J_{12} & J_{13} \\ J_{21} & 0 & 0 \\ J_{31} & 0 & 0 \end{pmatrix}, \tag{4.2.94}$$

其中

$$\begin{aligned} J_{12}&=-\varphi_x-\varepsilon\varphi_{xxx}-3\varepsilon[(\varphi\bar{\varphi}_x+\psi\bar{\psi}_x)\varphi+(\varphi\varphi+\psi\bar{\psi})\varphi_x], \\ J_{13}&=-\psi_x-\varepsilon\psi_{xxx}-3\varepsilon[(\varphi\bar{\varphi}_x+\psi\bar{\psi}_x)\psi+(\varphi\bar{\varphi}+\psi\bar{\psi})\psi_x], \\ J_{21}&=\bar{\varphi}_x+\varepsilon\bar{\varphi}_{xxx}+3\varepsilon[\bar{\varphi}(\varphi_x\bar{\varphi}+\psi_x\bar{\psi})+\bar{\varphi}_x(\varphi\bar{\varphi}+\psi\bar{\psi})], \\ J_{31}&=\bar{\psi}_x+\varepsilon\bar{\psi}_{xxx}+3\varepsilon[\bar{\psi}(\varphi_x\bar{\varphi}+\psi_x\bar{\psi})+\bar{\psi}_x(\varphi\bar{\varphi}+\psi\bar{\psi})]. \end{aligned} \tag{4.2.95}$$

$$(\text{Ⅱ})\ \boldsymbol{J}_0^{(1)}=\begin{pmatrix} 0 & 0 & \bar{J}_{13} \\ 0 & 0 & \bar{J}_{23} \\ \bar{J}_{31} & \bar{J}_{32} & 0 \end{pmatrix}, \tag{4.2.96}$$

其中

$$\begin{aligned} \bar{J}_{13}&=-\psi_{1x}-\varepsilon\psi_{1xxx}-3\varepsilon(\psi_1\bar{\psi}_2\psi_{2x}+\psi_{1x}\bar{\psi}_2\psi_2), \\ \bar{J}_{23}&=-\psi_{2x}-\varepsilon\psi_{2xxx}-3\varepsilon(\psi_2\bar{\psi}_1\psi_{1x}+\psi_{2x}\bar{\psi}_1\psi_1), \\ \bar{J}_{31}&=\bar{\psi}_{1x}+\varepsilon\bar{\psi}_{1xxx}+3\varepsilon(\bar{\psi}_{2x}\psi_2\bar{\psi}_1+\bar{\psi}_2\psi_2\bar{\psi}_{1x}), \\ \bar{J}_{32}&=\bar{\psi}_{2x}+\varepsilon\bar{\psi}_{2xxx}+3\varepsilon(\bar{\psi}_{1x}\psi_1\bar{\psi}_2+\bar{\psi}_1\psi_1\bar{\psi}_{2x}). \end{aligned} \tag{4.2.97}$$

在式(4.2.76)中代入 $\boldsymbol{J}_0=\boldsymbol{J}^{(0)}+\boldsymbol{J}_0^{(1)}$，得

$$(\boldsymbol{J}_0^{(0)})_x = [\boldsymbol{J}_1, \boldsymbol{J}_0^{(1)}]. \tag{4.2.98}$$

将式(4.2.79)和式(4.2.94)中关于 $\boldsymbol{J}_1$,$\boldsymbol{J}_0^{(1)}$ 的表达式代入方程(4.2.98)中,对方程两边关于变量 x 积分(积分常数矩阵为零矩阵)后,可得约束条件(Ⅰ)下 $\boldsymbol{J}_0^{(0)}$ 的形式为

$$(\text{Ⅰ})\ \boldsymbol{J}_0^{(0)} = \mathrm{i}\begin{pmatrix} j_{11} & 0 & 0 \\ 0 & j_{22} & j_{23} \\ 0 & j_{32} & j_{33} \end{pmatrix}, \tag{4.2.99}$$

其中

$$\begin{aligned} j_{11} &= \varphi\bar{\varphi} + \psi\bar{\psi} + 3\varepsilon(\varphi\bar{\varphi} + \psi\bar{\psi})(\varphi\bar{\varphi} + \psi\bar{\psi}) \\ &\quad + \varepsilon[(\varphi\bar{\varphi} + \psi\bar{\psi})_{xx} - 3(\varphi_x\bar{\varphi}_x + \psi_x\bar{\psi}_x)], \\ j_{22} &= -\bar{\varphi}\varphi - 3\varepsilon\bar{\varphi}\varphi(\varphi\bar{\varphi} + \psi\bar{\psi}) - \varepsilon[(\bar{\varphi}\varphi)_{xx} - 3\bar{\varphi}_x\varphi_x], \\ j_{23} &= -\bar{\varphi}\psi - 3\varepsilon\bar{\varphi}\psi(\varphi\bar{\varphi} + \psi\bar{\psi}) - \varepsilon[(\bar{\varphi}\psi)_{xx} - 3\bar{\varphi}_x\psi_x], \\ j_{32} &= -\bar{\psi}\varphi - 3\varepsilon\bar{\psi}\varphi(\varphi\bar{\varphi} + \psi\bar{\psi}) - \varepsilon[(\bar{\psi}\varphi)_{xx} - 3\bar{\psi}_x\varphi_x], \\ j_{33} &= -\bar{\psi}\psi - 3\varepsilon\bar{\psi}\psi(\varphi\bar{\varphi} + \psi\bar{\psi}) - \varepsilon[(\bar{\psi}\psi)_{xx} - 3\bar{\psi}_x\psi_x]. \end{aligned} \tag{4.2.100}$$

同理可得在约束条件(Ⅱ)下 $\boldsymbol{J}_0^{(0)}$ 的形式为

$$(\text{Ⅱ})\ \boldsymbol{J}_0^{(0)} = \mathrm{i}\begin{pmatrix} \bar{j}_{11} & \bar{j}_{12} & 0 \\ \bar{j}_{21} & \bar{j}_{22} & 0 \\ 0 & 0 & \bar{j}_{33} \end{pmatrix}, \tag{4.2.101}$$

其中

$$\begin{aligned} \bar{j}_{11} &= \psi_1\bar{\psi}_1 - 3\varepsilon\psi_1\bar{\psi}_1\psi_2\bar{\psi}_2 + \varepsilon[(\psi_1\bar{\psi}_1)_{xx} - 3\psi_{1x}\bar{\psi}_{1x}], \\ \bar{j}_{12} &= \psi_1\bar{\psi}_2 + \varepsilon[(\psi_1\bar{\psi}_2)_{xx} - 3\psi_{1x}\bar{\psi}_{2x}], \\ \bar{j}_{21} &= \psi_2\bar{\psi}_1 + \varepsilon[(\psi_2\bar{\psi}_1)_{xx} - 3\psi_{2x}\bar{\psi}_{1x}], \\ \bar{j}_{22} &= \psi_2\bar{\psi}_2 - 3\varepsilon\psi_1\bar{\psi}_1\psi_2\bar{\psi}_2 + \varepsilon[(\psi_2\bar{\psi}_2)_{xx} - 3\psi_{2x}\bar{\psi}_{2x}], \\ \bar{j}_{33} &= \psi_1\bar{\psi}_1 + \psi_2\bar{\psi}_2 - 6\varepsilon\psi_1\bar{\psi}_1\psi_2\bar{\psi}_2 + \varepsilon[(\psi_1\bar{\psi}_1 + \psi_2\bar{\psi}_2)_{xx} \\ &\quad - 3(\psi_{1x}\bar{\psi}_{1x} + \psi_{2x}\bar{\psi}_{2x})]. \end{aligned} \tag{4.2.102}$$

矩阵函数 $\boldsymbol{J}_0$ 的形式可以由 $\boldsymbol{J}_0 = \boldsymbol{J}^{(0)} + \boldsymbol{J}_0^{(1)}$ 确定.因此,在约束(Ⅰ)下,式(4.2.77)的形式可写作

$$\widetilde{\boldsymbol{U}} = \mathrm{i}\begin{pmatrix} 0 & \varphi & \psi \\ \bar{\varphi} & -\lambda & 0 \\ \bar{\psi} & 0 & -\lambda \end{pmatrix}, \quad \widetilde{\boldsymbol{V}} = \mathrm{i}\begin{pmatrix} V_{11} & V_{12} & V_{13} \\ V_{21} & V_{22} & V_{23} \\ V_{31} & V_{32} & V_{33} \end{pmatrix}, \tag{4.2.103}$$

其中

$$
\begin{aligned}
V_{11} =& -\varepsilon(\varphi\bar{\varphi}+\psi\bar{\psi})\lambda^2 - \mathrm{i}\varepsilon(\varphi\bar{\varphi}_x - \varphi_x\bar{\varphi} + \psi\bar{\psi}_x - \psi_x\bar{\psi})\lambda + \varphi\bar{\varphi} + \psi\bar{\psi} \\
& + 3\varepsilon(\varphi\bar{\varphi}+\psi\bar{\psi})(\varphi\bar{\varphi}+\psi\bar{\psi}) + \varepsilon[(\varphi\bar{\varphi}+\psi\bar{\psi})_{xx} - 3(\varphi_x\bar{\varphi}_x + \psi_x\bar{\psi}_x)], \\
V_{12} =& \varepsilon\varphi\lambda^3 - \mathrm{i}\varepsilon\varphi_x\lambda^2 - \{\varepsilon[2(\varphi\bar{\varphi}+\psi\bar{\psi})\varphi + \varphi_{xx}] + \varphi\}\lambda \\
& + \mathrm{i}\varphi_x + \mathrm{i}\varepsilon\varphi_{xxx} + 3\mathrm{i}\varepsilon[(\varphi\bar{\varphi}_x + \psi\bar{\psi}_x)\varphi + (\varphi\bar{\varphi}+\psi\bar{\psi})\varphi_x], \\
V_{13} =& \varepsilon\psi\lambda^3 - \mathrm{i}\varepsilon\psi_x\lambda^2 - \{\varepsilon[2(\varphi\bar{\varphi}+\psi\bar{\psi})\psi + \varphi_{xx}] + \psi\}\lambda \\
& + \mathrm{i}\psi_x + \mathrm{i}\varepsilon\psi_{xxx} + 3\mathrm{i}\varepsilon[(\varphi\bar{\varphi}_x + \psi\bar{\psi}_x)\psi + (\varphi\varphi+\psi\bar{\psi})\psi_x], \\
V_{21} =& \varepsilon\bar{\varphi}\lambda^3 + \mathrm{i}\varepsilon\bar{\varphi}_x\lambda^2 - \{\varepsilon[2\bar{\varphi}(\varphi\bar{\varphi}+\psi\bar{\psi}) + \bar{\varphi}_{xx}] + \bar{\varphi}\}\lambda \\
& - \mathrm{i}\bar{\varphi}_x - \mathrm{i}\varepsilon\bar{\varphi}_{xxx} - 3\mathrm{i}\varepsilon[\bar{\varphi}(\varphi_x\bar{\varphi} + \psi_x\bar{\psi}) + \bar{\varphi}_x(\varphi\bar{\varphi}+\psi\bar{\psi})], \\
V_{22} =& -\varepsilon\lambda^4 + [\varepsilon(\bar{\varphi}\varphi)+1]\lambda^2 - \mathrm{i}\varepsilon(\bar{\varphi}\varphi_x - \bar{\varphi}_x\varphi)\lambda \\
& - \bar{\varphi}\varphi - 3\varepsilon\bar{\varphi}\varphi(\varphi\bar{\varphi}+\psi\bar{\psi}) - \varepsilon[(\bar{\varphi}\varphi)_{xx} - 3\bar{\varphi}_x\varphi_x], \\
V_{23} =& \varepsilon\bar{\varphi}\psi\lambda^2 - \mathrm{i}\varepsilon(\bar{\varphi}\psi_x - \bar{\varphi}_x\psi)\lambda \\
& - \bar{\varphi}\psi - 3\varepsilon\bar{\varphi}\psi(\varphi\bar{\varphi}+\psi\bar{\psi}) - \varepsilon[(\bar{\varphi}\psi)_{xx} - 3\bar{\varphi}_x\psi_x], \\
V_{31} =& \varepsilon\bar{\psi}\lambda^3 + \mathrm{i}\varepsilon\bar{\psi}_x\lambda^2 - \{\varepsilon[2\bar{\psi}(\varphi\bar{\varphi}+\psi\bar{\psi}) + \bar{\psi}_{xx}] + \bar{\psi}\}\lambda \\
& - \mathrm{i}\bar{\psi}_x - \mathrm{i}\varepsilon\bar{\psi}_{xxx} - 3\mathrm{i}\varepsilon[\bar{\psi}(\varphi_x\bar{\varphi} + \psi_x\bar{\psi}) + \bar{\psi}_x(\varphi\bar{\varphi}+\psi\bar{\psi})], \\
V_{32} =& \varepsilon\bar{\psi}\varphi\lambda^2 - \mathrm{i}\varepsilon(\bar{\psi}\varphi_x - \bar{\psi}_x\varphi)\lambda \\
& - \bar{\psi}\varphi - 3\varepsilon\bar{\psi}\varphi(\varphi\bar{\varphi}+\psi\bar{\psi}) - \varepsilon[(\bar{\psi}\varphi)_{xx} - 3\bar{\psi}_x\varphi_x], \\
V_{33} =& -\varepsilon\lambda^4 + [\varepsilon(\bar{\psi}\psi)+1]\lambda^2 - \mathrm{i}\varepsilon(\bar{\psi}\psi_x - \bar{\psi}_x\psi)\lambda \\
& - \bar{\psi}\psi - 3\varepsilon\bar{\psi}\psi(\varphi\bar{\varphi}+\psi\bar{\psi}) - \varepsilon[(\bar{\psi}\psi)_{xx} - 3\bar{\psi}_x\psi_x].
\end{aligned}
\tag{4.2.104}
$$

利用 $\widetilde{\boldsymbol{U}}$ 和 $\widetilde{\boldsymbol{V}}$ 的零曲率方程,可得超的非线性 Schrödinger 方程:

$$
\begin{aligned}
& \mathrm{i}\varphi_t + \varphi_{xx} + \varepsilon\varphi_{xxxx} + \varepsilon[\varphi(\bar{\varphi}\varphi)_{xx} + \psi(\bar{\psi}\varphi)_{xx} + (\varphi\bar{\varphi}+\psi\bar{\psi})_{xx}\varphi] \\
& + 3\varepsilon[(\varphi_{xx}\bar{\varphi} + \psi_{xx}\bar{\psi})\varphi + 2(\varphi_x\bar{\varphi} + \psi_x\bar{\psi})\varphi_x + (\varphi\bar{\varphi}+\psi\bar{\psi})\varphi_{xx}] \\
& + 2(\varphi\bar{\varphi}+\psi\bar{\psi})\varphi + 6(\varphi\bar{\varphi}+\psi\bar{\psi})(\varphi\bar{\varphi}+\psi\bar{\psi})\varphi = 0, \\
& \mathrm{i}\psi_t + \psi_{xx} + \varepsilon\psi_{xxxx} + \varepsilon[\varphi(\bar{\varphi}\psi)_{xx} + \psi(\bar{\psi}\psi)_{xx} + (\varphi\bar{\varphi}+\psi\bar{\psi})_{xx}\psi] \\
& + 3\varepsilon[(\varphi_{xx}\bar{\varphi} + \psi_{xx}\bar{\psi})\psi + 2(\varphi_x\bar{\varphi} + \psi_x)\bar{\psi}_x + (\varphi\bar{\varphi}+\psi\bar{\psi})\psi_{xx}] \\
& + 2(\varphi\bar{\varphi}+\psi\bar{\psi})\psi + 6(\varphi\bar{\varphi}+\psi\bar{\psi})(\varphi\bar{\varphi}+\psi\bar{\psi})\psi = 0.
\end{aligned}
\tag{4.2.105}
$$

在约束(Ⅱ)下,式(4.2.77)可写作

$$
\widetilde{\boldsymbol{U}} = \mathrm{i}\begin{pmatrix} -\lambda & 0 & \psi_1 \\ 0 & -\lambda & \psi_2 \\ \bar{\psi}_1 & \bar{\psi}_2 & -2\lambda \end{pmatrix}, \quad \widetilde{\boldsymbol{V}} = \mathrm{i}\begin{pmatrix} V_{11} & V_{12} & V_{13} \\ V_{21} & V_{22} & V_{23} \\ V_{31} & V_{32} & V_{33} \end{pmatrix}, \tag{4.2.106}
$$

其中

$$
\begin{aligned}
V_{11} &= -\varepsilon\lambda^4 - (\varepsilon\psi_1\bar{\psi}_1 - 1)\lambda^2 - \mathrm{i}\varepsilon(\psi_1\bar{\psi}_{1x} - \psi_{1x}\bar{\psi}_1)\lambda + \psi_1\bar{\psi}_1 \\
&\quad - 3\varepsilon\psi_1\bar{\psi}_1\psi_2\bar{\psi}_2 + \varepsilon[(\psi_1\bar{\psi}_1)_{xx} - 3\psi_{1x}\bar{\psi}_{1x}], \\
V_{12} &= -\varepsilon\psi_1\bar{\psi}_2\lambda^2 - \mathrm{i}\varepsilon(\psi_1\bar{\psi}_{2x} - \psi_{1x}\bar{\psi}_2)\lambda + \psi_1\bar{\psi}_2 + \varepsilon[(\psi_1\bar{\psi}_2)_{xx} - 3\psi_{1x}\bar{\psi}_{2x}], \\
V_{13} &= \varepsilon\psi_1\lambda^3 - \mathrm{i}\varepsilon\psi_{1x}\lambda^2 - \varepsilon[(2\psi_1\bar{\psi}_2\psi_2 + \psi_{1xx}) + \psi_1]\lambda \\
&\quad + \mathrm{i}\psi_{1x} + \mathrm{i}\varepsilon\psi_{1xxx} + 3\mathrm{i}\varepsilon(\psi_1\bar{\psi}_2\psi_{2x} + \psi_{1x}\bar{\psi}_2\psi_2), \\
V_{21} &= -\varepsilon\psi_2\bar{\psi}_1\lambda^2 - \mathrm{i}\varepsilon(\psi_2\bar{\psi}_{1x} - \psi_{2x}\bar{\psi}_1)\lambda + \psi_2\bar{\psi}_1 + \varepsilon[(\psi_2\bar{\psi}_1)_{xx} - 3\psi_{2x}\bar{\psi}_{1x}], \\
V_{22} &= -(\varepsilon\psi_2\bar{\psi}_2 - 1)\lambda^2 - \mathrm{i}\varepsilon(\psi_2\bar{\psi}_{2x} - \psi_{2x}\bar{\psi}_2)\lambda - \varepsilon\lambda^4 + \psi_2\bar{\psi}_2, \\
&\quad - 3\varepsilon\psi_1\bar{\psi}_1\psi_2\bar{\psi}_2 + \varepsilon[(\psi_2\bar{\psi}_2)_{xx} - 3\psi_{2x}\bar{\psi}_{2x}], \\
V_{23} &= \varepsilon\psi_2\lambda^3 - \mathrm{i}\varepsilon\psi_{2x}\lambda^2 - \varepsilon[(2\psi_2\bar{\psi}_1\psi_1 + \psi_{2xx}) + \psi_2]\lambda \\
&\quad + \mathrm{i}\psi_{2x} + \mathrm{i}\varepsilon\psi_{2xxx} + 3\mathrm{i}\varepsilon(\psi_2\bar{\psi}_1\psi_{1x} + \psi_{2x}\bar{\psi}_1\psi_1), \\
V_{31} &= \varepsilon\bar{\psi}_1\lambda^3 + \mathrm{i}\varepsilon\bar{\psi}_{1x}\lambda^2 - \varepsilon[(2\bar{\psi}_2\psi_2\bar{\psi}_1 + \bar{\psi}_{1xx}) + \bar{\psi}_1]\lambda \\
&\quad - \mathrm{i}\bar{\psi}_{1x} - \mathrm{i}\varepsilon\bar{\psi}_{1xxx} - 3\mathrm{i}\varepsilon(\bar{\psi}_{2x}\psi_2\bar{\psi}_1 + \bar{\psi}_2\psi_2\bar{\psi}_{1x}), \\
V_{32} &= \varepsilon\bar{\psi}_2\lambda^3 + \mathrm{i}\varepsilon\bar{\psi}_{2x}\lambda^2 - \varepsilon[(2\bar{\psi}_1\psi_1\bar{\psi}_2 + \bar{\psi}_{2xx}) + \bar{\psi}_2]\lambda \\
&\quad - \mathrm{i}\bar{\psi}_{2x} - \mathrm{i}\varepsilon\bar{\psi}_{2xxx} - 3\mathrm{i}\varepsilon(\bar{\psi}_{1x}\psi_1\bar{\psi}_2 + \bar{\psi}_1\psi_1\bar{\psi}_{2x}), \\
V_{33} &= -2\varepsilon\lambda^4 - [\varepsilon(\psi_1\bar{\psi}_1 + \psi_2\bar{\psi}_2) - 2]\lambda^2 - \mathrm{i}\varepsilon(\psi_1\bar{\psi}_{1x} - \psi_{1x}\bar{\psi}_1 \\
&\quad + \psi_2\bar{\psi}_{2x} - \psi_{2x}\bar{\psi}_2)\lambda + \psi_1\bar{\psi}_1 + \psi_2\bar{\psi}_2 - 6\varepsilon\psi_1\bar{\psi}_1\psi_2\bar{\psi}_2 \\
&\quad + \varepsilon[(\psi_1\bar{\psi}_1 + \psi_2\bar{\psi}_2)_{xx} - 3(\psi_{1x}\bar{\psi}_{1x} + \psi_{2x}\bar{\psi}_{2x})].
\end{aligned}
\tag{4.2.107}
$$

利用关于 $\widetilde{\boldsymbol{U}}$ 和 $\widetilde{\boldsymbol{V}}$ 的零曲率方程,可以给出费米型的非线性 Schrödinger 方程:

$$
\begin{aligned}
&\mathrm{i}\psi_{1t} + \psi_{1xx} + \varepsilon\psi_{1xxxx} + 3\varepsilon(\psi_{1xx}\bar{\psi}_2\psi_2 + 2\psi_{1x}\bar{\psi}_2\psi_{2x} + \psi_1\bar{\psi}_2\psi_{2xx}) \\
&+ \varepsilon[(\psi_1\bar{\psi}_2)_{xx}\psi_2 + \psi_1(\bar{\psi}_2\psi_2)_{xx}] + 2\psi_1\bar{\psi}_2\psi_2 = 0, \\
&\mathrm{i}\psi_{2t} + \psi_{2xx} + \varepsilon\psi_{1xxxx} + 3\varepsilon(\psi_{2xx}\bar{\psi}_1\psi_1 + 2\psi_{2x}\bar{\psi}_1\psi_{1x} + \psi_2\bar{\psi}_1\psi_{1xx}) \\
&+ \varepsilon[(\psi_2\bar{\psi}_1)_{xx}\psi_1 + \psi_2(\bar{\psi}_1\psi_1)_{xx}] + 2\psi_2\bar{\psi}_1\psi_1 = 0.
\end{aligned}
\tag{4.2.108}
$$

利用上述方法,可以得三阶情形下 Heisenberg 铁磁链模型所对应的规范等价形式,在约束条件(Ⅰ)下为超的非线性 Schrödinger 方程:

$$
\begin{aligned}
&\mathrm{i}\varphi_t + \varphi_{xx} + 2(\varphi\bar{\varphi} + \psi\bar{\psi})\varphi - \mathrm{i}\varepsilon\{\varphi_{xxx} + 3[(\varphi_x\bar{\varphi} + \psi_x\bar{\psi})\varphi + (\varphi\bar{\varphi} + \psi\bar{\psi})\varphi_x]\} = 0, \\
&\mathrm{i}\psi_t + \psi_{xx} + 2\varphi\bar{\varphi}\psi - \mathrm{i}\varepsilon\{\psi_{xxx} + \varepsilon[(\varphi_x\bar{\varphi} + \psi_x\bar{\psi})\psi + (\varphi\bar{\varphi} + \psi\bar{\psi})\psi_x]\} = 0.
\end{aligned}
\tag{4.2.109}
$$

在约束条件(Ⅱ)下为费米型的非线性 Schrödinger 方程:

$$\begin{aligned}
&\mathrm{i}\psi_{1t}+\psi_{1xx}+2\bar{\psi}_1\psi_2\psi_1-\mathrm{i}\varepsilon(\psi_{1xxx}-3\bar{\psi}_2\psi_{1x}\psi_2-3\bar{\psi}_2\psi_1\psi_{2x})=0,\\
&\mathrm{i}\psi_{2t}+\psi_{2xx}+2\bar{\psi}_2\psi_1\psi_2-\mathrm{i}\varepsilon(\psi_{2xxx}-3\bar{\psi}_1\psi_{2x}\psi_1-3\bar{\psi}_1\psi_2\psi_{1x})=0.
\end{aligned}\tag{4.2.110}$$

取玻色极限,即令 $\psi=0$,则三阶和四阶超对称非线性 Schrödinger 方程分别退化为 Lamb 给出的 Hirota 方程[33]和由 Lakshmanan 给出的四阶非线性 Schrödinger 方程[8].

四阶超对称 Heisenberg 铁磁链模型(4.2.69)在约束条件(Ⅰ)下的规范等价方程为

$$\begin{aligned}
&\mathrm{i}\varphi_t+\varphi_{xx}+\varepsilon\varphi_{xxxx}+\varepsilon[\varphi(\bar{\varphi}\varphi)_{xx}+\psi(\bar{\psi}\varphi)_{xx}+(\varphi\bar{\varphi}+\psi\bar{\psi})_{xx}\varphi]\\
&+3\varepsilon[(\varphi_{xx}\bar{\varphi}+\psi_{xx}\bar{\psi})\varphi+2(\varphi_x\bar{\varphi}+\psi_x\bar{\psi})\varphi_x+(\varphi\bar{\varphi}+\psi\bar{\psi})\varphi_{xx}]\\
&+2(\varphi\bar{\varphi}+\psi\bar{\psi})\varphi+6(\varphi\bar{\varphi}+\psi\bar{\psi})(\varphi\bar{\varphi}+\psi\bar{\psi})\varphi=0,\\
&\mathrm{i}\psi_t+\psi_{xx}+\varepsilon\psi_{xxxx}+\varepsilon[\varphi(\bar{\varphi}\psi)_{xx}+\psi(\bar{\psi}\psi)_{xx}+(\varphi\bar{\varphi}+\psi\bar{\psi})_{xx}\psi]\\
&+3\varepsilon[(\varphi_{xx}\bar{\varphi}+\psi_{xx}\bar{\psi})\psi+2(\varphi_x\bar{\varphi}+\bar{\psi}_x)\psi_x+(\varphi\bar{\varphi}+\psi\bar{\psi})\psi_{xx}]\\
&+2(\varphi\bar{\varphi}+\psi\bar{\psi})\psi+6(\varphi\bar{\varphi}+\psi\bar{\psi})(\varphi\bar{\varphi}+\psi\bar{\psi})\psi=0.
\end{aligned}\tag{4.2.111}$$

四阶超对称 Heisenberg 铁磁链模型(4.2.69)在约束条件(Ⅱ)下的规范等价方程为

$$\begin{aligned}
&\mathrm{i}\psi_{1t}+\psi_{1xx}+\varepsilon\psi_{1xxxx}+3\varepsilon(\psi_{1xx}\bar{\psi}_2\psi_2+2\psi_{1x}\bar{\psi}_2\psi_{2x}+\psi_1\bar{\psi}_2\psi_{2xx}),\\
&+\varepsilon[(\psi_1\bar{\psi}_2)_{xx}\psi_2+\psi_1(\bar{\psi}_2\psi_2)_{xx}]+2\psi_1\bar{\psi}_2\psi_2=0,\\
&\mathrm{i}\psi_{2t}+\psi_{2xx}+\varepsilon\psi_{1xxxx}+3\varepsilon(\psi_{2xx}\bar{\psi}_1\psi_1+2\psi_{2x}\bar{\psi}_1\psi_{1x}+\psi_2\bar{\psi}_1\psi_{1xx})\\
&+\varepsilon[(\psi_2\bar{\psi}_1)_{xx}\psi_1+\psi_2(\bar{\psi}_1\psi_1)_{xx}]+2\psi_2\bar{\psi}_1\psi_1=0.
\end{aligned}\tag{4.2.112}$$

五阶超对称 Heisenberg 铁磁链模型(4.2.69)在约束条件(Ⅰ)下的规范等价方程为

$$\begin{aligned}
&\mathrm{i}\varphi_t-6\mathrm{i}(\varphi\bar{\varphi}\varphi\bar{\varphi}\varphi+2\psi\bar{\psi}\varphi\bar{\varphi}\varphi)_x-\mathrm{i}\varphi_{xxxxx}-2\mathrm{i}[(\varphi\bar{\varphi}_x)_x\varphi+(\varphi_x\bar{\varphi})_x\varphi+3(\varphi_x\varphi)_x\bar{\varphi}\\
&+2(\psi_x\varphi)_x\bar{\psi}+(\psi\varphi_x)_x\bar{\psi}+\psi(\bar{\psi}\varphi_x)_x+(\psi\bar{\psi}_x)_x\varphi]_x+12\mathrm{i}(\varphi\bar{\varphi}_x\varphi\bar{\varphi}\varphi-\varphi_x\varphi\bar{\varphi}\bar{\varphi}\varphi)\\
&-16\mathrm{i}\varphi_x\bar{\varphi}\varphi\psi\bar{\psi}+12\mathrm{i}(\varphi\bar{\varphi}_x\varphi\psi\bar{\psi}+\varphi\varphi\bar{\varphi}\psi\bar{\psi}_x)-8\mathrm{i}\varphi\varphi\bar{\varphi}\psi_x\bar{\psi}+\mathrm{i}(2\varphi\bar{\varphi}_{xxx}\varphi-2\varphi\bar{\varphi}\varphi_{xxx}\\
&-2\varphi\bar{\varphi}_{xx}\varphi_x+2\varphi\bar{\varphi}_x\varphi_{xx}+2\psi\bar{\psi}_{xxx}\varphi-\psi\bar{\psi}\varphi_{xxx}-\psi\bar{\psi}_{xx}\varphi_x+\psi\bar{\psi}_x\varphi_{xx}-\psi_{xxx}\bar{\psi}\varphi\\
&+\psi_{xx}\bar{\psi}_x\varphi-\psi_x\bar{\psi}_{xx}\varphi)=0,\\
&\mathrm{i}\psi_t-6\mathrm{i}(\varphi\bar{\varphi}\varphi\bar{\varphi}\psi)_x-\mathrm{i}\psi_{xxxxx}-2\mathrm{i}[2(\varphi_x\psi)_x\bar{\varphi}+(\varphi\bar{\varphi}_x)_x\psi+(\bar{\varphi}\psi_x)_x\varphi+(\varphi\psi_x)_x\bar{\varphi}]_x\\
&+12\mathrm{i}\varphi\bar{\varphi}\varphi\bar{\varphi}_x\psi-8\mathrm{i}\varphi_x\bar{\varphi}\varphi\bar{\varphi}\psi-4\mathrm{i}\varphi\bar{\varphi}\varphi\bar{\varphi}\psi_x+\mathrm{i}(2\varphi\bar{\varphi}_{xxx}\psi-\varphi\bar{\varphi}\psi_{xxx}-\varphi\bar{\varphi}_{xx}\psi_x\\
&+\varphi\bar{\varphi}_x\psi_{xx}-2\psi\bar{\psi}_{xx}\psi_x+2\psi\bar{\psi}_x\psi_{xx}-\varphi_{xxx}\bar{\varphi}\psi-\varphi_x\bar{\varphi}_{xx}\psi+\varphi_{xx}\bar{\varphi}_x\psi)=0.
\end{aligned}\tag{4.2.113}$$

五阶超对称 Heisenberg 铁磁链模型(4.2.69)在约束条件(Ⅱ)下的规范等价方

程为

$$
\begin{aligned}
&\mathrm{i}\psi_{1t} + 4\mathrm{i}(\psi_{1x}\psi_2)_{xx}\bar{\psi}_2 + 4\mathrm{i}(\psi_{1x}\psi_2)_x\bar{\psi}_{2x} + 2\mathrm{i}[\bar{\psi}_2(\psi_1\psi_{2x})_x + \psi_1(\psi_{2x}\bar{\psi}_2)_x \\
&- (\psi_1\bar{\psi}_{2x})_x\psi_2]_x - \mathrm{i}\psi_{1xxxxx} + \mathrm{i}\psi_1[(\bar{\psi}_{2x}\psi_2 - \bar{\psi}_2\psi_{2x})_{xx} - 2(\bar{\psi}_{2xx}\psi_{2x} \\
&- \bar{\psi}_{2x}\psi_{2xx})] + \mathrm{i}[(\psi_{1x}\bar{\psi}_2 - \psi_1\bar{\psi}_{2x})_{xx} - 2(\psi_{1xx}\bar{\psi}_{2x} - \psi_{1x}\bar{\psi}_{2xx})]\psi_2 = 0, \\
&\mathrm{i}\psi_{2t} + 4\mathrm{i}(\psi_{2x}\psi_1)_{xx}\bar{\psi}_1 + 4\mathrm{i}(\psi_{2x}\psi_1)_x\bar{\psi}_{1x} + 2\mathrm{i}[\bar{\psi}_1(\psi_2\psi_{1x})_x - \psi_2(\bar{\psi}_1\psi_{1x})_x \\
&- (\psi_2\bar{\psi}_{1x})_x\psi_1]_x - \mathrm{i}\psi_{2xxxxx} + \mathrm{i}\psi_2[(\bar{\psi}_{1x}\psi_1 - \bar{\psi}_1\psi_{1x})_{xx} - 2(\bar{\psi}_{1xx}\psi_{1x} \\
&- \bar{\psi}_{1x}\psi_{1xx})] - \mathrm{i}[(\psi_{2x}\bar{\psi}_1 - \psi_2\bar{\psi}_{1x})_{xx} - 2(\psi_{2xx}\bar{\psi}_{1x} - \psi_{2x}\bar{\psi}_{1xx})]\psi_1 = 0.
\end{aligned}
\tag{4.2.114}
$$

4.3 (2+1)维推广的超对称 Heisenberg 铁磁链模型

由于超对称可积系统的运算中引入了 Grassmann 奇变量(即费米变量),使得研究较为困难,因此人们对超对称可积系统的了解并不多,(1+1)维的超对称可积系统及其相关性质的研究发展非常迅速,但对于(2+1)维超对称可积系统的研究还很缺乏. Saha 和 Chowdhury[65] 利用超李代数的齐性空间和推广维数这两种方法来构造(2+1)维超对称可积系统,对于(2+1)维推广的 Heisenberg 铁磁链方程的研究一直没有进展.我们利用引入超自旋辅助矩阵的方法,构造了(2+1)维超对称 Heisenberg 铁磁链模型,该模型可以看作 M-Ⅰ方程的超对称推广[66,67].

4.3.1 (2+1)维超对称 M-Ⅰ方程

4.3.1.1 约束(Ⅰ)下的(2+1)维超对称 M-Ⅰ方程

考虑在约束(Ⅰ)$\boldsymbol{S}^2=\boldsymbol{S}$ 下,假设(2+1)维推广的超对称 Heisenberg 铁磁链模型有如下形式:

$$\mathrm{i}\boldsymbol{S}_t = [\boldsymbol{S}, \boldsymbol{S}_{xy}] + \boldsymbol{E}, \tag{4.3.1}$$

其中,$\boldsymbol{E}$ 是待定函数.上述方程的 Lax 表示为

$$\boldsymbol{\phi}_x = \boldsymbol{F}\boldsymbol{\phi}, \quad \boldsymbol{\phi}_t = -\lambda\boldsymbol{\phi}_y + \boldsymbol{G}\boldsymbol{\phi}, \tag{4.3.2}$$

其中,$\boldsymbol{\phi}=(\phi_1,\phi_2,\phi_3)^{\mathrm{T}}$,$\phi_1$,$\phi_2$ 和 ϕ_3 分别为玻色函数和费米函数.由方程(4.3.2)的相容性条件 $\phi_{xt}=\phi_{tx}$ 得到

$$\boldsymbol{F}_t - \boldsymbol{G}_x + [\boldsymbol{F},\boldsymbol{G}] + \lambda\boldsymbol{F}_y = 0. \tag{4.3.3}$$

取 $\boldsymbol{F}$ 的形式如下：

$$\boldsymbol{F} = -\mathrm{i}\lambda\boldsymbol{S}, \tag{4.3.4}$$

由于在约束 $\boldsymbol{S}^2=\boldsymbol{S}$ 下，超旋变量满足关系式：

$$[\boldsymbol{S},\boldsymbol{uS}+\boldsymbol{Su}-\boldsymbol{u}] = [\boldsymbol{S},\boldsymbol{SuS}] = 0, \tag{4.3.5}$$

将式(4.3.4)代入式(4.3.3)中，通过计算，得到相应的 $\boldsymbol{G}$ 和 $\boldsymbol{E}$ 为

$$\begin{aligned}\boldsymbol{G} &= -\lambda[\boldsymbol{S},\boldsymbol{S}_y] - \lambda(\boldsymbol{uS}+\boldsymbol{Su}-\boldsymbol{u}+\boldsymbol{SuS}),\\ \boldsymbol{E} &= [\boldsymbol{S}_x,\boldsymbol{S}_y] + (\boldsymbol{uS}+\boldsymbol{Su})_x - \boldsymbol{u}_x + (\boldsymbol{SuS})_x,\end{aligned} \tag{4.3.6}$$

其中，谱参数 λ 满足关系式：

$$\lambda_t = -\lambda\lambda_y. \tag{4.3.7}$$

在方程(4.3.1)左右分别乘以 $\boldsymbol{S}$ 相加，由于在约束 $\boldsymbol{S}^2=\boldsymbol{S}$ 下，$\boldsymbol{S}_t$ 满足 $\boldsymbol{SS}_t+\boldsymbol{S}_t\boldsymbol{S}=\boldsymbol{S}_t$，且 $\boldsymbol{S}[\boldsymbol{S},\boldsymbol{S}_{xy}]+[\boldsymbol{S},\boldsymbol{S}_{xy}]\boldsymbol{S}=[\boldsymbol{S},\boldsymbol{S}_{xy}]$，因此修正项 $\boldsymbol{E}$ 也应满足如下条件：

$$\boldsymbol{SE} + \boldsymbol{ES} = \boldsymbol{E}. \tag{4.3.8}$$

由于 $\boldsymbol{S}(\boldsymbol{SuS})_x+(\boldsymbol{SuS})_x\boldsymbol{S}\neq(\boldsymbol{SuS})_x$ 且 $\boldsymbol{S}[\boldsymbol{S}_x,\boldsymbol{S}_y]+[\boldsymbol{S}_x,\boldsymbol{S}_y]\boldsymbol{S}\neq[\boldsymbol{S}_x,\boldsymbol{S}_y]$，这就要求 $\boldsymbol{u}$ 满足一定的函数关系式.

不妨设 $(\boldsymbol{uS}+\boldsymbol{Su})_x-\boldsymbol{u}_x=-[\boldsymbol{S}_x,\boldsymbol{S}_y]+\widetilde{\boldsymbol{E}}$，则 $\boldsymbol{E}=(\boldsymbol{SuS})_x+\widetilde{\boldsymbol{E}}$，又因为满足约束条件(4.3.8)，通过计算得到 $\widetilde{\boldsymbol{E}}$ 所满足的函数关系式如下：

$$\widetilde{\boldsymbol{E}} = \boldsymbol{S}\widetilde{\boldsymbol{E}}\boldsymbol{S} - \boldsymbol{S}[\boldsymbol{S}_x,\boldsymbol{S}_y]\boldsymbol{S} + \boldsymbol{S}\widetilde{\boldsymbol{E}} + \widetilde{\boldsymbol{E}}\boldsymbol{S}. \tag{4.3.9}$$

求解上式，得到其中一个解为

$$\widetilde{\boldsymbol{E}} = \frac{1}{2}\boldsymbol{S}[\boldsymbol{S}_x,\boldsymbol{S}_y]\boldsymbol{S}. \tag{4.3.10}$$

因此 $\boldsymbol{u}$ 满足的函数关系式为

$$(\boldsymbol{uS}+\boldsymbol{Su})_x - \boldsymbol{u}_x = -[\boldsymbol{S}_x,\boldsymbol{S}_y] + \frac{1}{2}\boldsymbol{S}[\boldsymbol{S}_x,\boldsymbol{S}_y]\boldsymbol{S}. \tag{4.3.11}$$

在函数关系(4.3.11)的约束下，易得式(4.3.6)中的 $\boldsymbol{E}$ 满足关系式(4.3.8).因此，在约束 $\boldsymbol{S}^2=\boldsymbol{S}$ 下，(2+1)维可积的超对称 Heisenberg 铁磁链模型为

$$\begin{aligned}\mathrm{i}\boldsymbol{S}_t &= [\boldsymbol{S},\boldsymbol{S}_{xy}] + \frac{1}{2}\boldsymbol{S}[\boldsymbol{S}_x,\boldsymbol{S}_y]\boldsymbol{S} + (\boldsymbol{SuS})_x,\\ (\boldsymbol{uS}+\boldsymbol{Su})_x - \boldsymbol{u}_x &= -[\boldsymbol{S}_x,\boldsymbol{S}_y] + \frac{1}{2}\boldsymbol{S}[\boldsymbol{S}_x,\boldsymbol{S}_y]\boldsymbol{S}.\end{aligned} \tag{4.3.12}$$

当取 $x=y$ 时，方程(4.3.12)退化为(1+1)维 Heisenberg 铁磁链模型(1.3.9).

4.3.1.2　规范等价性

将超自旋变量看作超矩阵，首先将 $\boldsymbol{S}$ 对角化：

$$\boldsymbol{S} = \boldsymbol{g}^{-1}(t,x,y)\boldsymbol{\Sigma}\boldsymbol{g}(t,x,y), \tag{4.3.13}$$

其中，$\boldsymbol{g}(t,x,y)\in USPL(2/1)$，$\boldsymbol{\Sigma}=\mathrm{diag}(0,1,1)$.

引入矩阵

$$U = g(t,x,y)_x g(t,x,y)^{-1} = -\mathrm{i}\begin{pmatrix} 0 & \varphi & \psi \\ \bar{\varphi} & 0 & 0 \\ \bar{\psi} & 0 & 0 \end{pmatrix}, \tag{4.3.14}$$

$$V = g(t,x,y)_y g(t,x,y)^{-1},$$

其中,φ 和 ψ 分别是玻色变量和费米变量.

由式(4.3.13)和式(4.3.14),得到

$$\begin{aligned} S_x &= g^{-1}[\Sigma, U]g, \\ S_y &= g^{-1}[\Sigma, V]g. \end{aligned} \tag{4.3.15}$$

在规范变换 $\widetilde{\phi}(t,x,y,\lambda) = g(t,x,y)\phi(t,x,y,\lambda)$ 下,得到

$$\begin{aligned} \widetilde{\phi}_x &= \widetilde{F}\widetilde{\phi}, \\ \widetilde{\phi}_t &= -\lambda\widetilde{\phi}_y + \widetilde{G}\widetilde{\phi}, \end{aligned} \tag{4.3.16}$$

其中,$\widetilde{F}$ 和 $\widetilde{G}$ 分别为

$$\begin{aligned} \widetilde{F} &= g_x g^{-1} + gFg^{-1} \\ &= U - \mathrm{i}\lambda\Sigma = -\mathrm{i}\begin{pmatrix} 0 & \varphi & \psi \\ \bar{\varphi} & \lambda & 0 \\ \bar{\psi} & 0 & \lambda \end{pmatrix}, \end{aligned} \tag{4.3.17}$$

且

$$\begin{aligned} \widetilde{G} &= g_t g^{-1} + \lambda g_y g^{-1} + gGg^{-1} \\ &= g_t g^{-1} + \lambda g_y g^{-1} - \lambda g[S, S_y]g^{-1} \\ &\quad - \lambda g(uS + Su - u + SuS)g^{-1}. \end{aligned} \tag{4.3.18}$$

为了求出 $\widetilde{G}$ 的具体矩阵形式,首先假设

$$\begin{aligned} &u = g^{-1}Ag, \quad A = -\mathrm{i}\begin{pmatrix} a_{11} & a_{12} & a_{13} \\ a_{21} & a_{22} & a_{23} \\ a_{31} & a_{32} & a_{33} \end{pmatrix}, \\ &U = -\mathrm{i}\begin{pmatrix} 0 & \varphi & \psi \\ \bar{\varphi} & 0 & 0 \\ \bar{\psi} & 0 & 0 \end{pmatrix}, \quad V = -\mathrm{i}\begin{pmatrix} v_{11} & v_{12} & v_{13} \\ v_{21} & v_{22} & v_{23} \\ v_{31} & v_{32} & v_{33} \end{pmatrix}. \end{aligned} \tag{4.3.19}$$

将式(4.3.19)代入约束 $(uS + Su)_x - u_x = -[S_x, S_y] + \frac{1}{2}S[S_x, S_y]S$,得到

$$v_{11} = a_{11}, \quad v_{22} = 2a_{22}, \quad v_{23} = 2a_{23}, \quad v_{32} = 2a_{32}, \quad v_{33} = 2a_{33}. \tag{4.3.20}$$

则由式(4.3.18),得到

$$\widetilde{G} = g_t g^{-1} + \lambda g_y g^{-1} - \lambda g[S, S_y]g^{-1} \tag{4.3.21}$$

即

$$\widetilde{\boldsymbol{G}} = \boldsymbol{g}_t\boldsymbol{g}^{-1} + \lambda(\boldsymbol{V} - [\boldsymbol{\Sigma},[\boldsymbol{\Sigma},\boldsymbol{V}]] - (\boldsymbol{A\Sigma} + \boldsymbol{\Sigma A} - \boldsymbol{A} + \boldsymbol{\Sigma A \Sigma})). \tag{4.3.22}$$

经计算,得

$$\begin{aligned}&\boldsymbol{V} - [\boldsymbol{\Sigma},[\boldsymbol{\Sigma},\boldsymbol{V}]] - (\boldsymbol{A\Sigma} + \boldsymbol{\Sigma A} - \boldsymbol{A} + \boldsymbol{\Sigma A \Sigma})\\ &= \begin{pmatrix} v_{11} + a_{11} & 0 & 0 \\ 0 & v_{22} + 2a_{22} & v_{23} + 2a_{23} \\ 0 & v_{32} + 2a_{32} & v_{33} + 2a_{33} \end{pmatrix}.\end{aligned} \tag{4.3.23}$$

将式(4.3.20)代入式(4.3.23)得到零矩阵,因此式(4.3.18)变为 $\widetilde{\boldsymbol{G}} = \boldsymbol{g}_t\boldsymbol{g}^{-1}$.

将 $\widetilde{\boldsymbol{F}}$ 和 $\widetilde{\boldsymbol{G}}$ 代入式(4.3.3),令 λ^0 前系数为0,得到下式:

$$\widetilde{\boldsymbol{G}} = \mathrm{i}\begin{pmatrix} \partial_x^{-1}(\varphi\bar{\varphi} + \psi\bar{\psi})_y & -\mathrm{i}\varphi_y & -\mathrm{i}\psi_y \\ \mathrm{i}\bar{\varphi}_y & -\partial_x^{-1}(\bar{\varphi}\varphi)_y & -\partial_x^{-1}(\bar{\varphi}\psi)_y \\ \mathrm{i}\bar{\psi}_y & -\partial_x^{-1}(\bar{\psi}\varphi)_y & -\partial_x^{-1}(\bar{\psi}\psi)_y \end{pmatrix}. \tag{4.3.24}$$

由(2+1)维可积方程的 Lax 表示式(4.3.17)和式(4.3.24)可以得到

$$\begin{aligned}&\mathrm{i}\varphi_t + \varphi_{xy} + \partial_x^{-1}(\varphi\bar{\varphi} + \psi\bar{\psi})_y\varphi + \varphi\partial_x^{-1}(\bar{\varphi}\varphi)_y + \psi\partial_x^{-1}(\bar{\psi}\varphi)_y = 0,\\ &\mathrm{i}\psi_t + \psi_{xy} + \partial_x^{-1}(\varphi\bar{\varphi})_y\psi + \varphi\partial_x^{-1}(\bar{\varphi}\psi)_y = 0.\end{aligned} \tag{4.3.25}$$

令 $x = y$ 时,式(4.3.25)约化为超的非线性 Schrödinger 方程[47]:

$$\begin{aligned}&\mathrm{i}\varphi_t + \varphi_{xx} + 2(\bar{\varphi}\varphi - \bar{\psi}\psi)\varphi = 0,\\ &\mathrm{i}\psi_t + \psi_{xx} + 2\bar{\varphi}\varphi\psi = 0.\end{aligned} \tag{4.3.26}$$

4.3.1.3 Bäcklund 变换

1883年,瑞典几何学家 Bäcklund 在研究负常曲率曲面(喇叭形曲面)时,发现 sine-Gordon 方程的一个有趣性质,即由一个已知解出发,经过某种变换可以得到另一个新解. Eisenhart 将这种变换称为 Bäcklund 变换. 随着孤子方程的发展,人们发现其他孤子方程也有类似的变换,统称为 Bäcklund 变换. 利用 Bäcklund 变换,可以从孤子方程的已知解出发求出新的解,从而可以进一步以该解为新解,求出更新的解,照此操作下去,即可生成一系列的解.

设 u 和 u' 是 sine-Gordon 方程 $u_{xt} = \sin u$ 的两个不同的解,则它们之间满足下面关系式:

$$\begin{aligned}u'_t &= u_t + \frac{2}{a}\sin\frac{u' + u}{2},\\ u'_x &= -u_x + 2a\sin\frac{u' - u}{2},\end{aligned} \tag{4.3.27}$$

其中,a 为任意非零常数. 反之,如果给定 sine-Gordon 方程的一个解 u,则从方程

(4.3.27)解出的 u'也是 sine-Gordon 方程的一个解,称由式(4.3.27)给出的变换为 Bäcklund 变换. 显然 $u = 0$ 是方程的一个特解,利用式(4.3.27)就可以得到 sine-Gordon 方程的一个新解为

$$u' = 4\arctan[\exp(ax + a^{-1}t)]. \tag{4.3.28}$$

Bianchi 发现 sine-Gordon 方程的 Bäcklund 变换可以反复使用,设想 u_0 分别取参数 a_1 和 a_2,可以求出 u_1 和 u_2,再由 u_1 和 u_2 分别取参数 a_2 和 a_1 可以分别求得 u_3 和 u_4,并选择合适的积分常数使得 $u_3 = u_4$. 根据这个设想,由 sine-Gordon 方程的 Bäcklund 变换的第一式得到:

$$\begin{aligned}
\left(\frac{u_1 + u_0}{2}\right)_x &= a_1\sin\frac{u_1 - u_0}{2},\\
\left(\frac{u_3 + u_1}{2}\right)_x &= a_2\sin\frac{u_3 - u_1}{2},\\
\left(\frac{u_2 + u_0}{2}\right)_x &= a_2\sin\frac{u_2 - u_0}{2},\\
\left(\frac{u_3 + u_2}{2}\right)_x &= a_1\sin\frac{u_3 - u_2}{2}.
\end{aligned} \tag{4.3.29}$$

由上式得

$$a_1\left(\sin\frac{u_3 - u_2}{2} + \sin\frac{u_1 - u_0}{2}\right) = a_2\left(\sin\frac{u_3 - u_1}{2} + \sin\frac{u_2 - u_0}{2}\right). \tag{4.3.30}$$

整理化简后得到非线性叠加公式:

$$\tan\frac{u_3 - u_0}{4} = \frac{a_2 + a_1}{a_2 - a_1}\tan\frac{u_1 - u_2}{4}. \tag{4.3.31}$$

这个公式联系了"旧解"和"新解",上式中已知 u_0,u_1 和 u_2 就可以求出新解 u_3. 对于线性方程的两个解 u_1 和 u_2 进行线性叠加 $a_1u_1 + a_2u_2$,得到的解是方程的一个新解,但是对于非线性方程这个性质不成立. 比如 sine-Gordon 方程,其解满足非线性叠加公式. 由于 Bäcklund 变换没有别的应用,因此被冷落了近百年.

直到 20 世纪 60 年代,人们发现 sine-Gordon 方程在物理上的众多应用后,Bäcklund 变换才引起重视. 人们发现 Bäcklund 变换和非线性叠加公式不只是 sine-Gordon 方程才有,很多方程都有. 1973 年,Wahlqusit 和 Estabrook[70] 发现 KdV 方程,非线性 Schrödinger 方程等也具有类似的 Bäcklund 变换和非线性叠加公式. 如果在某些限制条件下非线性偏微分方程可以成为一对线性问题(谱问题和时间发展式)的相容性条件,这时将借助线性问题化为自身的规范变换得到不同的位势 u 和 u'与线性问题的本征函数 ϕ 所满足的方程,这便是 Darboux 形式的 Bäcklund 变换. 1974 年,Hirota[71] 给出 Bäcklund 变换的双线性导数形式. 胡星标,楼森岳等[72,73]对该方法的应用和发展做了很多有意义的工作. 构造 Bäcklund 变换的方法有很多种,下面利用超的 Riccati 方程来构造 Bäcklund 变换.

分别作变换 $\phi=\dfrac{\phi_1}{\phi_2}$和 $\xi=\dfrac{\phi_3}{\phi_2}$，则式(4.3.2)可以改写成超的 Riccati 方程：

$$\phi_x = \mathrm{i}\bar{\varphi}\phi^2 - \mathrm{i}\varphi + \mathrm{i}\lambda\phi + \mathrm{i}\xi\psi, \tag{4.3.32}$$

$$\xi_x = \mathrm{i}\bar{\varphi}\phi\xi - \mathrm{i}\bar{\psi}\phi, \tag{4.3.33}$$

$$\begin{aligned}\phi_y =& -\frac{1}{\lambda}\phi_t + \frac{1}{\lambda}(\varphi_y + \bar{\varphi}_y\phi^2 + \psi_y\xi) + \frac{\mathrm{i}}{\lambda}(2\partial_x^{-1}(\bar{\varphi}\varphi)_y + \partial_x^{-1}(\bar{\varphi}\psi)_y\phi\xi \\ &+ \partial_x^{-1}(\bar{\psi}\psi)_y)\varphi,\end{aligned} \tag{4.3.34}$$

$$\xi_y = -\frac{1}{\lambda}\xi_t + \frac{1}{\lambda}(\bar{\varphi}_y\phi\xi - \bar{\psi}_y\phi) + \frac{\mathrm{i}}{\lambda}[(\partial_x^{-1}(\bar{\varphi}\varphi)_y + \partial_x^{-1}(\bar{\psi}\psi)_y)\xi - q]. \tag{4.3.35}$$

假设有如下变换：

$$\phi \to \phi, \quad \xi \to \xi, \quad \varphi \to \varphi', \quad \psi \to \psi', \quad \lambda \to \bar{\lambda}, \tag{4.3.36}$$

则式(4.3.32)和式(4.3.33)在该变换下保持不变，得到

$$\phi_x = \mathrm{i}\bar{\varphi}'\varphi^2 - \mathrm{i}\varphi' + \mathrm{i}\bar{\lambda}\varphi + \mathrm{i}\xi\psi', \tag{4.3.37}$$

$$\xi_x = \mathrm{i}\bar{\varphi}'\phi\xi - \mathrm{i}\bar{\psi}'\phi. \tag{4.3.38}$$

将式(4.3.32)和式(4.3.37)，式(4.3.33)和式(4.3.38)分别作差，得到

$$(\bar{\varphi} - \bar{\varphi}')\phi^2 - (\varphi - \varphi') + \xi(\psi - \psi') = (\bar{\lambda} - \lambda)\phi, \tag{4.3.39}$$

$$(\bar{\varphi} - \bar{\varphi}')\phi\xi - (\bar{\psi} - \bar{\psi}')\phi = 0. \tag{4.3.40}$$

取式(4.3.39)和式(4.3.40)的共轭，得到

$$(\varphi - \varphi')\bar{\phi}^2 - (\bar{\varphi} - \bar{\varphi}') + (\bar{\psi} - \bar{\psi}')\bar{\xi} = (\lambda - \bar{\lambda})\bar{\phi}, \tag{4.3.41}$$

$$\bar{\xi} \cdot \bar{\phi}(\varphi - \varphi') - (\psi - \psi')\bar{\phi} = 0. \tag{4.3.42}$$

由式(4.3.39)～式(4.3.42)，可以得到方程(4.3.25)的 Bäcklund 变换：

$$\begin{aligned}\varphi - \varphi' &= \frac{(\lambda - \bar{\lambda})\phi}{1 + |\phi|^2 - |\xi|^2},\\ \psi - \psi' &= \frac{(\lambda - \bar{\lambda})\phi\bar{\xi}}{1 + |\phi|^2 - |\xi|^2}.\end{aligned} \tag{4.3.43}$$

显然，$\varphi=0$，$\psi=0$ 是方程(4.3.43)的平凡解，利用式(4.3.32)～式(4.3.35)可以得到方程(4.3.43)的一个非平凡解：

$$\begin{aligned}\varphi' &= \frac{(\alpha - \bar{\alpha})\beta\exp\left(\mathrm{i}\,\dfrac{y-\alpha}{t}x\right)}{t\left[1 + |\beta|^2\exp\left(-\mathrm{i}\,\dfrac{\alpha - \bar{\alpha}}{t}x\right) - \theta\bar{\theta}\,|\gamma|^2\right]},\\ \psi' &= \frac{(\alpha - \bar{\alpha})\bar{\theta}\beta\gamma\exp\left(\mathrm{i}\,\dfrac{y-\alpha}{t}x\right)}{t\left[1 + |\beta|^2\exp\left(-\mathrm{i}\,\dfrac{\alpha - \bar{\alpha}}{t}x\right) - \theta\bar{\theta}\,|\gamma|^2\right]},\end{aligned} \tag{4.3.44}$$

其中，参数 α，β 和 γ 是复的玻色常数，θ 是复的费米常数.

4.3.2 约束(Ⅱ)下的(2+1)超对称 M-Ⅰ方程

在约束(Ⅱ)$\boldsymbol{S}^2=3\boldsymbol{S}-2\boldsymbol{I}$ 下,假设(2+1)维推广的超对称 Heisenberg 铁磁链模型有如下形式:

$$\mathrm{i}\boldsymbol{S}_t=[\boldsymbol{S},\boldsymbol{S}_{xy}]+\hat{\boldsymbol{E}},\tag{4.3.45}$$

其中,$\hat{\boldsymbol{E}}$ 是待定函数.上述方程的 Lax 表示为

$$\boldsymbol{\Phi}_x=\boldsymbol{M\Phi},\quad \boldsymbol{\Phi}_t=-\lambda\boldsymbol{\Phi}_y+\boldsymbol{N\Phi},\tag{4.3.46}$$

其中,$\boldsymbol{\Phi}=(\Phi_1,\Phi_2,\Phi_3)^{\mathrm{T}}$,$\Phi_j(j=1,2,3)$为费米函数.

由方程(4.3.46)的相容性条件 $\boldsymbol{\Phi}_{xt}=\boldsymbol{\Phi}_{tx}$,得到

$$\boldsymbol{M}_t-\boldsymbol{N}_x+[\boldsymbol{M},\boldsymbol{N}]+\lambda\boldsymbol{M}_y=0.\tag{4.3.47}$$

取 $\boldsymbol{M}$ 的形式如下:

$$\boldsymbol{M}=-\mathrm{i}\lambda\boldsymbol{S}\tag{4.3.48}$$

由于在约束 $\boldsymbol{S}^2=3\boldsymbol{S}-2\boldsymbol{I}$ 下,超旋变量满足关系式:

$$[\boldsymbol{S},\boldsymbol{SuS}-2\boldsymbol{u}]=0.\tag{4.3.49}$$

将式(4.3.48)代入式(4.3.47)中,通过计算,得到相应的 $\boldsymbol{N}$ 和 $\hat{\boldsymbol{E}}$ 为

$$\begin{aligned}\boldsymbol{N}&=-\lambda[\boldsymbol{S},\boldsymbol{S}_y]-\lambda(\boldsymbol{uS}+\boldsymbol{Su}-\boldsymbol{u}+\boldsymbol{SuS}),\\ \hat{\boldsymbol{E}}&=[\boldsymbol{S}_x,\boldsymbol{S}_y]+(\boldsymbol{uS}+\boldsymbol{Su})_x-\boldsymbol{u}_x+(\boldsymbol{SuS})_x,\end{aligned}\tag{4.3.50}$$

其中,参数 λ 满足关系式:

$$\lambda_t=-\lambda\lambda_y.\tag{4.3.51}$$

在方程(4.3.45)左右两边分别乘以 $\boldsymbol{S}$ 再相加,由于在约束 $\boldsymbol{S}^2=\boldsymbol{S}$ 下,$\boldsymbol{S}_t$ 满足 $\boldsymbol{SS}_t+\boldsymbol{S}_t\boldsymbol{S}=3\boldsymbol{S}_t$,且 $\boldsymbol{S}[\boldsymbol{S},\boldsymbol{S}_{xy}]+[\boldsymbol{S},\boldsymbol{S}_{xy}]\boldsymbol{S}=[\boldsymbol{S},\boldsymbol{S}_{xy}]$,因此修正项 $\hat{\boldsymbol{E}}$ 也应满足如下条件:

$$\boldsymbol{S}\hat{\boldsymbol{E}}+\hat{\boldsymbol{E}}\boldsymbol{S}=3\hat{\boldsymbol{E}}.\tag{4.3.52}$$

这就要求 $\boldsymbol{u}$ 满足一定的函数关系式,通过计算得到 $\boldsymbol{u}$ 满足的函数关系为

$$(\boldsymbol{uS}+\boldsymbol{Su})_x-3\boldsymbol{u}_x=-[\boldsymbol{S}_x,\boldsymbol{S}_y]+\frac{1}{2}(\boldsymbol{S}-1)[\boldsymbol{S}_x,\boldsymbol{S}_y](\boldsymbol{S}-1).\tag{4.3.53}$$

因此在约束(Ⅱ)$\boldsymbol{S}^2=3\boldsymbol{S}-2\boldsymbol{I}$ 下的高维推广的超对称 Heisenberg 铁磁链模型为

$$\begin{aligned}&\mathrm{i}\boldsymbol{S}_t=[\boldsymbol{S}_x,\boldsymbol{S}_y]+[\boldsymbol{S},\boldsymbol{S}_{xy}]+(\boldsymbol{SuS}-2\boldsymbol{u})_x,\\ &(\boldsymbol{uS}+\boldsymbol{Su})_x-3\boldsymbol{u}_x=-[\boldsymbol{S}_x,\boldsymbol{S}_y]+\frac{1}{2}(\boldsymbol{S}-1)[\boldsymbol{S}_x,\boldsymbol{S}_y](\boldsymbol{S}-1).\end{aligned}\tag{4.3.54}$$

其 Lax 对由下式给出:

$$\begin{aligned}\boldsymbol{M}&=-\mathrm{i}\lambda\boldsymbol{S},\\ \boldsymbol{N}&=-\lambda[\boldsymbol{S},\boldsymbol{S}_y]-\lambda(\boldsymbol{SuS}-2\boldsymbol{u}),\end{aligned}\tag{4.3.55}$$

这里参数 λ 满足式(4.3.7).

4.3.2.1　规范等价性

下面考虑在约束(Ⅱ)$\boldsymbol{S}^2=3\boldsymbol{S}-2\boldsymbol{I}$ 下，与方程(4.3.54)规范等价的方程. 首先将 $\boldsymbol{S}$ 对角化

$$\boldsymbol{S} = \boldsymbol{g}^{-1}(t,x,y)\boldsymbol{\Sigma g}(t,x,y), \tag{4.3.56}$$

其中，$\boldsymbol{g}(t,x,y)\in USPL(2/1)$，$\boldsymbol{\Sigma}=\mathrm{diag}(1,1,2)$.

引入矩阵

$$\begin{aligned} \boldsymbol{U} &= \boldsymbol{g}(t,x,y)_x\boldsymbol{g}(t,x,y)^{-1} = -\mathrm{i}\begin{pmatrix} 0 & 0 & \psi_1 \\ 0 & 0 & \psi_2 \\ \psi_1 & \psi_2 & 0 \end{pmatrix}, \\ \boldsymbol{V} &= \boldsymbol{g}(t,x,y)_y\boldsymbol{g}(t,x,y)^{-1}, \end{aligned} \tag{4.3.57}$$

其中，ψ_1 和 ψ_2 是费米变量.

由式(4.3.13)和式(4.3.57)得到

$$\begin{aligned} \boldsymbol{S}_x &= \boldsymbol{g}^{-1}[\boldsymbol{\Sigma},\boldsymbol{U}]\boldsymbol{g}, \\ \boldsymbol{S}_y &= \boldsymbol{g}^{-1}[\boldsymbol{\Sigma},\boldsymbol{V}]\boldsymbol{g}, \\ \boldsymbol{S}_{xy} &= \boldsymbol{g}^{-1}([[\boldsymbol{\Sigma},\boldsymbol{U}],\boldsymbol{V}]+[\boldsymbol{\Sigma},\boldsymbol{U}_y])\boldsymbol{g}. \end{aligned} \tag{4.3.58}$$

利用规范变换 $\widetilde{\boldsymbol{\phi}}(t,x,y,\lambda)=\boldsymbol{g}(t,x,y)\boldsymbol{\phi}(t,x,y,\lambda)$，以及 $\boldsymbol{M}=-\mathrm{i}\lambda\boldsymbol{S}$，$\boldsymbol{\Sigma}=\mathrm{diag}(1,1,2)$，可以得到

$$\begin{aligned} \widetilde{\boldsymbol{\phi}}_x &= \widetilde{\boldsymbol{M}}\widetilde{\boldsymbol{\phi}}, \\ \widetilde{\boldsymbol{\phi}}_t &= -\lambda\widetilde{\boldsymbol{\phi}}_y+\widetilde{\boldsymbol{N}}\widetilde{\boldsymbol{\phi}}, \end{aligned} \tag{4.3.59}$$

其中，$\widetilde{\boldsymbol{M}}$ 和 $\widetilde{\boldsymbol{N}}$ 由下式给出：

$$\begin{aligned} \widetilde{\boldsymbol{M}} &= \boldsymbol{g}_x\boldsymbol{g}^{-1}+\boldsymbol{gMg}^{-1} \\ &= \boldsymbol{U}-\mathrm{i}\lambda\boldsymbol{\Sigma} = -\mathrm{i}\begin{pmatrix} \lambda & 0 & \psi_1 \\ 0 & \lambda & \psi_2 \\ \bar{\psi}_1 & \bar{\psi}_2 & 2\lambda \end{pmatrix}, \end{aligned} \tag{4.3.60}$$

$$\begin{aligned} \widetilde{\boldsymbol{N}} &= \boldsymbol{g}_t\boldsymbol{g}^{-1}+\lambda\boldsymbol{g}_y\boldsymbol{g}^{-1}+\boldsymbol{gNg}^{-1} \\ &= \boldsymbol{g}_t\boldsymbol{g}^{-1}+\lambda\boldsymbol{g}_y\boldsymbol{g}^{-1}-\lambda\boldsymbol{g}[\boldsymbol{S},\boldsymbol{S}_y]\boldsymbol{g}^{-1}-\lambda\boldsymbol{g}(\boldsymbol{SuS}-2\boldsymbol{u})\boldsymbol{g}^{-1}. \end{aligned} \tag{4.3.61}$$

为了求出 $\widetilde{\boldsymbol{N}}$ 的具体矩阵形式，首先假设：

$$\boldsymbol{u} = \boldsymbol{g}^{-1}\boldsymbol{Ag}, \quad \boldsymbol{A} = -\mathrm{i}\begin{pmatrix} a_{11} & a_{12} & a_{13} \\ a_{21} & a_{22} & a_{23} \\ a_{31} & a_{32} & a_{33} \end{pmatrix},$$

$$\boldsymbol{U}=-\mathrm{i}\begin{pmatrix}0&0&\psi_1\\0&0&\psi_2\\\psi_1&\psi_2&0\end{pmatrix},\quad \boldsymbol{V}=-\mathrm{i}\begin{pmatrix}v_{11}&v_{12}&v_{13}\\v_{21}&v_{22}&v_{23}\\v_{31}&v_{32}&v_{33}\end{pmatrix}.\tag{4.3.62}$$

将式(4.3.62)代入约束$(\boldsymbol{uS}+\boldsymbol{Su})_x-3\boldsymbol{u}_x=-[\boldsymbol{S}_x,\boldsymbol{S}_y]+\frac{1}{2}(\boldsymbol{S}-1)[\boldsymbol{S}_x,\boldsymbol{S}_y](\boldsymbol{S}-1)$,得到

$$\begin{aligned}&a_{11}=-v_{11},\quad a_{12}=-v_{12},\quad a_{21}=-v_{21},\\&a_{22}=-v_{22},\quad a_{33}=\frac{1}{2}v_{33}.\end{aligned}\tag{4.3.63}$$

则由式(4.3.58),得到

$$\begin{aligned}\widetilde{\boldsymbol{N}}&=\boldsymbol{g}_t\boldsymbol{g}^{-1}+\lambda\boldsymbol{g}_y\boldsymbol{g}^{-1}-\lambda\boldsymbol{g}[\boldsymbol{S},\boldsymbol{S}_y]\boldsymbol{g}^{-1}\\&=\boldsymbol{g}_t\boldsymbol{g}^{-1}+\lambda(\boldsymbol{V}-[\boldsymbol{\Sigma},[\boldsymbol{\Sigma},\boldsymbol{V}]]-\boldsymbol{\Sigma A\Sigma}+2\boldsymbol{A}).\end{aligned}\tag{4.3.64}$$

经计算,得

$$\begin{aligned}&\boldsymbol{V}-[\boldsymbol{\Sigma},[\boldsymbol{\Sigma},\boldsymbol{V}]]-\boldsymbol{\Sigma A\Sigma}+2\boldsymbol{A}\\&=\begin{pmatrix}v_{11}+a_{11}&v_{12}+a_{12}&0\\v_{21}+a_{21}&v_{22}+a_{22}&0\\0&0&v_{33}-2a_{33}\end{pmatrix}.\end{aligned}\tag{4.3.65}$$

将式(4.3.63)代入式(4.3.65)得到零矩阵,因此式(4.3.61)变为$\widetilde{\boldsymbol{N}}=\boldsymbol{g}_t\boldsymbol{g}^{-1}$.

将$\widetilde{\boldsymbol{M}}$和$\widetilde{\boldsymbol{N}}$代入零曲率方程$\widetilde{\boldsymbol{M}}_t-\widetilde{\boldsymbol{N}}_x+[\widetilde{\boldsymbol{M}},\widetilde{\boldsymbol{N}}]+\lambda\widetilde{\boldsymbol{M}}_y=0$.令$\lambda^0$前系数为0,得到下式:

$$\widetilde{\boldsymbol{N}}=\begin{pmatrix}\partial_x^{-1}\partial_y(\psi_1\bar{\psi}_1)&\partial_x^{-1}\partial_y(\psi_1\bar{\psi}_2)&-\mathrm{i}\psi_{1y}\\\partial_x^{-1}\partial_y(\psi_2\bar{\psi}_1)&\partial_x^{-1}\partial_y(\psi_2\bar{\psi}_2)&-\mathrm{i}\psi_{2y}\\\mathrm{i}\bar{\psi}_{1y}&\mathrm{i}\bar{\psi}_{2y}&R\end{pmatrix}.\tag{4.3.66}$$

由 Lax 表示式(4.3.60)和式(4.3.66)可以得到(2+1)维可积方程为

$$\begin{aligned}&\mathrm{i}\psi_{1t}+\psi_{1xy}+[\partial_x^{-1}\partial_y(\psi_1\bar{\psi}_2)]\psi_2+\psi_1\partial_x^{-1}\partial_y(\bar{\psi}_2\psi_2)=0,\\&\mathrm{i}\psi_{2t}+\psi_{2xy}+[\partial_x^{-1}\partial_y(\psi_2\bar{\psi}_1)]\psi_1+\psi_2\partial_x^{-1}\partial_y(\bar{\psi}_1\psi_1)=0,\end{aligned}\tag{4.3.67}$$

其中,ψ_1,ψ_2是费米变量.

令$x=y$时,式(4.3.67)化为费米型的非线性 Schrödinger 方程[47]:

$$\begin{aligned}&\mathrm{i}\psi_{1t}+\psi_{1xx}+2\bar{\psi}_2\psi_2\psi_1=0,\\&\mathrm{i}\psi_{2t}+\psi_{2xx}+2\bar{\psi}_1\psi_1\psi_2=0.\end{aligned}\tag{4.3.68}$$

为了得到方程(4.3.67)的解,下面构造 Bäcklund 变换.

4.3.2.2 Bäcklund 变换

首先作变换$z=\frac{\phi_1}{\phi_2},\eta=\frac{\phi_3}{\phi_2}$,则式(4.3.2)可重写为

$$z_x = \mathrm{i}\psi_2 z\eta - \mathrm{i}\psi_1\eta, \tag{4.3.69}$$

$$\eta_x = -\mathrm{i}\bar{\psi}_1 z - \mathrm{i}\bar{\psi}_2 - \mathrm{i}\lambda\eta, \tag{4.3.70}$$

$$\begin{aligned} z_t = {} & \mathrm{i}\partial_x^{-1}\partial_y(\psi_1\bar{\psi}_1 - \psi_2\bar{\psi}_2)z + \mathrm{i}\partial_x^{-1}\partial_y(\psi_1\bar{\psi}_2) \\ & + \psi_{1y}\eta - \mathrm{i}\partial_x^{-1}\partial_y(\psi_2\bar{\psi}_1)z^2 - \psi_{2y}z\eta - \lambda z_y, \end{aligned} \tag{4.3.71}$$

$$\begin{aligned} \eta_t = {} & -\bar{\psi}_{1y}z - \bar{\psi}_{2y} + \mathrm{i}\partial_x^{-1}\partial_y(\psi_1\bar{\psi}_1)\eta \\ & - \mathrm{i}\partial_x^{-1}\partial_y(\psi_2\bar{\psi}_1)z\eta - \lambda\eta_y. \end{aligned} \tag{4.3.72}$$

作如下变换：

$$z \to z, \quad \eta \to \eta, \quad \psi_1 \to \psi_1', \quad \psi_2 \to \psi_2', \quad \lambda \to \bar{\lambda}, \tag{4.3.73}$$

这里 $\bar{\lambda}$ 表示对 λ 取共轭，则方程(4.3.69)和方程(4.3.70)在该变换下保持不变，得到如下方程：

$$z_x = \mathrm{i}\psi_2' z\eta - \mathrm{i}\psi_1'\eta, \tag{4.3.74}$$

$$\eta_x = -\mathrm{i}\psi_1' z - \mathrm{i}\bar{\psi}_2' - \mathrm{i}\bar{\lambda}\eta. \tag{4.3.75}$$

将式(4.3.69)与(4.3.74)，式(4.3.70)与(4.3.75)分别作差，得到下面两式：

$$(\psi_2 - \psi_2')z\eta - (\psi_1 - \psi_1')z = 0, \tag{4.3.76}$$

$$(\bar{\psi}_1 - \bar{\psi}_1')z + \bar{\psi}_2 - \bar{\psi}_2' = (\bar{\lambda} - \lambda)\eta. \tag{4.3.77}$$

由式(4.3.76)、式(4.3.77)及其共轭方程，可以得到方程(4.3.67)的 Bäcklund 变换：

$$\begin{aligned} \psi_1 - \psi_1' &= \frac{(\lambda - \bar{\lambda})z\bar{\eta}}{1 + |z|^2}, \\ \psi_2 - \psi_2' &= \frac{(\lambda - \bar{\lambda})\bar{\eta}}{1 + |z|^2}. \end{aligned} \tag{4.3.78}$$

显然，$\psi_1 = \psi_2 = 0$ 是方程(4.3.67)的平凡解，由 Bäcklund 变换(4.3.78)得到一组新解：

$$\begin{aligned} \psi_1' &= \frac{\theta_0 ab\exp\left[-\frac{1-(y+c)\mathrm{i}}{t}x\right]}{t(1+|a|^2)}, \\ \psi_2' &= \frac{\theta_0 b\exp\left[-\frac{1-(y+c)\mathrm{i}}{t}x\right]}{t(1+|a|^2)}, \end{aligned} \tag{4.3.79}$$

其中，c 是实常数，参数 a，b 是玻色常数，θ_0 是费米常数.

4.3.3　(2+1)维超对称 LM 方程

本节将对高维超对称 Heisenberg 铁磁链模型作进一步推广，推导出超对称非均匀的 Lakshmanan-Myrzakulov (LM)方程[68].

在约束(Ⅰ)$\boldsymbol{S}^2=\boldsymbol{S}$ 下,假设(2+1)维的超对称 Heisenberg 铁磁链模型形式如下:

$$\mathrm{i}\boldsymbol{S}_t=\beta[\boldsymbol{S},\boldsymbol{S}_{xy}]+\boldsymbol{E}, \tag{4.3.80}$$

其中,β 是实常数,$\boldsymbol{E}$ 是待定函数.

式(4.3.80)满足以下 Lax 表示:

$$\boldsymbol{\phi}_x=\boldsymbol{F}\boldsymbol{\phi},\quad \boldsymbol{\phi}_t=-\lambda\beta\boldsymbol{\phi}_y+\boldsymbol{G}\boldsymbol{\phi}, \tag{4.3.81}$$

其中,$\boldsymbol{\phi}=(\phi_1,\phi_2,\phi_3)^{\mathrm{T}}$,$\phi_j(j=1,2)$和 ϕ_3 分别为玻色变量和费米变量.矩阵算子具有如下形式:

$$\begin{aligned}\boldsymbol{F}&=-\mathrm{i}\lambda\boldsymbol{S},\\ \boldsymbol{G}&=-\lambda\beta[\boldsymbol{S},\boldsymbol{S}_y]-\lambda f_1[\boldsymbol{S},\boldsymbol{S}_x]+\mathrm{i}\lambda^2f_1\boldsymbol{S}-\mathrm{i}\lambda f_2\boldsymbol{S}\\ &\quad-\lambda(\boldsymbol{uS}+\boldsymbol{Su}-\boldsymbol{u}+\boldsymbol{SuS}),\end{aligned} \tag{4.3.82}$$

其中,$f_i=\mu_i(t)x+\nu_i(t)(i=1,2)$,$\mu_i$ 和ν_i 是t 的函数.$\boldsymbol{u}$ 是辅助矩阵变量,λ 满足如下关系:

$$\lambda_t=-\beta\lambda\lambda_y-\lambda^2f_{1x}+\lambda f_{2x},\quad \lambda_x=0. \tag{4.3.83}$$

利用相容性条件 $\phi_{xt}=\phi_{tx}$和式(4.3.81),可得

$$\boldsymbol{F}_t-\boldsymbol{G}_x+[\boldsymbol{F},\boldsymbol{G}]+\lambda\beta\boldsymbol{F}_y=0. \tag{4.3.84}$$

将式(4.3.82)带入式(4.3.84),可得

$$\boldsymbol{E}=f_1[\boldsymbol{S},\boldsymbol{S}_{xx}]+f_{1x}[\boldsymbol{S},\boldsymbol{S}_x]+\beta[\boldsymbol{S}_x,\boldsymbol{S}_y]+(\boldsymbol{uS}+\boldsymbol{Su}-\boldsymbol{u}+\boldsymbol{SuS})_x+\mathrm{i}f_2\boldsymbol{S}_x. \tag{4.3.85}$$

在约束 $\boldsymbol{S}^2=\boldsymbol{S}$ 下,$\boldsymbol{E}$ 满足式(4.3.8),因此取

$$(\boldsymbol{uS}+\boldsymbol{Su}-\boldsymbol{u})_x=-\beta[\boldsymbol{S}_x,\boldsymbol{S}_y]+\frac{1}{2}\beta\boldsymbol{S}[\boldsymbol{S}_x,\boldsymbol{S}_y]\boldsymbol{S}. \tag{4.3.86}$$

进而得到推广的(2+1)维超对称 Heisenberg 铁磁链模型为

$$\begin{aligned}\mathrm{i}\boldsymbol{S}_t&=f_1[\boldsymbol{S},\boldsymbol{S}_{xx}]+f_{1x}[\boldsymbol{S},\boldsymbol{S}_x]+\beta[\boldsymbol{S}_x,\boldsymbol{S}_y]+\beta[\boldsymbol{S},\boldsymbol{S}_{xy}]\\ &\quad+(\boldsymbol{uS}+\boldsymbol{Su}-\boldsymbol{u}+\boldsymbol{SuS})_x+\mathrm{i}f_2\boldsymbol{S}_x\\ (\boldsymbol{uS}&+\boldsymbol{Su}-\boldsymbol{u})_x=-\beta[\boldsymbol{S}_x,\boldsymbol{S}_y]+\frac{1}{2}\beta\boldsymbol{S}[\boldsymbol{S}_x,\boldsymbol{S}_y]\boldsymbol{S}.\end{aligned} \tag{4.3.87}$$

在约束(Ⅱ)$\boldsymbol{S}^2=3\boldsymbol{S}-2\boldsymbol{I}$ 下,由同样的构造方法,可以得到(2+1)维可积 Heisenberg 铁磁链模型:

$$\begin{aligned}\mathrm{i}\boldsymbol{S}_t&=f_1[\boldsymbol{S},\boldsymbol{S}_{xx}]+f_{1x}[\boldsymbol{S},\boldsymbol{S}_x]+\beta[\boldsymbol{S},\boldsymbol{S}_{xy}]+\frac{1}{2}\beta(\boldsymbol{S}-1)[\boldsymbol{S}_x,\boldsymbol{S}_y](\boldsymbol{S}-1)\\ &\quad+[(\boldsymbol{S}-1)\boldsymbol{u}(\boldsymbol{S}-1)]_x+\mathrm{i}f_2\boldsymbol{S}_x,\\ (\boldsymbol{uS}&+\boldsymbol{Su})_x-3u_x=-\beta[\boldsymbol{S}_x,\boldsymbol{S}_y]+\frac{1}{2}\beta(\boldsymbol{S}-1)[\boldsymbol{S}_x,\boldsymbol{S}_y](\boldsymbol{S}-1).\end{aligned} \tag{4.3.88}$$

方程(4.3.88)的 Lax 表示为

$$\begin{aligned}\boldsymbol{F}&=-\mathrm{i}\lambda\boldsymbol{S},\\ \boldsymbol{G}&=-\lambda\beta[\boldsymbol{S},\boldsymbol{S}_y]-\lambda f_1[\boldsymbol{S},\boldsymbol{S}_x]+\mathrm{i}\lambda^2f_1\boldsymbol{S}-\mathrm{i}\lambda f_2\boldsymbol{S}-\lambda(\boldsymbol{SuS}-2\boldsymbol{u}),\end{aligned} \tag{4.3.89}$$

其中,参数 λ 满足式(4.3.83). 当 $f_1=f_2=0,\beta=1$,式(4.3.87)和式(4.3.88)退化为(2+1)维超对称 M-Ⅰ方程(4.3.12).

(Ⅰ) 下面考虑式(4.3.87)的规范等价方程. 将 S 对角化,即

$$\boldsymbol{S} = \boldsymbol{g}^{-1}(t,x,y)\boldsymbol{\Sigma}\boldsymbol{g}(t,x,y), \tag{4.3.90}$$

其中,$\boldsymbol{g}(t,x,y)\in USPL(2/1)$,$\boldsymbol{\Sigma}=\mathrm{diag}(0,1,1)$.

引入

$$\boldsymbol{U} = \boldsymbol{g}(t,x,y)_x\boldsymbol{g}(t,x,y)^{-1} = -\mathrm{i}\begin{pmatrix}0 & \varphi & \psi\\ \bar{\varphi} & 0 & 0\\ \bar{\psi} & 0 & 0\end{pmatrix}, \tag{4.3.91}$$

$$\boldsymbol{V} = \boldsymbol{g}(t,x,y)_y\boldsymbol{g}(t,x,y)^{-1},$$

其中,φ 和 ψ 分别为玻色变量和费米变量. 利用式(4.3.90)和式(4.3.91),可得

$$\begin{aligned}\boldsymbol{S}_x &= \boldsymbol{g}^{-1}[\boldsymbol{\Sigma},\boldsymbol{U}]\boldsymbol{g},\\ \boldsymbol{S}_y &= \boldsymbol{g}^{-1}[\boldsymbol{\Sigma},\boldsymbol{V}]\boldsymbol{g}.\end{aligned} \tag{4.3.92}$$

利用规范变换 $\widetilde{\boldsymbol{\phi}}=\boldsymbol{g}\boldsymbol{\phi}$,可得

$$\widetilde{\boldsymbol{\phi}}_x = \widetilde{\boldsymbol{F}}\widetilde{\boldsymbol{\phi}},\quad \widetilde{\boldsymbol{\phi}}_t = -\lambda\beta\widetilde{\boldsymbol{\phi}}_y + \widetilde{\boldsymbol{G}}\widetilde{\boldsymbol{\phi}}. \tag{4.3.93}$$

其中,$\widetilde{\boldsymbol{\phi}}=(\widetilde{\phi}_1,\widetilde{\phi}_2,\widetilde{\phi}_3)^{\mathrm{T}}$,$\widetilde{\phi}_j(j=1,2)$和 $\widetilde{\phi}_3$ 分别为玻色函数和费米函数. $\widetilde{\boldsymbol{F}}$ 和 $\widetilde{\boldsymbol{G}}$ 分别为

$$\widetilde{\boldsymbol{F}} = \boldsymbol{g}_x\boldsymbol{g}^{-1} + \boldsymbol{g}\boldsymbol{F}\boldsymbol{g}^{-1} = \boldsymbol{U} - \mathrm{i}\lambda\boldsymbol{\Sigma} = -\mathrm{i}\begin{pmatrix}0 & \varphi & \psi\\ \bar{\varphi} & \lambda & 0\\ \bar{\psi} & 0 & \lambda\end{pmatrix},$$

$$\begin{aligned}\widetilde{\boldsymbol{G}} &= \boldsymbol{g}_t\boldsymbol{g}^{-1} + \lambda\beta\boldsymbol{g}_y\boldsymbol{g}^{-1} + \boldsymbol{g}\boldsymbol{G}\boldsymbol{g}^{-1}\\ &= \boldsymbol{g}_t\boldsymbol{g}^{-1} + \lambda\beta\boldsymbol{V} - \lambda\beta[\boldsymbol{\Sigma},[\boldsymbol{\Sigma},\boldsymbol{V}]] - \lambda f_1[\boldsymbol{\Sigma},[\boldsymbol{\Sigma},\boldsymbol{U}]] + \mathrm{i}\lambda^2 f_1\boldsymbol{\Sigma} - \mathrm{i}\lambda f_2\boldsymbol{\Sigma}\\ &\quad - \lambda(\boldsymbol{A}\boldsymbol{\Sigma} + \boldsymbol{\Sigma}\boldsymbol{A} - \boldsymbol{A} + \boldsymbol{\Sigma}\boldsymbol{A}\boldsymbol{\Sigma}),\end{aligned} \tag{4.3.94}$$

其中,$\boldsymbol{u}=\boldsymbol{g}^{-1}\boldsymbol{A}\boldsymbol{g}$,$\boldsymbol{A}$ 由约束条件(4.3.86)确定.

将 $\widetilde{\boldsymbol{F}}$ 和 $\widetilde{\boldsymbol{G}}$ 带入式(4.3.84),可得

$$\widetilde{\boldsymbol{G}} = \begin{pmatrix}\mathrm{i}\partial_x^{-1}[\beta\partial_y(\varphi\bar{\varphi} + \psi\bar{\psi}) + 2f_{1x}(\varphi\bar{\varphi} + \psi\bar{\psi}) + f_1\partial_x(\varphi\bar{\varphi} + \psi\bar{\psi})] & G_{12} & G_{13}\\ -\beta\bar{\varphi}_y - \partial_x(f_1\bar{\varphi}) - \mathrm{i}f_2\bar{\varphi} + \mathrm{i}\lambda f_1\bar{\varphi} & G_{22} & G_{23}\\ -\beta\bar{\psi}_y - \partial_x(f_1\bar{\psi}) - \mathrm{i}f_2\bar{\psi} + \mathrm{i}\lambda f_1\bar{\psi} & G_{32} & G_{33}\end{pmatrix}, \tag{4.3.95}$$

其中

$$\begin{aligned}G_{12} &= \beta\varphi_y + \partial_x(f_1\varphi) - \mathrm{i}f_2\varphi + \mathrm{i}\lambda f_1\varphi,\\ G_{13} &= \beta\psi_y + \partial_x(f_1\psi) - \mathrm{i}f_2\psi + \mathrm{i}\lambda f_1\psi,\\ G_{22} &= -\mathrm{i}\partial_x^{-1}[\beta\partial_y(\varphi\bar{\varphi}) + 2f_{1x}(\varphi\bar{\varphi}) + f_1\partial_x(\varphi\bar{\varphi})] + \mathrm{i}\lambda^2 f_1 - \mathrm{i}\lambda f_2,\end{aligned}$$

$$G_{23} = -\mathrm{i}\partial_x^{-1}[\beta\partial_y(\bar{\varphi}\psi) + 2f_{1x}(\bar{\varphi}\psi) + f_1\partial_x(\bar{\varphi}\psi)],$$

$$G_{32} = -\mathrm{i}\partial_x^{-1}[\beta\partial_y(\bar{\psi}\varphi) + 2f_{1x}(\bar{\psi}\varphi) + f_1\partial_x(\bar{\psi}\varphi)],$$

$$G_{33} = -\mathrm{i}\partial_x^{-1}[\beta\partial_y(\bar{\psi}\psi) + 2f_{1x}(\bar{\psi}\psi) + f_1\partial_x(\bar{\psi}\psi)] + \mathrm{i}\lambda^2 f_1 - \mathrm{i}\lambda f_2. \tag{4.3.96}$$

利用式(4.3.94)和式(4.3.95),可得(2+1)维推广的超对称 NLSE:

$$\begin{aligned} &\mathrm{i}\varphi_t + \beta\varphi_{xy} + (f_1\varphi)_{xx} - \mathrm{i}(f_2\varphi)_x + 2f_1(\varphi\bar{\varphi} + \psi\bar{\psi})\varphi + \{\partial_x^{-1}[\beta\partial_y(2\varphi\bar{\varphi} + \psi\bar{\psi})\} \\ &+ f_{1x}(2\varphi\bar{\varphi} + \psi\bar{\psi})]\}\varphi + \psi\partial_x^{-1}[\beta\partial_y(\bar{\psi}\varphi) + f_{1x}\bar{\psi}\varphi] = 0, \\ &\mathrm{i}\psi_t + \beta\psi_{xy} + (f_1\psi)_{xx} - \mathrm{i}(f_2\psi)_x + 2f_1\varphi\bar{\varphi}\psi + \{\partial_x^{-1}[\beta\partial_y(\varphi\bar{\varphi}) + f_{1x}\varphi\bar{\varphi}]\}\psi \\ &+ \varphi\partial_x^{-1}[\beta\partial_y(\bar{\varphi}\psi) + f_{1x}\bar{\varphi}\psi] = 0. \end{aligned} \tag{4.3.97}$$

令 $f_1 = f_2 = 0, \beta = 1$,式(4.3.97)退化为超的非线性 Schrödinger 方程(4.3.25).

下面推导式(4.3.97)的 Bäcklund 变换. 设变换 $Z = \dfrac{\tilde{\phi}_1}{\tilde{\phi}_2}$ 和 $\eta = \dfrac{\tilde{\phi}_3}{\tilde{\phi}_2}$,方程(4.3.93)改写为

$$Z_x = -\mathrm{i}\varphi' - \mathrm{i}\psi'\eta + \mathrm{i}\bar{\varphi}'Z^2 + \mathrm{i}\lambda Z, \tag{4.3.98}$$

$$\eta_x = -\mathrm{i}\bar{\psi}'Z + \mathrm{i}\bar{\varphi}'Z\eta, \tag{4.3.99}$$

$$Z_t = -\lambda\beta Z_y + G_{11}Z + G_{12} + G_{13}\eta - G_{21}Z^2 - G_{22}Z - G_{23}Z\eta, \tag{4.3.100}$$

$$\eta_t = -\lambda\beta\eta_y + G_{31}Z + G_{32} + G_{33}\eta - G_{21}Z\eta - G_{22}\eta, \tag{4.3.101}$$

其中,$G_{ij}(i, j = 1, \cdots, 3)$是矩阵 $\tilde{\boldsymbol{G}}$ 的元素,$\bar{\lambda}$ 是 λ 的共轭.

假设在变换

$$Z \to Z, \quad \eta \to \eta, \quad \varphi \to \varphi', \quad \psi \to \psi', \quad \lambda \to \bar{\lambda}, \tag{4.3.102}$$

下,式(4.3.98)和式(4.3.99)保持不变,因此有

$$Z_x = \mathrm{i}\bar{\varphi}'Z^2 + \mathrm{i}\bar{\lambda}Z - \mathrm{i}\varphi' + \mathrm{i}\eta\psi', \tag{4.3.103}$$

$$\eta_x = \mathrm{i}\bar{\varphi}'Z\eta - \mathrm{i}\bar{\psi}'Z. \tag{4.3.104}$$

分别用式(4.3.98)与式(4.3.103),式(4.3.99)与式(4.3.104)作差,可得

$$(\bar{\varphi} - \bar{\varphi}')Z^2 - (\varphi - \varphi') + \eta(\psi - \psi') = (\bar{\lambda} - \lambda)Z, \tag{4.3.105}$$

$$(\bar{\varphi} - \bar{\varphi}')Z\eta - (\bar{\psi} - \bar{\psi}')Z = 0. \tag{4.3.106}$$

由式(4.3.105)、式(4.3.106)及其共轭形式,可得式(4.3.97)的 Bäcklund 变换为

$$\begin{aligned} \varphi - \varphi' &= \frac{(\lambda - \bar{\lambda})Z}{1 + |Z|^2 - \eta\bar{\eta}}, \\ \psi - \psi' &= \frac{(\lambda - \bar{\lambda})Z\bar{\eta}}{1 + |Z|^2 - \eta\bar{\eta}}. \end{aligned} \tag{4.3.107}$$

由 $\varphi = 0, \psi = 0$ 是式(4.3.97)的平凡解,利用 Bäcklund 变换(4.3.107),可得

式(4.3.97)的一个新解：

$$\varphi' = \frac{(\bar{\alpha}_1 - \alpha_1)\xi\exp\left[\frac{\mathrm{i}f_1(y+\alpha_1)^2}{t\beta^2} - \frac{\mathrm{i}(y+\alpha_1)x + \mathrm{i}f_2 ty}{t\beta}\right]}{t\beta\left\{1 + |\beta|^2\exp\left[\frac{\mathrm{i}(\alpha_1 - \bar{\alpha}_1)(2f_1 y + x\beta) - 2\mathrm{i}f_2\beta ty}{t\beta^2}\right] - \theta\bar{\theta}|\gamma|^2\right\}},$$

$$\psi' = \frac{(\bar{\alpha}_1 - \alpha_1)\xi\exp\left[\frac{\mathrm{i}f_1(y+\alpha_1)^2}{t\beta^2} - \frac{\mathrm{i}(y+\alpha_1)x + \mathrm{i}f_2 ty}{t\beta}\right]\bar{\theta}\bar{\gamma}}{t\beta\left\{1 + |\beta|^2\exp\left[\frac{\mathrm{i}(\alpha_1 - \bar{\alpha}_1)(2f_1 y + x\beta) - 2\mathrm{i}f_2\beta ty}{t\beta^2}\right] - \theta\bar{\theta}|\gamma|^2\right\}},$$

(4.3.108)

其中，参数 α 和 γ 是玻色常数，θ 是费米常数.

(Ⅱ) 方程(4.3.88)的规范等价方程为

$$\begin{aligned}
&\mathrm{i}\psi_{1t} + \beta\psi_{1xy} + (f_1\psi_1)_{xx} - \mathrm{i}(f_2\psi_1)_x + 2f_1\psi_1\bar{\psi}_2\psi_2 \\
&+ \partial_x^{-1}[\beta\partial_y(\psi_1\bar{\psi}_2) + f_{1x}\psi_1\bar{\psi}_2]\psi_2 + \psi_1\partial_x^{-1}[\beta\partial_y(\bar{\psi}_2\psi_2) + f_{1x}\bar{\psi}_2\psi_2] = 0, \\
&\mathrm{i}\psi_{2t} + \beta\psi_{2xy} + (f_1\psi_2)_{xx} - \mathrm{i}(f_2\psi_2)_x + 2f_1\psi_2\bar{\psi}_1\psi_1 \\
&+ \partial_x^{-1}[\beta\partial_y(\psi_2\bar{\psi}_1) + f_{1x}\psi_2\bar{\psi}_1]\psi_1 + \psi_2\partial_x^{-1}[\beta\partial_y(\bar{\psi}_1\psi_1) + f_{1x}\bar{\psi}_1\psi_1] = 0,
\end{aligned}$$

(4.3.109)

其中，ψ_1，ψ_2 是费米变量.

令 $f_1 = f_2 = 0$ 并且 $\beta = 1$，式(4.3.109)退化为费米型的非线性 Schrödinger 方程(4.3.67).

式(4.3.109)的 Lax 表示为

$$\hat{\boldsymbol{F}} = -\mathrm{i}\begin{pmatrix} \lambda & 0 & \psi_1 \\ 0 & \lambda & \psi_2 \\ \bar{\psi}_1 & \bar{\psi}_2 & 2\lambda \end{pmatrix},$$

$$\hat{\boldsymbol{G}} = \begin{pmatrix} \mathrm{i}\partial_x^{-1}[2f_{1x}\psi_1\bar{\psi}_1 + f_1\partial_x(\psi_1\bar{\psi}_1) + \beta\partial_y(\psi_1\bar{\psi}_1) + \mathrm{i}\lambda^2 f_1 - \mathrm{i}\lambda f_2] & \hat{G}_{12} & \hat{G}_{13} \\ \mathrm{i}\partial_x^{-1}[2f_{1x}\psi_2\bar{\psi}_1 + f_1\partial_x(\psi_2\bar{\psi}_1) + \beta\partial_y(\psi_2\bar{\psi}_1)] & \hat{G}_{22} & \hat{G}_{23} \\ -f_2\bar{\psi}_1 - \partial_x(f_1\bar{\psi}_1) - \beta\bar{\psi}_{1y} + \mathrm{i}\lambda f_1\bar{\psi}_1 & \hat{G}_{32} & \hat{G}_{33} \end{pmatrix},$$

(4.3.110)

其中

$$\begin{aligned}
\hat{G}_{12} &= \mathrm{i}\partial_x^{-1}[2f_{1x}\psi_1\bar{\psi}_2 + f_1\partial_x(\psi_1\bar{\psi}_2) + \beta\partial_y(\psi_1\bar{\psi}_2)], \\
\hat{G}_{13} &= -\mathrm{i}f_2\psi_1 + \partial_x(f_1\psi_1) + \beta\psi_{1y} + \mathrm{i}\lambda f_1\psi_1, \\
\hat{G}_{22} &= \mathrm{i}\partial_x^{-1}[2f_{1x}\psi_2\bar{\psi}_2 + f_1\partial_x(\psi_2\bar{\psi}_2) + \beta\partial_y(\psi_2\bar{\psi}_2)] + \mathrm{i}\lambda^2 f_1 - \mathrm{i}\lambda f_2, \\
\hat{G}_{23} &= -\mathrm{i}f_2\psi_2 + \partial_x(f_1\psi_2) + \beta\psi_{2y} + \mathrm{i}\lambda f_1\psi_2,
\end{aligned}$$

$$\hat{G}_{32} = -\mathrm{i}f_2\bar{\psi}_2 - \partial_x(f_1\bar{\psi}_2) - \beta\bar{\psi}_{2y} + \mathrm{i}\lambda f_1\bar{\psi}_2,$$

$$\begin{aligned}\hat{G}_{33} = {}& \mathrm{i}\partial_x^{-1}[2f_{1x}(\psi_1\bar{\psi}_1 + \psi_2\bar{\psi}_2) + f_1\partial_x(\psi_1\bar{\psi}_1 + \psi_2\bar{\psi}_2) + \beta\partial_y(\psi_1\bar{\psi}_1 + \psi_2\bar{\psi}_2)] \\ & + 2\mathrm{i}(\lambda^2 f_1 - \lambda f_2).\end{aligned} \tag{4.3.111}$$

式(4.3.109)的 Bäcklund 变换为

$$\begin{aligned}\psi_1 - \psi_1' &= \frac{(\lambda - \bar{\lambda})Z\eta}{1 + |z|^2}, \\ \psi_2 - \psi_2' &= \frac{(\lambda - \bar{\lambda})\eta}{1 + |z|^2}.\end{aligned} \tag{4.3.112}$$

利用式(4.3.112),可以得到式(4.3.109)一个特解:

$$\begin{aligned}\psi_1' &= \frac{(\bar{\alpha}_2 - \alpha_2)\rho\bar{\omega}\exp\left[-\dfrac{\mathrm{i}(y + \alpha_2)x}{t\beta}\right]}{t\beta(1 + |\rho|^2)}, \\ \psi_2' &= \frac{(\bar{\alpha}_2 - \alpha_2)\bar{\omega}\exp\left[-\dfrac{\mathrm{i}(y + \alpha_2)x}{t\beta}\right]}{t\beta(1 + |\rho|^2)},\end{aligned} \tag{4.3.113}$$

其中,β 是一个实常数,参数 α_2,ρ 是玻色常数,ω 是费米常数.

4.3.4 (2+1)维超对称 ML-Ⅱ方程

本节将引入两个辅助矩阵变量构造(2+1)维超对称 Heisenberg 铁磁链模型,该模型可以看作将 Myrzakulov-Lakshmanan-Ⅱ(ML-Ⅱ)方程[73]推广到超对称情形.

在约束(Ⅰ)$\boldsymbol{S}^2=\boldsymbol{S}$ 下,考虑以下(2+1)维超对称 Heisenberg 铁磁链模型:

$$\mathrm{i}\boldsymbol{S}_t = [\boldsymbol{S},\boldsymbol{S}_{xy}] + \hat{\boldsymbol{E}}, \tag{4.3.114}$$

其中,$\hat{\boldsymbol{E}}$ 是待定函数.

方程(4.3.114)的 Lax 表示为

$$\boldsymbol{\phi}_x = \boldsymbol{F}\boldsymbol{\phi}, \quad \boldsymbol{\phi}_t = -\lambda\boldsymbol{\phi}_y + \boldsymbol{G}\boldsymbol{\phi}, \tag{4.3.115}$$

其中,$\boldsymbol{\phi}=(\phi_1,\phi_2,\phi_3)^{\mathrm{T}}$,$\phi_j(j=1,2)$和 ϕ_3 分别为玻色变量和费米变量.

令

$$\begin{aligned}\boldsymbol{F} &= -\mathrm{i}\lambda\boldsymbol{S}, \\ \boldsymbol{G} &= -\lambda[\boldsymbol{S},\boldsymbol{S}_y] - \lambda(\boldsymbol{uS} + \boldsymbol{Su} - \boldsymbol{u} + \boldsymbol{SuS}) - \lambda\boldsymbol{SwS},\end{aligned} \tag{4.3.116}$$

其中,$\boldsymbol{u}$,$\boldsymbol{w}$ 是关于 $\boldsymbol{S}$ 的辅助矩阵变量,参数 λ 满足关系:

$$\lambda_t = -\lambda\lambda_y, \quad \lambda_x = 0. \tag{4.3.117}$$

由相容性条件 $\boldsymbol{\phi}_{xt}=\boldsymbol{\phi}_{tx}$,得到

$$\boldsymbol{F}_t - \boldsymbol{G}_x + [\boldsymbol{F}, \boldsymbol{G}] + \lambda \boldsymbol{F}_y = 0, \tag{4.3.118}$$

将式(4.3.116)带入式(4.3.118),可得

$$\hat{\boldsymbol{E}} = [\boldsymbol{S}_x, \boldsymbol{S}_y] + (\boldsymbol{uS} + \boldsymbol{Su} - \boldsymbol{u} + \boldsymbol{SuS})_x + (\boldsymbol{SwS})_x, \tag{4.3.119}$$

约束关系满足

$$\begin{aligned} &(\boldsymbol{uS} + \boldsymbol{Su} - \boldsymbol{u})_x = -[\boldsymbol{S}_x, \boldsymbol{S}_y] + \frac{1}{2}\boldsymbol{S}[\boldsymbol{S}_x, \boldsymbol{S}_y]\boldsymbol{S}. \\ &(\boldsymbol{SwS})_x = \frac{1}{\alpha}[\boldsymbol{S}, \boldsymbol{w}], \end{aligned} \tag{4.3.120}$$

其中,α 是常数.

在方程(4.3.120)下,容易验证式(4.3.119)满足变换关系式(4.3.8).因此可得在约束(Ⅰ)下的(2+1)维超对称 Heisenberg 铁磁链模型为

$$\begin{aligned} &\mathrm{i}\boldsymbol{S}_t = [\boldsymbol{S}_x, \boldsymbol{S}_y] + [\boldsymbol{S}, \boldsymbol{S}_{xy}] + (\boldsymbol{uS} + \boldsymbol{Su} - \boldsymbol{u})_x + (\boldsymbol{SuS})_x + (\boldsymbol{SwS})_x, \\ &(\boldsymbol{uS} + \boldsymbol{Su} - \boldsymbol{u})_x = -[\boldsymbol{S}_x, \boldsymbol{S}_y] + \frac{1}{2}\boldsymbol{S}[\boldsymbol{S}_x, \boldsymbol{S}_y]S, \\ &(\boldsymbol{SwS})_x = \frac{1}{\alpha}[S, \boldsymbol{w}], \end{aligned} \tag{4.3.121}$$

利用规定变换可得与式(4.3.121)规范等价的方程为

$$\begin{aligned} &\mathrm{i}\varphi_t + \varphi_{xy} - \mathrm{i}c(\varphi + \psi)_x + \varphi\partial_x^{-1}[\partial_y(\bar{\varphi}\varphi) + \mathrm{i}c(\bar{\psi}\varphi - \bar{\varphi}\psi)] \\ &\quad + \partial_x^{-1}[\partial_y(\varphi\bar{\varphi} + \psi\bar{\psi})]\varphi + \psi\partial_x^{-1}[\partial_y(\bar{\psi}\varphi) + \mathrm{i}c(\varphi\bar{\varphi} + \psi\bar{\psi})] = 0, \\ &\mathrm{i}\psi_t + \psi_{xy} - \mathrm{i}c(\varphi + \psi)_x + \psi\partial_x^{-1}[\partial_y(\bar{\psi}\psi) + \mathrm{i}c(\bar{\varphi}\psi - \bar{\psi}\varphi)] \\ &\quad + \partial_x^{-1}[\partial_y(\varphi\bar{\varphi} + \psi\bar{\psi})]\psi + \varphi\partial_x^{-1}[\partial_y(\bar{\varphi}\psi) + \mathrm{i}c(\varphi\bar{\varphi} + \psi\bar{\psi})] = 0, \end{aligned} \tag{4.3.122}$$

其中,c 是依赖于辅助矩阵变量 $\boldsymbol{w}$ 的常数.

$$\boldsymbol{w} = \boldsymbol{g}^{-1}\begin{pmatrix} \mathrm{i}c & -\alpha c(\varphi + \psi) & -\alpha c(\varphi + \psi) \\ \alpha c(\bar{\varphi} + \bar{\psi}) & \mathrm{i}c & \mathrm{i}c \\ \alpha c(\bar{\varphi} + \bar{\psi}) & \mathrm{i}c & \mathrm{i}c \end{pmatrix}\boldsymbol{g}. \tag{4.3.123}$$

方程(4.3.122)的 Lax 表示由下式给出:

$$\bar{\boldsymbol{F}} = \boldsymbol{g}_x\boldsymbol{g}^{-1} + \boldsymbol{gGg}^{-1} = \boldsymbol{U} - \mathrm{i}\lambda\boldsymbol{\Sigma} = -\mathrm{i}\begin{pmatrix} 0 & \varphi & \psi \\ \bar{\varphi} & \lambda & 0 \\ \bar{\psi} & 0 & \lambda \end{pmatrix},$$

$$\begin{aligned} \bar{\boldsymbol{G}} &= \boldsymbol{g}_t\boldsymbol{g}^{-1} + \lambda\boldsymbol{g}_y\boldsymbol{g}^{-1} + \boldsymbol{gGg}^{-1} \\ &= \boldsymbol{g}_t\boldsymbol{g}^{-1} + \lambda\boldsymbol{V} - \lambda[\boldsymbol{\Sigma}, [\boldsymbol{\Sigma}, \boldsymbol{V}]] - \lambda(\boldsymbol{A\Sigma} + \boldsymbol{\Sigma A} - \boldsymbol{A} + \boldsymbol{\Sigma A\Sigma}) - \lambda\boldsymbol{\Sigma B\Sigma} \\ &= \begin{pmatrix} \mathrm{i}\partial_x^{-1}\partial_y(\varphi\bar{\varphi} + \psi\bar{\psi}) & \varphi_y - \mathrm{i}c(\varphi + \psi) & \psi_y - \mathrm{i}c(\varphi + \psi) \\ -\bar{\varphi}_y - \mathrm{i}c(\bar{\varphi} + \bar{\psi}) & -\mathrm{i}\partial_x^{-1}[\partial_y(\varphi\bar{\varphi} + \mathrm{i}c(\varphi\bar{\psi} - \bar{\varphi}\psi))] - \mathrm{i}\lambda c & \bar{G}_{23} \\ -\bar{\psi}_y - \mathrm{i}c(\bar{\varphi} + \bar{\psi}) & -\mathrm{i}\partial_x^{-1}[\partial_y(\bar{\varphi}\varphi + \mathrm{i}c(\varphi\bar{\varphi} - \bar{\psi}\psi))] - \mathrm{i}\lambda c & \bar{G}_{33} \end{pmatrix}, \end{aligned} \tag{4.3.124}$$

其中

$$\begin{aligned}\bar{G}_{23} &= -\mathrm{i}\partial_x^{-1}[\partial_y(\bar{\varphi}\psi) + \mathrm{i}c(\bar{\psi}\psi - \varphi\bar{\varphi})] - \mathrm{i}\lambda c,\\ \bar{G}_{33} &= -\mathrm{i}\partial_x^{-1}[\partial_y(\bar{\psi}\psi) + \mathrm{i}c(\bar{\varphi}\psi - \varphi\bar{\psi})] - \mathrm{i}\lambda c.\end{aligned} \tag{4.3.125}$$

这里，$u = g^{-1}Ag$，$w = g^{-1}Bg$ 并且 A 和 B 由约束条件(4.3.120)给出.

通过验证可得式(4.3.122)的 Bäcklund 变换仍然是式(4.3.107)，可得式(4.3.122)的一个特解为

$$\begin{aligned}\bar{\varphi} &= \frac{c_1(\alpha_3' - \alpha_3)}{t}\\ &\cdot \frac{\exp\left\{\dfrac{y+\alpha}{t}[\mathrm{i}x + \mathrm{i}c(1+y)t - t]\right\}}{1 + c_1^2\exp\left[\dfrac{\mathrm{i}(\alpha - \bar{\alpha})x}{t} - 2(y+\alpha)\right] + c^2y^2 + \mathrm{i}c(c_2 - \bar{c}_2)y + c_2\bar{c}_2},\\ \bar{\psi} &= \frac{c_1(\alpha_3' - \alpha_3)}{t}\\ &\cdot \frac{\exp\left\{\dfrac{y+\alpha}{t}[\mathrm{i}x + \mathrm{i}c(1+y)t - t]\right\}(\bar{c}_2 + \mathrm{i}cy)}{1 + c_1^2\exp\left[\dfrac{\mathrm{i}(\alpha - \bar{\alpha})x}{t} - 2(y+\alpha)\right] + c^2y^2 + \mathrm{i}c(c_2 - \bar{c}_2)y + c_2\bar{c}_2},\end{aligned} \tag{4.3.126}$$

其中，c 是实常数，α_3，c_1 是复玻色变量，参数 c_2 是复费米变量.

下面考虑约束(Ⅱ)下，$S^2 = 3S - 2I$，可得(2+1)维可积方程为

$$\begin{aligned}\mathrm{i}S_t &= [S_x, S_y] + [S, S_{xy}] + (SuS - 2u)_x + (SwS - Sw - wS + w)_x,\\ (uS + Su - 3u)_x &= -[S_x, S_y] + \frac{1}{2}(S-1)[S_x, S_y](S-1),\\ (SwS - Sw - wS + w)_x &= \frac{1}{\alpha}[S, w],\end{aligned} \tag{4.3.127}$$

式(4.3.127)的 Lax 对为

$$\begin{aligned}F &= -\mathrm{i}\lambda S,\\ G &= -\lambda[S, S_y] - \lambda[SuS - 2u - (S-1)w(S-1)],\end{aligned} \tag{4.3.128}$$

其中，参数 λ 满足条件式(4.3.117).

方程(4.3.127)的规范等价方程为

$$\begin{aligned}&\mathrm{i}\psi_{1t} + \psi_{1xy} + \mathrm{i}\kappa\psi_{1x} + [\partial_x^{-1}\partial_y(\psi_1\bar{\psi}_2)]\psi_2 + \psi_1[\partial_x^{-1}\partial_y(\bar{\psi}_2\psi_2)] = 0,\\ &\mathrm{i}\psi_{2t} + \psi_{2xy} + \mathrm{i}\kappa\psi_{2x} + [\partial_x^{-1}\partial_y(\psi_2\bar{\psi}_1)]\psi_1 + \psi_2[\partial_x^{-1}\partial_y(\bar{\psi}_1\psi_1)] = 0,\end{aligned} \tag{4.3.129}$$

其中，κ 是实常数且依赖于辅助矩阵变量 w，有如下关系：

$$w = g^{-1}Bg, \tag{4.3.130}$$

这里，$b_{ij}(i, j = 1, \cdots, 3)$是矩阵 B 的元素. 由约束条件式(4.3.127)，经过计算可得 $b_{33} = \mathrm{i}\kappa$.

式(4.3.129)的 Lax 表示为

$$\breve{\boldsymbol{F}} = \boldsymbol{g}_x\boldsymbol{g}^{-1} + \boldsymbol{g}\boldsymbol{G}\boldsymbol{g}^{-1} = \boldsymbol{U} - \mathrm{i}\lambda\boldsymbol{\Sigma} = -\mathrm{i}\begin{pmatrix} \lambda & 0 & \psi_1 \\ 0 & \lambda & \psi_2 \\ \bar{\psi}_1 & \bar{\psi}_2 & 2\lambda \end{pmatrix},$$

$$\begin{aligned}\breve{\boldsymbol{G}} &= \boldsymbol{g}_t\boldsymbol{g}^{-1} + \lambda\boldsymbol{g}_y\boldsymbol{g}^{-1} + \boldsymbol{g}\boldsymbol{G}\boldsymbol{g}^{-1} \\ &= \boldsymbol{g}_t\boldsymbol{g}^{-1} + \lambda\boldsymbol{V} - \lambda([\boldsymbol{\Sigma},[\boldsymbol{\Sigma},\boldsymbol{V}]] + \boldsymbol{\Sigma}\boldsymbol{A}\boldsymbol{\Sigma} - 2\boldsymbol{A} - \boldsymbol{\Sigma}\boldsymbol{B}\boldsymbol{\Sigma} - \boldsymbol{\Sigma}\boldsymbol{B} - \boldsymbol{B}\boldsymbol{\Sigma} + \boldsymbol{B}) \\ &= \begin{pmatrix} \mathrm{i}\partial_x^{-1}\partial_y(\psi_1\bar{\psi}_1) & \mathrm{i}\partial_x^{-1}\partial_y(\psi_1\bar{\psi}_2) & \psi_{1y} + \mathrm{i}\kappa\psi_1 \\ \mathrm{i}\partial_x^{-1}\partial_y(\psi_2\bar{\psi}_1) & \mathrm{i}\partial_x^{-1}\partial_y(\psi_2\bar{\psi}_2) & \psi_{2y} + \mathrm{i}\kappa\psi_2 \\ -\bar{\psi}_{1y} + \mathrm{i}\kappa\bar{\psi}_1 & -\bar{\psi}_{2y} + \mathrm{i}\kappa\bar{\psi}_2 & \mathrm{i}\partial_x^{-1}\partial_y(\psi_1\bar{\psi}_1 + \psi_2\bar{\psi}_2) + \mathrm{i}\kappa \end{pmatrix}.\end{aligned} \tag{4.3.131}$$

令 $c=\kappa=0$,式(4.3.122)和式(4.3.129)退化为超的 NLSE 以及费米变量的非线性 Schrödinger 方程.

同样可得式(4.3.129)的 Bäcklund 变换为式(4.3.112).利用 Bäcklund 变换可得式(4.3.129)的一组特解为

$$\begin{aligned}\psi_1' &= \frac{(\bar{\alpha}_4 - \alpha_4)\mu\nu\exp\left[\frac{\mathrm{i}(y+\bar{\alpha}_4)x}{t}\right]}{t(1+|\mu|^2)}, \\ \psi_2' &= \frac{(\bar{\alpha}_4 - \alpha_4)\nu\exp\left[\frac{\mathrm{i}(y+\bar{\alpha}_4)x}{t}\right]}{t(1+|\mu|^2)},\end{aligned} \tag{4.3.132}$$

其中,α_4,μ 为玻色参量,ν 是费米参量.

4.3.5　(2+1)维三阶超对称 Heisenberg 铁磁链模型

对于高维高阶超对称可积方程的研究较为困难,原因在于随着阶数的增加,辅助变量矩阵的数目也会增加,使得计算更为复杂.本节将利用引入辅助变量矩阵的方法对高维高阶超对称可积方程及其可积性进行研究[51].

在约束 $\boldsymbol{S}^2=\boldsymbol{S}$ 下,考虑(2+1)维三阶超对称 Heisenberg 铁磁链模型:

$$\mathrm{i}\boldsymbol{S}_t = -[\boldsymbol{S},\boldsymbol{S}_{xy}] + \boldsymbol{E}, \tag{4.3.133}$$

其中,E 为待定函数.由零曲率方程可得

$$\frac{1}{\lambda(1+\lambda)}\boldsymbol{F}_t + [\boldsymbol{F},\boldsymbol{G}] - \boldsymbol{G}_x - \boldsymbol{F}_y = 0. \tag{4.3.134}$$

令

$$\boldsymbol{F} = -\mathrm{i}\lambda\boldsymbol{S}, \tag{4.3.135}$$

超旋变量 $\boldsymbol{S}$ 在约束 $\boldsymbol{S}^2=\boldsymbol{S}$ 满足关系

$$[\boldsymbol{S},\boldsymbol{S}\boldsymbol{u}+\boldsymbol{u}\boldsymbol{S}-\boldsymbol{u}]=[\boldsymbol{S},\boldsymbol{S}\boldsymbol{u}\boldsymbol{S}]=0, \tag{4.3.136}$$

其中，$\boldsymbol{u}$ 是依赖于 $\boldsymbol{S},x,y$ 的辅助变量矩阵.

因此可得

$$\boldsymbol{G}=\frac{1}{1+\lambda}\{[\boldsymbol{S},\boldsymbol{S}_y]+\boldsymbol{S}\boldsymbol{u}+\boldsymbol{u}\boldsymbol{S}-\boldsymbol{u}+\boldsymbol{S}\boldsymbol{u}\boldsymbol{S}+\boldsymbol{S}\boldsymbol{v}+\boldsymbol{v}\boldsymbol{S}-\boldsymbol{v}\}+\mathrm{i}\frac{1}{1+\lambda}\boldsymbol{S}_{xy}$$
$$+\frac{\lambda}{1+\lambda}[\boldsymbol{S},\boldsymbol{S}_y]+\frac{\lambda}{1+\lambda}(\boldsymbol{S}\boldsymbol{u}+\boldsymbol{u}\boldsymbol{S}-\boldsymbol{u}), \tag{4.3.137}$$

进一步可得

$$\boldsymbol{E}=-\mathrm{i}\boldsymbol{S}_{xxy}-[\boldsymbol{S}_x,\boldsymbol{S}_y]-(\boldsymbol{S}\boldsymbol{u}+\boldsymbol{u}\boldsymbol{S}-\boldsymbol{u})_x-(\boldsymbol{S}\boldsymbol{u}\boldsymbol{S})_x-(\boldsymbol{S}\boldsymbol{v}+\boldsymbol{v}\boldsymbol{S}-\boldsymbol{v})_x, \tag{4.3.138}$$

其中，$\boldsymbol{v}$ 是关于 S,x,t 的另外一个辅助变量矩阵.谱参数满足条件：

$$\lambda_t=\lambda(1+\lambda)\lambda_y. \tag{4.3.139}$$

利用变换方程：

$$\begin{aligned}(\boldsymbol{S}\boldsymbol{u}+\boldsymbol{u}\boldsymbol{S}-\boldsymbol{u})_x&=-[\boldsymbol{S}_x,\boldsymbol{S}_y],\\ (\boldsymbol{S}\boldsymbol{v}+\boldsymbol{v}\boldsymbol{S}-\boldsymbol{v})_x&=-\mathrm{i}\boldsymbol{S}_{xxy}+\boldsymbol{S}[\boldsymbol{S}_x,\boldsymbol{S}_y]\boldsymbol{S}.\end{aligned} \tag{4.3.140}$$

在约束(Ⅰ)$\boldsymbol{S}^2=\boldsymbol{S}$ 下，(2+1)维三阶 HS 超对称 Heisenberg 铁磁链模型为

$$\begin{aligned}\mathrm{i}\boldsymbol{S}_t&=-\mathrm{i}\boldsymbol{S}_{xxy}-[\boldsymbol{S}_x,\boldsymbol{S}_y]-[\boldsymbol{S},\boldsymbol{S}_{xy}]-(\boldsymbol{S}\boldsymbol{u}+\boldsymbol{u}\boldsymbol{S}-\boldsymbol{u})_x\\ &\quad-(\boldsymbol{S}\boldsymbol{u}\boldsymbol{S})_x-(\boldsymbol{S}\boldsymbol{v}+\boldsymbol{v}\boldsymbol{S}-\boldsymbol{v})_x,\\ (\boldsymbol{S}\boldsymbol{u}+\boldsymbol{u}\boldsymbol{S}-\boldsymbol{u})_x&=-[\boldsymbol{S}_x,\boldsymbol{S}_y],\\ (\boldsymbol{S}\boldsymbol{v}+\boldsymbol{v}\boldsymbol{S}-\boldsymbol{v})_x&=-\mathrm{i}\boldsymbol{S}_{xxy}+\boldsymbol{S}[\boldsymbol{S}_x,\boldsymbol{S}_y]\boldsymbol{S}.\end{aligned} \tag{4.3.141}$$

方程(4.3.141)是三阶 Heisenberg 铁磁链模型[32]的超对称推广形式.

利用上节中类似的方法，可得与方程(4.3.141)规范等价的(2+1)维三阶超对称非线性 Schrödinger 方程：

$$\begin{aligned}&\mathrm{i}\varphi_t+\mathrm{i}\varphi_{xxy}-\mathrm{i}[\psi_x\partial_x^{-1}(\bar\psi\varphi)_y+\psi(\bar\psi\varphi)_y-(\psi\bar\psi)_y\varphi-\varphi_x\partial_x^{-1}(\psi\bar\psi)_y]\\ &-\mathrm{i}\varphi\partial_x^{-1}[\bar\varphi\psi\partial_x^{-1}(\bar\psi\varphi)_y+\bar\psi\varphi\partial_x^{-1}(\bar\varphi\psi)_y-2\bar\varphi\varphi_{xy}+2\bar\varphi_{xy}\varphi+\psi\bar\psi_{xy}-\psi_{xy}\bar\psi]\\ &+\mathrm{i}\psi\partial_x^{-1}[\bar\psi\varphi\partial_x^{-1}(\bar\psi\psi-\bar\varphi\varphi)_y+\bar\psi\varphi_{xy}-\bar\psi_{xy}\varphi+(\bar\varphi\varphi-\bar\psi\psi)\partial_x^{-1}(\bar\psi\varphi)_y]\\ &-[2\varphi\partial_x^{-1}(\bar\varphi\varphi)_y+\psi\partial_x^{-1}(\bar\psi\varphi)_y+\varphi\partial_x^{-1}(\psi\bar\psi)_y+\varphi_{xy}]=0,\end{aligned} \tag{4.3.142}$$

$$\begin{aligned}&\mathrm{i}\psi_t+\mathrm{i}\psi_{xxy}-\mathrm{i}[\varphi_x\partial_x^{-1}(\bar\varphi\psi)_y+\varphi(\bar\varphi\psi)_y+\psi_x\partial_x^{-1}(\bar\psi\psi)_y+\psi_x\partial_x^{-1}(\bar\psi\psi-\bar\varphi\varphi)_y\\ &+\psi(\bar\psi\psi-\bar\varphi\varphi)_y+\psi(\bar\psi\psi)_y]-\mathrm{i}\psi\partial_x^{-1}[\bar\psi\varphi\partial_x^{-1}(\bar\varphi\psi)_y+\bar\varphi\psi\partial_x^{-1}(\bar\psi\varphi)_y+\varphi\bar\varphi_{xy}\\ &-\varphi_{xy}\bar\varphi]+\mathrm{i}\varphi\partial_x^{-1}[\bar\varphi\psi_{xy}-\bar\varphi_{xy}\psi+(\bar\psi\psi-\bar\varphi\varphi)\partial_x^{-1}(\bar\varphi\psi)_y+\bar\varphi\psi\partial_x^{-1}(\bar\varphi\varphi-\bar\psi\psi)_y]\\ &-[\varphi\partial_x^{-1}(\bar\varphi\psi)_y+\psi\partial_x^{-1}(\varphi\bar\varphi)_y+\psi_{xy}]=0.\end{aligned} \tag{4.3.143}$$

同样可得 Bäcklund 变换为

$$
\begin{aligned}
\varphi - \varphi' &= \frac{(\lambda - \bar{\lambda})Z}{1 + |Z|^2 - \eta\bar{\eta}}, \\
\psi - \psi' &= \frac{(\lambda - \bar{\lambda})Z\eta}{1 + |Z|^2 - \eta\bar{\eta}},
\end{aligned} \tag{4.3.144}
$$

其中，Z 和 η 分别为玻色和费米函数.

下面考虑约束(Ⅱ) $\boldsymbol{S}^2 = 3\boldsymbol{S} - 2\boldsymbol{I}$. 同样可以推导出(2+1)维三阶超对称 Heisenberg 铁磁链方程为

$$
\begin{aligned}
\mathrm{i}\boldsymbol{S}_t &= -\mathrm{i}\boldsymbol{S}_{xxy} - [\boldsymbol{S}, \boldsymbol{S}_{xy}] - [\boldsymbol{S}_x, \boldsymbol{S}_y] - (\boldsymbol{SuS} - \boldsymbol{uS} - \boldsymbol{uS} + \boldsymbol{u})_x \\
&\quad - (\boldsymbol{Sv} + \boldsymbol{vS} - 3\boldsymbol{v})_x - (\boldsymbol{Su} + \boldsymbol{uS} - 3\boldsymbol{u})_x, \\
(\boldsymbol{Su} + \boldsymbol{uS} - 3\boldsymbol{u})_x &= -[\boldsymbol{S}_x, \boldsymbol{S}_y], \\
(\boldsymbol{Sv} + \boldsymbol{vS} - 3\boldsymbol{v})_x &= -\mathrm{i}\boldsymbol{S}_{xxy} + (\boldsymbol{S} - \boldsymbol{I})[\boldsymbol{S}_x, \boldsymbol{S}_y](\boldsymbol{S} - \boldsymbol{I}).
\end{aligned} \tag{4.3.145}
$$

相应的 Lax 表示为

$$
\begin{aligned}
\boldsymbol{F} &= -\mathrm{i}\lambda\boldsymbol{S}, \\
\boldsymbol{G} &= \frac{1}{1+\lambda}\{[\boldsymbol{S}, \boldsymbol{S}_y] + \boldsymbol{SuS} - 2\boldsymbol{u} + \boldsymbol{Sv} + \boldsymbol{vS} - 3\boldsymbol{v} + \mathrm{i}\boldsymbol{S}_{xy} + \lambda[\boldsymbol{S}, \boldsymbol{S}_y] \\
&\quad + \lambda(\boldsymbol{Su} + \boldsymbol{uS} - 3\boldsymbol{u})\}.
\end{aligned} \tag{4.3.146}
$$

利用规范变换，可得方程(4.3.145)规范的等价于(2+1)维费米的三阶非线性 Schrödinger 方程：

$$
\begin{aligned}
&\mathrm{i}\psi_{1t} + \mathrm{i}\psi_{1xxy} + \mathrm{i}[\psi_{1x}\partial_x^{-1}(\bar{\psi}_2\psi_2)_y + \psi_1(\bar{\psi}_2\psi_2)_y + (\psi_1\bar{\psi}_2)_y\psi_2 + \psi_{2x}\partial_x^{-1}(\psi_1\bar{\psi}_2)_y] \\
&\mathrm{i}\psi_1\partial_x^{-1}[\bar{\psi}_2\psi_{2xy} - \bar{\psi}_{2xy}\psi_2 - \psi_1\bar{\psi}_2\partial_x^{-1}(\psi_2\bar{\psi}_1)_y + \psi_2\bar{\psi}_1\partial_x^{-1}(\psi_1\bar{\psi}_2)_y] \\
&- \mathrm{i}\psi_2\partial_x^{-1}[(\psi_1\bar{\psi}_1 - \psi_2\bar{\psi}_2)\partial_x^{-1}(\psi_1\bar{\psi}_2)_y + \psi_1\bar{\psi}_2\partial_x^{-1}(\bar{\psi}_1\psi_1 - \bar{\psi}_2\psi_2)_y \\
&+ \psi_1\bar{\psi}_{2xy} - \psi_{1xy}\bar{\psi}_2] - [\psi_1\partial_x^{-1}(\bar{\psi}_2\psi_2)_y + \psi_2\partial_x^{-1}(\psi_1\bar{\psi}_2)_y + \psi_{1xy}] = 0,
\end{aligned} \tag{4.3.147}
$$

$$
\begin{aligned}
&\mathrm{i}\psi_{2t} + \mathrm{i}\psi_{2xxy} + \mathrm{i}[\psi_{2x}\partial_x^{-1}(\bar{\psi}_1\psi_1)_y + \psi_2(\bar{\psi}_1\psi_1)_y + (\psi_2\bar{\psi}_1)_y\psi_1 + \psi_{1x}\partial_x^{-1}(\psi_2\bar{\psi}_1)_y] \\
&+ \mathrm{i}\psi_2\partial_x^{-1}[\bar{\psi}_1\psi_{1xy} - \bar{\psi}_{1xy}\psi_1 - \psi_2\bar{\psi}_1\partial_x^{-1}(\psi_1\bar{\psi}_2)_y + \psi_1\bar{\psi}_2\partial_x^{-1}(\psi_2\bar{\psi}_1)_y] \\
&- \mathrm{i}\psi_1\partial_x^{-1}[(\psi_2\bar{\psi}_2 - \psi_1\bar{\psi}_1)\partial_x^{-1}(\psi_2\bar{\psi}_1)_y + \psi_2\bar{\psi}_1\partial_x^{-1}(\bar{\psi}_2\psi_2 - \bar{\psi}_1\psi_1)_y \\
&+ \psi_2\bar{\psi}_{1xy} - \psi_{2xy}\bar{\psi}_1] - [\psi_2\partial_x^{-1}(\bar{\psi}_1\psi_1)_y + \psi_1\partial_x^{-1}(\psi_2\bar{\psi}_1)_y + \psi_{2xy}] = 0,
\end{aligned} \tag{4.3.148}
$$

其中，ψ_1, ψ_2 是费米变量.

同样可得式(4.3.147)的 Bäcklund 变换为

$$
\begin{aligned}
\psi_1 - \psi_1' &= \frac{(\lambda - \bar{\lambda})Z\bar{\eta}}{1 + |z|^2}, \\
\psi_2 - \psi_2' &= \frac{(\lambda - \bar{\lambda})\bar{\eta}}{1 + |z|^2}.
\end{aligned} \tag{4.3.149}
$$

4.3.6 (2+1)维四阶超对称 Heisenberg 铁磁链模型

利用类似方法推导，引入(2+1)维四阶超对称 Heisenberg 铁磁链模型：

$$\begin{aligned}\mathrm{i}\boldsymbol{S}_t =& [\boldsymbol{S},\boldsymbol{S}_{xy}]+[\boldsymbol{S},\boldsymbol{S}_{xxxy}]+[\boldsymbol{S}_x,\boldsymbol{S}_y]-[\boldsymbol{S}_{xx},\boldsymbol{S}_{xy}]+(\boldsymbol{SuS})_x\\&+(\boldsymbol{Su}+\boldsymbol{uS}-\boldsymbol{u})_x+(\boldsymbol{Sp}+\boldsymbol{pS}-\boldsymbol{p})_x+(\boldsymbol{Sv}+\boldsymbol{vS}-\boldsymbol{v})_x.\end{aligned} \tag{4.3.150}$$

方程(4.3.150)的 Lax 表示为

$$\begin{aligned}\boldsymbol{F} =& -\mathrm{i}\lambda\boldsymbol{S},\\ \boldsymbol{G} =& \frac{1}{1-\lambda^2}([\boldsymbol{S},\boldsymbol{S}_y]+[\boldsymbol{S},\boldsymbol{S}_{xxy}]-[\boldsymbol{S}_x,\boldsymbol{S}_{xy}])-\frac{\lambda^2}{1-\lambda^2}\{[\boldsymbol{S},\boldsymbol{S}_y]\\&+(\boldsymbol{Su}+\boldsymbol{uS}-\boldsymbol{u})\}+\mathrm{i}\frac{\lambda}{1-\lambda^2}\boldsymbol{S}_{xy}+\frac{1}{1-\lambda^2}[\lambda(\boldsymbol{Sv}+\boldsymbol{vS}-\boldsymbol{v})\\&+(\boldsymbol{SuS}+\boldsymbol{Su}+\boldsymbol{uS}-\boldsymbol{u}+\boldsymbol{Sp}+\boldsymbol{pS}-\boldsymbol{p}+\boldsymbol{Sv}+\boldsymbol{vS}-\boldsymbol{v})],\end{aligned} \tag{4.3.151}$$

其中，$\boldsymbol{u}$，$\boldsymbol{v}$ 和 $\boldsymbol{w}$ 是依赖于变量 $\boldsymbol{S}$，x 和 y 的辅助变量矩阵. 谱参数 λ 满足 $\lambda_t=\lambda(1-\lambda^2)\lambda_y$.

在约束(Ⅰ) $\boldsymbol{S}^2=\boldsymbol{S}$ 下，(2+1)维四阶超对称 Heisenberg 铁磁链模型为

$$\begin{aligned}&\mathrm{i}\boldsymbol{S}_t = [\boldsymbol{S},\boldsymbol{S}_{xxxy}]+[\boldsymbol{S},\boldsymbol{S}_{xy}]+[\boldsymbol{S}_x,\boldsymbol{S}_y]-[\boldsymbol{S}_{xx},\boldsymbol{S}_{xy}]+(\boldsymbol{SuS})_x+(\boldsymbol{Su}+\boldsymbol{uS}-\boldsymbol{u})_x\\&\qquad+(\boldsymbol{Sp}+\boldsymbol{pS}-\boldsymbol{p})_x+(\boldsymbol{Sv}+\boldsymbol{vS}-\boldsymbol{v})_x,\\&(\boldsymbol{Su}+\boldsymbol{uS}-\boldsymbol{u})_x = -[\boldsymbol{S}_x,\boldsymbol{S}_y],\\&(\boldsymbol{Sv}+\boldsymbol{vS}-\boldsymbol{v})_x = \mathrm{i}[\boldsymbol{S},[\boldsymbol{S},\boldsymbol{S}_{xxy}]]-\mathrm{i}\boldsymbol{S}_{xxy}-\mathrm{i}[\boldsymbol{S},[\boldsymbol{S}_x,\boldsymbol{S}_{xy}]],\\&(\boldsymbol{Sp}+\boldsymbol{pS}-\boldsymbol{p})_x = \mathrm{i}\boldsymbol{S}_{xxy}-\mathrm{i}[\boldsymbol{S},[\boldsymbol{S},\boldsymbol{S}_{xxy}]]+[\boldsymbol{S}_{xx},\boldsymbol{S}_{xy}]\\&\qquad+\boldsymbol{S}[\boldsymbol{S}_x,\boldsymbol{S}_y]\boldsymbol{S}+\mathrm{i}[\boldsymbol{S},[\boldsymbol{S}_x,\boldsymbol{S}_{xy}]].\end{aligned} \tag{4.3.152}$$

方程(4.3.152)的规范等价方程为

$$\begin{aligned}&\mathrm{i}\varphi_t+\varphi_{xxxy}+\varphi_{xy}-\varphi\partial_x^{-1}\{\bar\varphi\psi\bar\psi_y\varphi-\bar\varphi\bar\psi\psi_y\varphi-\psi\bar\psi\bar\varphi_y\varphi-\bar\varphi\psi\bar\psi\varphi_y\\&+\bar\psi\varphi\partial_x^{-1}(\bar\varphi_x\psi_y-\bar\varphi_y\psi_x+2\bar\varphi\varphi\bar\varphi\partial_x^{-1}\psi_y-2\bar\varphi\bar\varphi\psi\partial_x^{-1}\varphi_y-4\bar\varphi\psi\bar\psi\partial_x^{-1}\psi_y)\\&-\bar\varphi\psi\partial_x^{-1}(\bar\psi_y\varphi_x-\bar\psi_x\varphi_y-2\bar\psi\varphi\varphi\partial_x^{-1}\bar\varphi_y+2\varphi\bar\varphi\varphi\partial_x^{-1}\bar\psi_y+4\bar\psi\psi\varphi\partial_x^{-1}\bar\psi_y)\\&+2\bar\varphi(4\varphi\varphi\partial_x^{-1}\bar\varphi_y+4\psi\varphi\partial_x^{-1}\bar\psi_y+4\bar\varphi\varphi\partial_x^{-1}\varphi_y+2\psi\bar\psi\partial_x^{-1}\varphi_y-2\bar\psi\varphi\partial_x^{-1}\psi_y)_x\\&+(4\varphi\psi\partial_x^{-1}\bar\varphi_y+2\bar\varphi\psi\partial_x^{-1}\varphi_y+2\varphi\bar\varphi\partial_x^{-1}\psi_y)_x\bar\psi+\psi(4\bar\psi\bar\varphi\partial_x^{-1}\varphi_y+2\varphi\bar\varphi\partial_x^{-1}\bar\psi_y\\&+2\bar\psi\varphi\partial_x^{-1}\bar\varphi_y)_x+2\varphi(4\bar\varphi\bar\varphi\partial_x^{-1}\varphi_y-4\bar\varphi\bar\psi\partial_x^{-1}\psi_y+4\varphi\bar\varphi\partial_x^{-1}\bar\varphi_y+2\psi\bar\psi\partial_x^{-1}\bar\varphi_y\\&+2\bar\varphi\psi\partial_x^{-1}\bar\psi_y)_x-[\psi_{xxy}\bar\psi+\psi\bar\psi_{xxy}+(\psi\bar\psi)_y+2\varphi_{xxy}\bar\varphi+2\varphi\bar\varphi_{xxy}+2(\varphi\bar\varphi)_y]\}\\&-\psi\partial_x^{-1}\{\bar\psi\varphi\bar\varphi_y\varphi-\bar\psi_y\varphi\bar\varphi\varphi+2\bar\psi\psi\bar\psi_y\varphi+\bar\psi\varphi\partial_x^{-1}(\bar\varphi_x\varphi_y-\bar\varphi_y\varphi_x-\psi_x\bar\psi_y+\psi_y\bar\psi_x)\\&+\bar\varphi\varphi\partial_x^{-1}(\bar\psi_y\varphi_x-\bar\psi_x\varphi_y-4\bar\psi\psi\varphi\partial_x^{-1}\bar\psi_y-2\bar\psi\varphi\varphi\partial_x^{-1}\bar\varphi_y+2\varphi\bar\varphi\varphi\partial_x^{-1}\bar\psi_y)-\bar\psi\psi\partial_x^{-1}(\bar\psi_y\varphi_x\end{aligned}$$

$$
\begin{aligned}
&-\bar{\psi}_x\varphi_y-2\bar{\psi}\varphi\varphi\partial_x^{-1}\bar{\varphi}_y+2\varphi\bar{\varphi}\varphi\partial_x^{-1}\bar{\psi}_y)+(4\bar{\psi}\bar{\varphi}\partial_x^{-1}\varphi_y+2\varphi\bar{\varphi}\partial_x^{-1}\bar{\psi}_y+2\bar{\psi}\varphi\partial_x^{-1}\bar{\varphi}_y)_x\varphi\\
&+\bar{\psi}(4\varphi\varphi\partial_x^{-1}\bar{\varphi}_y+4\psi\varphi\partial_x^{-1}\bar{\psi}_y+4\bar{\varphi}\varphi\partial_x^{-1}\varphi_y+2\psi\bar{\psi}\partial_x^{-1}\varphi_y-2\bar{\psi}\varphi\partial_x^{-1}\psi_y)_x\\
&-[\bar{\psi}_{xxy}\varphi+\bar{\psi}\varphi_{xxy}+(\bar{\psi}\varphi)_y]\}+\varphi_x\partial_x^{-1}[2\bar{\varphi}_y\varphi_x-2\bar{\varphi}_x\varphi_y+\psi_x\bar{\psi}_y-\psi_y\bar{\psi}_x\\
&+2(\psi\bar{\psi}\varphi\partial_x^{-1}\bar{\varphi}_y-\bar{\varphi}\bar{\psi}\varphi\partial_x^{-1}\psi_y-\bar{\varphi}\psi\varphi\partial_x^{-1}\bar{\psi}_y-\bar{\varphi}\psi\bar{\psi}\partial_x^{-1}\varphi_y)]+\psi_x\partial_x^{-1}(\bar{\psi}_y\varphi_x-\bar{\psi}_x\varphi_y\\
&-2\bar{\psi}\varphi\varphi\partial_x^{-1}\bar{\varphi}_y+2\varphi\bar{\varphi}\varphi\partial_x^{-1}\bar{\psi}_y)+[2\varphi\bar{\varphi}_y\varphi_x-2\varphi\bar{\varphi}_x\varphi_y+\varphi\psi_x\bar{\psi}_y-\varphi\psi_y\bar{\psi}_x\\
&-2(\varphi\bar{\varphi}\psi\bar{\psi}\partial_x^{-1}\varphi_y+\varphi\bar{\varphi}\bar{\psi}\varphi\partial_x^{-1}\psi_y)-\psi\bar{\psi}_x\varphi_y+\psi\bar{\psi}_y\varphi_x]+(2\varphi\bar{\varphi}\varphi_y-2\varphi\bar{\varphi}_y\varphi\\
&-2\psi\bar{\psi}_y\varphi+\psi\bar{\psi}\varphi_y+\psi_y\bar{\psi}\varphi)_x-(4\varphi\varphi\partial_x^{-1}\bar{\varphi}_y+4\psi\varphi\partial_x^{-1}\bar{\psi}_y+4\bar{\varphi}\varphi\partial_x^{-1}\varphi_y\\
&+2\psi\bar{\psi}\partial_x^{-1}\varphi_y-2\bar{\psi}\varphi\partial_x^{-1}\psi_y)_{xx}=0,
\end{aligned}
\tag{4.3.153}
$$

$$
\begin{aligned}
&\mathrm{i}\psi_t+\psi_{xxxy}+\psi_{xy}-\varphi\partial_x^{-1}\{\bar{\varphi}\bar{\varphi}\varphi_y\psi-2\bar{\varphi}\bar{\psi}\psi_y\psi-\bar{\varphi}\varphi\bar{\varphi}\psi_y+\bar{\varphi}\psi\partial_x^{-1}(\bar{\varphi}_y\varphi_x-\bar{\varphi}_x\varphi_y\\
&+\psi_x\bar{\psi}_y-\psi_y\bar{\psi}_x)-\bar{\psi}\psi\partial_x^{-1}(\bar{\varphi}_x\psi_y-\bar{\varphi}_y\psi_x+2\bar{\varphi}\varphi\bar{\varphi}\partial_x^{-1}\psi_y-2\bar{\varphi}\bar{\varphi}\psi\partial_x^{-1}\varphi_y)\\
&-\bar{\varphi}\varphi\partial_x^{-1}(\bar{\varphi}_y\psi_x-\bar{\varphi}_x\psi_y-2\bar{\varphi}\varphi\bar{\varphi}\partial_x^{-1}\psi_y-4\bar{\varphi}\psi\bar{\psi}\partial_x^{-1}\psi_y+2\bar{\varphi}\bar{\varphi}\psi\partial_x^{-1}\varphi_y)\\
&+(4\bar{\varphi}\bar{\varphi}\partial_x^{-1}\varphi_y-4\bar{\varphi}\bar{\psi}\partial_x^{-1}\psi_y+4\varphi\bar{\varphi}\partial_x^{-1}\bar{\varphi}_y+2\psi\bar{\psi}\partial_x^{-1}\bar{\varphi}_y+2\bar{\varphi}\psi\partial_x^{-1}\bar{\psi}_y)_x\psi\\
&+\bar{\varphi}(4\varphi\psi\partial_x^{-1}\bar{\varphi}_y+2\bar{\varphi}\psi\partial_x^{-1}\varphi_y+2\varphi\bar{\varphi}\partial_x^{-1}\psi_y)_x-[\bar{\varphi}_{xxy}\psi+\bar{\varphi}\psi_{xxy}+(\bar{\varphi}\psi)_y]\}\\
&-\psi\partial_x^{-1}\{2\bar{\psi}\varphi\bar{\varphi}_y\psi-\bar{\psi}\varphi\bar{\varphi}_y\psi-2\bar{\psi}\varphi_y\bar{\varphi}\psi-\bar{\psi}_y\varphi\bar{\varphi}\psi-\bar{\psi}\varphi\bar{\varphi}\psi_y\\
&-\bar{\psi}\varphi_y\bar{\varphi}\psi-\bar{\varphi}\psi\partial_x^{-1}(\bar{\psi}_y\varphi_x-\bar{\psi}_x\varphi_y-2\bar{\psi}\varphi\varphi\partial_x^{-1}\bar{\varphi}_y+2\varphi\bar{\varphi}\varphi\partial_x^{-1}\bar{\psi}_y)\\
&-\bar{\psi}\varphi\partial_x^{-1}(\bar{\varphi}_y\psi_x-\bar{\varphi}_x\psi_y-2\bar{\varphi}\varphi\bar{\varphi}\partial_x^{-1}\psi_y+2\bar{\varphi}\bar{\varphi}\psi\partial_x^{-1}\varphi_y)+(4\varphi\varphi\partial_x^{-1}\bar{\varphi}_y\\
&+4\psi\varphi\partial_x^{-1}\bar{\psi}_y+4\bar{\varphi}\varphi\partial_x^{-1}\varphi_y+2\psi\bar{\psi}\partial_x^{-1}\varphi_y-2\bar{\psi}\varphi\partial_x^{-1}\psi_y)_x\bar{\varphi}+\varphi(4\bar{\varphi}\bar{\varphi}\partial_x^{-1}\varphi_y\\
&-4\bar{\varphi}\bar{\psi}\partial_x^{-1}\psi_y+4\varphi\bar{\varphi}\partial_x^{-1}\bar{\varphi}_y+2\psi\bar{\psi}\partial_x^{-1}\bar{\varphi}_y+2\bar{\varphi}\psi\partial_x^{-1}\bar{\psi}_y)_x-[\varphi_{xxy}\bar{\varphi}+\varphi\bar{\varphi}_{xxy}\\
&+(\varphi\bar{\varphi})_y]\}+\varphi_x\partial_x^{-1}(\bar{\varphi}_y\psi_x-\bar{\varphi}_x\psi_y-2\bar{\varphi}\varphi\bar{\varphi}\partial_x^{-1}\psi_y-4\bar{\varphi}\psi\bar{\psi}\partial_x^{-1}\psi_y+2\bar{\varphi}\bar{\varphi}\psi\partial_x^{-1}\varphi_y)\\
&+\psi_x\partial_x^{-1}[\varphi_x\bar{\varphi}_y-\varphi_y\bar{\varphi}_x-2(\bar{\psi}\varphi\psi\partial_x^{-1}\bar{\varphi}_y+\bar{\psi}\varphi\bar{\varphi}\partial_x^{-1}\psi_y+\varphi\bar{\varphi}\psi\partial_x^{-1}\bar{\psi}_y-\bar{\psi}\bar{\varphi}\psi\partial_x^{-1}\varphi_y)]\\
&+(\varphi\bar{\varphi}_y\psi_x-\varphi\bar{\varphi}_x\psi_y-2\varphi\bar{\varphi}\varphi\bar{\varphi}\partial_x^{-1}\psi_y-6\varphi\bar{\varphi}\psi\bar{\psi}\partial_x^{-1}\psi_y+2\varphi\bar{\varphi}\bar{\varphi}\psi\partial_x^{-1}\varphi_y\\
&+\psi\varphi_x\bar{\varphi}_y-\psi\varphi_y\bar{\varphi}_x)+(\varphi\bar{\varphi}\psi_y-2\varphi\bar{\varphi}_y\psi+\varphi_y\bar{\varphi}\psi)_x\\
&-(4\varphi\psi\partial_x^{-1}\bar{\varphi}_y+2\bar{\varphi}\psi\partial_x^{-1}\varphi_y+2\varphi\bar{\varphi}\partial_x^{-1}\psi_y)_{xx}=0.
\end{aligned}
\tag{4.3.154}
$$

方程(4.3.153)的 Bäcklund 变换为

$$
\begin{aligned}
\varphi-\varphi'&=\frac{(\bar{\lambda}-\lambda)Z}{|Z|^2+1-\eta\bar{\eta}},\\
\psi-\psi'&=\frac{(\bar{\lambda}-\lambda)Z\eta}{|Z|^2+1-\eta\bar{\eta}}.
\end{aligned}
\tag{4.3.155}
$$

下面考虑(Ⅱ)$\boldsymbol{S}^2=3\boldsymbol{S}-2\boldsymbol{I}$,(2+1)维四阶超对称 Heisenberg 铁磁链模型为

$$
\begin{aligned}
&\mathrm{i}\boldsymbol{S}_t = [\boldsymbol{S},\boldsymbol{S}_{xxxy}] + [\boldsymbol{S},\boldsymbol{S}_{xy}] - [\boldsymbol{S}_{xx},\boldsymbol{S}_{xy}] + [\boldsymbol{S}_x,\boldsymbol{S}_y] + (\boldsymbol{SuS} - \boldsymbol{Su} - \boldsymbol{uS} + \boldsymbol{u})_x \\
&\qquad + (\boldsymbol{Su} + \boldsymbol{uS} - 3\boldsymbol{u})_x + (\boldsymbol{Sv} + \boldsymbol{vS} - 3\boldsymbol{v})_x + (\boldsymbol{Sp} + \boldsymbol{pS} - 3\boldsymbol{p})_x, \\
&(\boldsymbol{Su} + \boldsymbol{uS} - 3\boldsymbol{u})_x = -[\boldsymbol{S}_x,\boldsymbol{S}_y], \\
&(\boldsymbol{Sp} + \boldsymbol{pS} - 3\boldsymbol{p})_x = \mathrm{i}\boldsymbol{S}_{xxy} + [\boldsymbol{S}_{xx},\boldsymbol{S}_{xy}] - [\boldsymbol{S},[\boldsymbol{S},\boldsymbol{S}_{xxy}]] + \mathrm{i}[\boldsymbol{S},[\boldsymbol{S}_x,\boldsymbol{S}_{xy}]] \\
&\qquad\qquad + (\boldsymbol{S} - \boldsymbol{I})[\boldsymbol{S}_x,\boldsymbol{S}_y](\boldsymbol{S} - \boldsymbol{I}), \\
&(\boldsymbol{Sv} + \boldsymbol{vS} - 3\boldsymbol{v})_x = \mathrm{i}[\boldsymbol{S},[\boldsymbol{S},\boldsymbol{S}_{xxy}]] - \mathrm{i}\boldsymbol{S}_{xxy} - \mathrm{i}[\boldsymbol{S},[\boldsymbol{S}_x,\boldsymbol{S}_{xy}]],
\end{aligned}
\tag{4.3.156}
$$

其中，$\boldsymbol{u}$，$\boldsymbol{v}$ 和 $\boldsymbol{p}$ 是辅助变量矩阵. 方程(4.3.156)的 Lax 对为

$$
\begin{aligned}
\boldsymbol{F} &= -\mathrm{i}\lambda\boldsymbol{S}, \\
\boldsymbol{G} &= \frac{1}{1-\lambda^2}\{[\boldsymbol{S},\boldsymbol{S}_y] + [\boldsymbol{S},\boldsymbol{S}_{xxy}] - [\boldsymbol{S}_x,\boldsymbol{S}_{xy}]\} - \frac{\lambda^2}{1-\lambda^2}\{[\boldsymbol{S},\boldsymbol{S}_y] \\
&\quad + (\boldsymbol{Su} + \boldsymbol{uS} - 3\boldsymbol{u})\} + \frac{\lambda}{1-\lambda^2}\mathrm{i}\boldsymbol{S}_{xy} + \frac{1}{1-\lambda^2}[\lambda(\boldsymbol{Sv} + \boldsymbol{vS} - 3\boldsymbol{v}) \\
&\quad + \boldsymbol{SuS} - 2\boldsymbol{u} + \boldsymbol{Sp} + \boldsymbol{pS} - 3\boldsymbol{p} + \boldsymbol{Sv} + \boldsymbol{vS} - 3\boldsymbol{v}],
\end{aligned}
\tag{4.3.157}
$$

其中，谱参数 λ 满足 $\lambda_t = \lambda(1-\lambda^2)\lambda_y$.

因此，方程(4.3.156)的规范等价方程为费米型的(2 + 1)维四阶非线性 Schrödinger 方程：

$$
\begin{aligned}
&\mathrm{i}\psi_{1t} + \psi_{1xxxy} + \psi_1\partial_x^{-1}[\psi_2(2\bar{\psi}_1\psi_1\partial_x^{-1}\bar{\psi}_{2y} - 4\bar{\psi}_1\bar{\psi}_2\partial_x^{-1}\psi_{1y} + 2\psi_1\bar{\psi}_2\partial_x^{-1}\bar{\psi}_{1y})_x \\
&- \bar{\psi}_2(2\psi_2\bar{\psi}_1\partial_x^{-1}\psi_{1y} - 4\psi_2\psi_1\partial_x^{-1}\bar{\psi}_{1y} + 2\bar{\psi}_1\psi_1\partial_x^{-1}\psi_{2y})_x + \psi_2\bar{\psi}_1\partial_x^{-1}(4\psi_1\bar{\psi}_2\psi_2\partial_x^{-1}\bar{\psi}_{2y} \\
&- 4\psi_1\bar{\psi}_1\bar{\psi}_2\partial_x^{-1}\psi_{1y} + \psi_{1x}\bar{\psi}_{2y} - \psi_{1y}\bar{\psi}_{2x}) - \psi_1\bar{\psi}_2\partial_x^{-1}(4\psi_2\bar{\psi}_1\psi_1\partial_x^{-1}\bar{\psi}_{1y} \\
&- 4\psi_2\bar{\psi}_2\bar{\psi}_1\partial_x^{-1}\psi_{2y} + \psi_{2x}\bar{\psi}_{1y} - \psi_{2y}\bar{\psi}_{1x}) - (\psi_1\bar{\psi}_{2y}\psi_2\bar{\psi}_1 - \psi_{1y}\bar{\psi}_2\psi_2\bar{\psi}_1 \\
&+ \psi_1\bar{\psi}_2\psi_{2y}\bar{\psi}_1 - \psi_1\bar{\psi}_2\psi_2\bar{\psi}_{1y}) + (\bar{\psi}_2\psi_2)_y + \bar{\psi}_{2xxy}\psi_2 + \bar{\psi}_2\psi_{2xxy}] \\
&+ \psi_2\partial_x^{-1}[\psi_1\bar{\psi}_2\partial_x^{-1}(4\psi_1\bar{\psi}_2\psi_2\partial_x^{-1}\bar{\psi}_{1y} - 4\psi_1\bar{\psi}_2\bar{\psi}_1\partial_x^{-1}\psi_{2y} \\
&- 4\psi_1\psi_2\bar{\psi}_1\partial_x^{-1}\bar{\psi}_{2y} + 4\bar{\psi}_2\psi_2\bar{\psi}_1\partial_x^{-1}\psi_{1y} - \bar{\psi}_{2x}\psi_{2y} + \bar{\psi}_{2y}\psi_{2x} + \bar{\psi}_{1x}\psi_{1y} - \bar{\psi}_{1y}\psi_{1x}) \\
&+ (\psi_2\bar{\psi}_2 - \psi_1\bar{\psi}_1)\partial_x^{-1}(4\psi_1\bar{\psi}_2\psi_2\partial_x^{-1}\bar{\psi}_{2y} - 4\psi_1\bar{\psi}_1\bar{\psi}_2\partial_x^{-1}\psi_{1y} + \psi_{1x}\bar{\psi}_{2y} - \psi_{1y}\bar{\psi}_{2x}) \\
&+ \bar{\psi}_2(2\psi_1\bar{\psi}_2\partial_x^{-1}\psi_{2y} - 4\psi_1\psi_2\partial_x^{-1}\bar{\psi}_{2y} + 2\bar{\psi}_2\psi_2\partial_x^{-1}\psi_{1y})_x - \psi_1(2\bar{\psi}_1\psi_1\partial_x^{-1}\bar{\psi}_{2y} \\
&- 4\bar{\psi}_1\bar{\psi}_2\partial_x^{-1}\psi_{1y} + 2\psi_1\bar{\psi}_2\partial_x^{-1}\bar{\psi}_{1y})_x - 2\psi_1\bar{\psi}_{2y}\psi_2\bar{\psi}_2 - 2\psi_1\bar{\psi}_1\psi_{1y}\bar{\psi}_2 + \psi_{1xxy}\bar{\psi}_2 \\
&+ \psi_1\bar{\psi}_{2xxy} + (\psi_1\bar{\psi}_2)_y] + \psi_{1x}\partial_x^{-1}(\bar{\psi}_{2y}\psi_{2x} - \bar{\psi}_{2x}\psi_{2y} + 2\psi_1\bar{\psi}_2\psi_2\partial_x^{-1}\bar{\psi}_{1y} \\
&- 2\psi_1\bar{\psi}_2\bar{\psi}_1\partial_x^{-1}\psi_{2y} - 2\psi_1\psi_2\bar{\psi}_1\partial_x\bar{\psi}_{2y} + 2\bar{\psi}_2\psi_2\bar{\psi}_1\partial_x^{-1}\psi_{1y}) + \psi_{2x}\partial_x^{-1}(4\psi_1\bar{\psi}_2\psi_2\partial_x^{-1}\bar{\psi}_{2y} \\
&- 4\psi_1\bar{\psi}_1\bar{\psi}_2\partial_x^{-1}\psi_{1y} + \psi_{1x}\bar{\psi}_{2y} - \psi_{1y}\bar{\psi}_{2x}) + (\psi_1\bar{\psi}_{2y}\psi_{2x} - \psi_1\bar{\psi}_{2x}\psi_{2y} \\
&- 6\psi_2\psi_1\bar{\psi}_1\bar{\psi}_2\partial_x^{-1}\psi_{1y} + \psi_2\psi_{1x}\bar{\psi}_{2y} - \psi_2\psi_{1y}\bar{\psi}_{2x}) + (\psi_1\bar{\psi}_2\psi_{2y} - 2\psi_1\bar{\psi}_{2y}\psi_2
\end{aligned}
$$

$$+\psi_{1y}\bar{\psi}_2\psi_2)_x+(4\psi_1\psi_2\partial_x^{-1}\bar{\psi}_{2y}-2\psi_1\bar{\psi}_2\partial_x^{-1}\psi_{2y}-2\bar{\psi}_2\psi_2\partial_x^{-1}\psi_{1y})_{xx}+\psi_{1xy}=0, \tag{4.3.158}$$

$$\begin{aligned}
&\mathrm{i}\psi_{2t}+\psi_{2xxxy}+\psi_2\partial_x^{-1}[\psi_1(2\bar{\psi}_2\psi_2\partial_x^{-1}\bar{\psi}_{1y}-4\bar{\psi}_2\bar{\psi}_1\partial_x^{-1}\psi_{2y}+2\psi_2\bar{\psi}_1\partial_x^{-1}\bar{\psi}_{2y})_x\\
&-\bar{\psi}_1(2\psi_1\bar{\psi}_2\partial_x^{-1}\psi_{2y}-4\psi_1\psi_2\partial_x^{-1}\bar{\psi}_{2y}+2\bar{\psi}_2\psi_2\partial_x^{-1}\psi_{1y})_x+\psi_1\bar{\psi}_2\partial_x^{-1}(4\psi_2\bar{\psi}_1\psi_1\partial_x^{-1}\bar{\psi}_{1y}\\
&-4\psi_2\bar{\psi}_2\bar{\psi}_1\partial_x^{-1}\psi_{2y}+\psi_{2x}\bar{\psi}_{1y}-\psi_{2y}\bar{\psi}_{1x})-\psi_2\bar{\psi}_1\partial_x^{-1}(4\psi_1\bar{\psi}_2\psi_2\partial_x^{-1}\bar{\psi}_{2y}\\
&-4\psi_1\bar{\psi}_1\bar{\psi}_2\partial_x^{-1}\psi_{1y}+\psi_{1x}\bar{\psi}_{2y}-\psi_{1y}\bar{\psi}_{2x})-(\psi_2\bar{\psi}_{1y}\psi_1\bar{\psi}_2-\psi_{2y}\bar{\psi}_1\psi_1\bar{\psi}_2\\
&+\psi_2\bar{\psi}_1\psi_{1y}\bar{\psi}_2-\psi_2\bar{\psi}_1\psi_1\bar{\psi}_{2y})+(\bar{\psi}_1\psi_1)_y+\bar{\psi}_{1xxy}\psi_1+\bar{\psi}_1\psi_{1xxy}]\\
&+\psi_1\partial_x^{-1}[\psi_2\bar{\psi}_1\partial_x^{-1}(4\psi_2\bar{\psi}_1\psi_1\partial_x^{-1}\bar{\psi}_{2y}-4\psi_2\bar{\psi}_1\bar{\psi}_2\partial_x^{-1}\psi_{1y}-4\psi_2\psi_1\bar{\psi}_2\partial_x^{-1}\bar{\psi}_{1y}\\
&+4\bar{\psi}_1\psi_1\bar{\psi}_2\partial_x^{-1}\psi_{2y}-\bar{\psi}_{1x}\psi_{1y}+\bar{\psi}_{1y}\psi_{1x}+\bar{\psi}_{2x}\psi_{2y}-\bar{\psi}_{2y}\psi_{2x})\\
&+(\psi_1\bar{\psi}_1-\psi_2\bar{\psi}_2)\partial_x^{-1}(4\psi_2\bar{\psi}_1\psi_1\partial_x^{-1}\bar{\psi}_{1y}-4\psi_2\bar{\psi}_2\bar{\psi}_1\partial_x^{-1}\psi_{2y}+\psi_{2x}\bar{\psi}_{1y}-\psi_{2y}\bar{\psi}_{1x})\\
&+\bar{\psi}_1(2\psi_2\bar{\psi}_1\partial_x^{-1}\psi_{1y}-4\psi_2\psi_1\partial_x^{-1}\bar{\psi}_{1y}+2\bar{\psi}_1\psi_1\partial_x^{-1}\psi_{2y})_x-\psi_2(2\bar{\psi}_2\psi_2\partial_x^{-1}\bar{\psi}_{1y}\\
&-4\bar{\psi}_2\bar{\psi}_1\partial_x^{-1}\psi_{2y}+2\psi_2\bar{\psi}_1\partial_x^{-1}\bar{\psi}_{2y})_x-2\psi_2\bar{\psi}_{1y}\psi_1\bar{\psi}_1-2\psi_2\bar{\psi}_2\psi_{2y}\bar{\psi}_1+\psi_{2xxy}\bar{\psi}_1\\
&+\psi_2\bar{\psi}_{1xxy}+(\psi_2\bar{\psi}_1)_y]+\psi_{2x}\partial_x^{-1}(\bar{\psi}_{1y}\psi_{1x}-\bar{\psi}_{1x}\psi_{1y}+2\psi_2\bar{\psi}_1\psi_1\partial_x^{-1}\bar{\psi}_{2y}\\
&-2\psi_2\bar{\psi}_1\bar{\psi}_2\partial_x^{-1}\psi_{1y}-2\psi_2\psi_1\bar{\psi}_2\partial_x\bar{\psi}_{1y}+2\bar{\psi}_1\psi_1\bar{\psi}_2\partial_x^{-1}\psi_{2y})\\
&+\psi_{1x}\partial_x^{-1}(4\psi_2\bar{\psi}_1\psi_1\partial_x^{-1}\bar{\psi}_{1y}-4\psi_2\bar{\psi}_2\bar{\psi}_1\partial_x^{-1}\psi_{2y}+\psi_{2x}\bar{\psi}_{1y}-\psi_{2y}\bar{\psi}_{1x})\\
&+(\psi_2\bar{\psi}_{1y}\psi_{1x}-\psi_2\bar{\psi}_{1x}\psi_{1y}-6\psi_1\psi_2\bar{\psi}_2\bar{\psi}_1\partial_x^{-1}\psi_{2y}+\psi_1\psi_{2x}\bar{\psi}_{1y}-\psi_1\psi_{2y}\bar{\psi}_{1x})\\
&+(\psi_2\bar{\psi}_1\psi_{1y}-2\psi_2\bar{\psi}_{1y}\psi_1+\psi_{2y}\bar{\psi}_1\psi_1)_x+(4\psi_2\psi_1\partial_x^{-1}\bar{\psi}_{1y}-2\psi_2\bar{\psi}_1\partial_x^{-1}\psi_{1y}\\
&-2\bar{\psi}_1\psi_1\partial_x^{-1}\psi_{2y})_{xx}+\psi_{2xy}=0,
\end{aligned} \tag{4.3.159}$$

其中，ψ_1，ψ_2 为费米变量．

第 5 章　费米协变延拓结构理论的应用

本章将利用第 3 章中的费米协变延拓结构理论研究(1+1)维和(2+1)维的超对称非线性演化方程，并且讨论这些可积方程与超对称 Heisenberg 铁磁链模型之间的关系.

5.1　(1+1)维费米协变延拓结构理论的应用

本节我们将利用(1+1)维费米协变延拓结构理论研究超对称推广的非均匀 Hirota 方程，给出其 Lax 表示，构造相应的 Bäcklund 变换，并研究其可积性质.

推广的非均匀 Hirota 方程有如下形式：

$$\begin{aligned}&\mathrm{i}q_t+\mathrm{i}\mu_1 q+\mathrm{i}(\nu_1+\mu_1 x)q_x+(\nu_2+\mu_2 x)(q_{xx}+2|q|^2q)\\&+2\mu_2\left(q_x+q\int_{-\infty}^{x}|q|^2\mathrm{d}x'\right)+\mathrm{i}\gamma(q_{xxx}+6|q|^2q_x)=0,\end{aligned}\qquad(5.1.1)$$

其中，ν_1,μ_1,ν_2,μ_2 和 γ 是参数. 推广的非均匀 Hirota 方程规范等价于推广的 Heisenberg 铁磁链模型[25]. Porsezian 等研究了推广的非均匀 Hirota 方程的可积性质，包括 Painlelevé 性质、Lax 表示、Bäcklund 变换以及孤子解.

下面考虑超对称推广的非均匀 Hirota 方程[49,51]：

$$\begin{aligned}&\mathrm{i}\varphi_t+\mathrm{i}h_x\varphi+\mathrm{i}h\varphi_x+f[\varphi_{xx}+2(\varphi\bar{\varphi}+\psi\bar{\psi})\varphi]+2f_x\varphi_x+f_x\Big(2\varphi\int_{-\infty}^{x}\bar{\varphi}\varphi\mathrm{d}x'\\&+\psi\int_{-\infty}^{x}\bar{\psi}\varphi\mathrm{d}x'+\varphi\int_{-\infty}^{x}\psi\bar{\psi}\mathrm{d}x'\Big)=0,\\&\mathrm{i}\psi_t+\mathrm{i}h_x\psi+\mathrm{i}h\psi_x+f(\psi_{xx}+2\varphi\bar{\varphi}\psi)+2f_x\psi_x+f_x\left[\varphi\int_{-\infty}^{x}\bar{\varphi}\psi\mathrm{d}x'+\psi\int_{-\infty}^{x}\varphi\bar{\varphi}\mathrm{d}x'\right]\\&=0.\end{aligned}\qquad(5.1.2)$$

其中，φ 和 ψ 分别为复的玻色变量和费米变量，f 和 h 是 x,t 的函数. 令 ψ 为零，取函数 $h(x,t)=\nu_1+\mu_1 x$，$f(x,t)=\nu_2+\mu_2 x$，式(5.12)约化为 $\gamma=0$ 的推广的非均匀 Hirota 方程式(5.1.1).

当 $h=0, f=1$，式(5.1.2)退化为由 Makhankov 和 Pashaev 提出的超的非线性 Schrödinger 方程(4.1.15).

下面利用(1+1)维费米协变延拓结构理论研究超的非线性演化方程(5.1.2)的可积性质. 令 $\varphi_1=\varphi_x, \bar{\varphi}_1=\bar{\varphi}_x, \psi_1=\psi_x, \bar{\psi}_1=\bar{\psi}_x$ 为新的变量，在十维空间 $M=\{x, t, \varphi, \bar{\varphi}, \varphi_1, \bar{\varphi}_1, \psi, \bar{\psi}, \psi_1, \bar{\psi}_1\}$ 中定义如下 2-形式：

$$
\begin{aligned}
\alpha^1 &= \mathrm{d}t \wedge \mathrm{d}\varphi - \mathrm{d}t \wedge \mathrm{d}x\varphi_1, \\
\alpha^2 &= \mathrm{d}t \wedge \mathrm{d}\bar{\varphi} - \mathrm{d}t \wedge \mathrm{d}x\bar{\varphi}_1, \\
\alpha^3 &= \mathrm{d}\varphi \wedge \mathrm{d}x - \mathrm{i}f\mathrm{d}t \wedge \mathrm{d}\varphi_1 + \mathrm{d}t \wedge \mathrm{d}x[-2\mathrm{i}f(\varphi\bar{\varphi}+\psi\bar{\psi})\varphi + h_x\varphi + h\varphi_1 \\
&\quad - 2\mathrm{i}f_x\varphi_1 - \mathrm{i}f_xA], \\
\alpha^4 &= \mathrm{d}\bar{\varphi} \wedge \mathrm{d}x + \mathrm{i}f\mathrm{d}t \wedge \mathrm{d}\bar{\varphi}_1 + \mathrm{d}t \wedge \mathrm{d}x[2\mathrm{i}f\bar{\varphi}(\varphi\bar{\varphi}+\psi\bar{\psi}) + h_x\bar{\varphi} + h\bar{\varphi}_1 \\
&\quad + 2\mathrm{i}f_x\bar{\varphi}_1 + \mathrm{i}f_x\bar{A}], \\
\alpha^5 &= \mathrm{d}t \wedge \mathrm{d}\psi - \mathrm{d}t \wedge \mathrm{d}x\psi_1, \\
\alpha^6 &= \mathrm{d}t \wedge \mathrm{d}\bar{\psi} - \mathrm{d}t \wedge \mathrm{d}x\bar{\psi}_1, \\
\alpha^7 &= \mathrm{d}\psi \wedge \mathrm{d}x - \mathrm{i}f\mathrm{d}t \wedge \mathrm{d}\psi_1 + \mathrm{d}t \wedge \mathrm{d}x(-2\mathrm{i}f\varphi\bar{\varphi}\psi + h_x\psi + h\psi_1 \\
&\quad - 2\mathrm{i}f_x\psi_1 - \mathrm{i}f_xB), \\
\alpha^8 &= \mathrm{d}\bar{\psi} \wedge \mathrm{d}x + \mathrm{i}f\mathrm{d}t \wedge \mathrm{d}\bar{\psi}_1 + \mathrm{d}t \wedge \mathrm{d}x(2\mathrm{i}f\bar{\psi}\varphi\bar{\varphi} + h_x\bar{\psi} + h\bar{\psi}_1 \\
&\quad + 2\mathrm{i}f_x\bar{\psi}_1 + \mathrm{i}f_x\bar{B}).
\end{aligned}
\tag{5.1.3}
$$

上述 2-形式构成闭理想 $I=\{\alpha^i \mid i=1,\cdots,8\}$. 其中 $\bar{A}$ 和 $\bar{B}$ 分别为 A 和 B 的共轭，

$$
\begin{aligned}
A &= 2\varphi\int_{-\infty}^{x}\bar{\varphi}\varphi\mathrm{d}x' + \psi\int_{-\infty}^{x}\bar{\psi}\varphi\mathrm{d}x' + \varphi\int_{-\infty}^{x}\psi\bar{\psi}\mathrm{d}x', \\
B &= \varphi\int_{-\infty}^{x}\bar{\varphi}\psi\mathrm{d}x' + \psi\int_{-\infty}^{x}\varphi\bar{\varphi}\mathrm{d}x'.
\end{aligned}
\tag{5.1.4}
$$

通过增加一些奇的和偶的 1-形式延拓上述闭理想 I，

$$
\omega^j = \mathrm{d}z^j + \mathrm{d}x^\mu\Gamma_\mu^j(X,z) \quad (j=1,\cdots,p,p+1,\cdots,q). \tag{5.1.5}
$$

其中，$X=\{x^\mu, \mu=1,\cdots,10\}=\{x, t, \varphi, \bar{\varphi}, \varphi_1, \bar{\varphi}_1, \psi, \bar{\psi}, \psi_1, \bar{\psi}_1\}$，$z^k(k=1,\cdots,p)$ 和 $z^l(l=p+1,\cdots,q)$ 分别为偶的和奇的延拓变量.

将上述 2-形式 $\alpha^i(i=1,\cdots,8)$ 代入基本方程(2.3.109)，得到如下方程：

$$
\begin{aligned}
&\boldsymbol{F}_{12}^j + [2\mathrm{i}f(\varphi\bar{\varphi}+\psi\bar{\psi})\varphi - h_x\varphi - h\varphi_1 + 2\mathrm{i}f_x\varphi_1 + \mathrm{i}f_xA]\boldsymbol{F}_{13}^j \\
&- [2\mathrm{i}f\bar{\varphi}(\varphi\bar{\varphi}+\psi\bar{\psi}) + h_x\bar{\varphi} + h\bar{\varphi}_1 + 2\mathrm{i}f_x\bar{\varphi}_1 + \mathrm{i}f_x\bar{A}]\boldsymbol{F}_{14}^j + (2\mathrm{i}f\varphi\bar{\varphi}\psi \\
&- h_x\psi - h\psi_1 + 2\mathrm{i}f_x\psi_1 + \mathrm{i}f_xB)\boldsymbol{F}_{17}^j - (2\mathrm{i}f\bar{\varphi}\varphi\bar{\psi} + h_x\bar{\psi} + h\bar{\psi}_1 \\
&+ 2\mathrm{i}f_x\bar{\psi}_1 + \mathrm{i}f_x\bar{B})\boldsymbol{F}_{18}^j - \varphi_1\boldsymbol{F}_{23}^j - \bar{\varphi}_1\boldsymbol{F}_{24}^j - \psi_1\boldsymbol{F}_{27}^j - \bar{\psi}_1\boldsymbol{F}_{28}^j = 0, \\
&\mathrm{i}f\boldsymbol{F}_{13}^j - \boldsymbol{F}_{25}^j = 0, \quad \mathrm{i}f\boldsymbol{F}_{14}^j + \boldsymbol{F}_{26}^j = 0, \quad \boldsymbol{F}_{15}^j = 0, \quad \boldsymbol{F}_{16}^j = 0,
\end{aligned}
$$

$$\mathrm{i}fF_{17}^j - F_{29}^j = 0, \quad \mathrm{i}fF_{18}^j + F_{210}^j = 0, \quad F_{19}^j = 0, \quad F_{1,10}^j = 0. \tag{5.1.6}$$

利用

$$\begin{aligned} F_{\mu\nu}^a &= -\frac{\partial \Gamma_\nu^a}{\partial x_\mu} + (-1)^{\hat{\mu}\hat{\nu}}\frac{\partial \Gamma_\mu^a}{\partial x_\nu} + (-1)^{(\hat{b}+\hat{\nu})\hat{c}}\Gamma_\mu^c \Gamma_\nu^b C_{cb}^a, \\ M_{kl}^j &= (-1)^{\hat{l}\hat{a}}\lambda_k^a \frac{\partial \lambda_a^j}{\partial z^l} - (-1)^{\hat{k}\hat{a}+\hat{l}\hat{k}}\lambda_l^a \frac{\partial \lambda_a^j}{\partial z^k}. \end{aligned} \tag{5.1.7}$$

可以得到

$$\begin{aligned} &-\frac{\partial \Gamma_2^a}{\partial x} + (-1)^{\hat{1}\cdot\hat{2}}\frac{\partial \Gamma_1^a}{\partial t} + \Gamma_1^c \Gamma_2^b C_{cb}^a (-1)^{(\hat{b}+\hat{2})\cdot\hat{c}} + \{2\mathrm{i}f[(\varphi\bar{\varphi} + \psi\bar{\psi})\varphi \\ &- h_x\varphi - h\varphi_1 + 2\mathrm{i}f_x\varphi_1 + \mathrm{i}f_xA]\}\frac{\partial \Gamma_1^a}{\partial \varphi} - [2\mathrm{i}f\bar{\varphi}(\varphi\bar{\varphi} + \psi\bar{\psi}) + h_x\bar{\varphi} + h\bar{\varphi}_1 \\ &+ 2\mathrm{i}f_x\bar{\varphi}_1 + \mathrm{i}f_x\bar{A}]\frac{\partial \Gamma_1^a}{\partial \bar{\varphi}} + (2\mathrm{i}f\varphi\bar{\varphi}\psi - h_x\psi - h\psi_1 + 2\mathrm{i}f_x\psi_1 + \mathrm{i}f_xB)\frac{\partial \Gamma_1^a}{\partial \psi} \\ &- (2\mathrm{i}f\bar{\varphi}\varphi\bar{\psi} + h_x\bar{\psi} + h\bar{\psi}_1 + 2\mathrm{i}f_x\bar{\psi}_1 + \mathrm{i}f_x\bar{B})\frac{\partial \Gamma_1^a}{\partial \bar{\psi}} - \varphi_1\frac{\partial \Gamma_2^a}{\partial \varphi} - \bar{\varphi}_1\frac{\partial \Gamma_2^a}{\partial \bar{\varphi}} \\ &- \psi_1\frac{\partial \Gamma_2^a}{\partial \psi} - \bar{\psi}_1\frac{\partial \Gamma_2^a}{\partial \bar{\psi}} = 0, \end{aligned} \tag{5.1.8}$$

$$\mathrm{i}f\frac{\partial \Gamma_1^a}{\partial \varphi} - \frac{\partial \Gamma_2^a}{\partial \varphi_1} = -\mathrm{i}f\frac{\partial \Gamma_1^a}{\partial \bar{\varphi}} - \frac{\partial \Gamma_2^a}{\partial \bar{\varphi}_1} = 0, \quad \frac{\partial \Gamma_1^a}{\partial \varphi_1} = \frac{\partial \Gamma_1^a}{\partial \bar{\varphi}_1} = 0,$$

$$\mathrm{i}f\frac{\partial \Gamma_1^a}{\partial \psi} - \frac{\partial \Gamma_2^a}{\partial \psi_1} = -\mathrm{i}f\frac{\partial \Gamma_1^a}{\partial \bar{\psi}} - \frac{\partial \Gamma_2^a}{\partial \bar{\psi}_1} = 0, \quad \frac{\partial \Gamma_1^a}{\partial \psi_1} = \frac{\partial \Gamma_1^a}{\partial \bar{\psi}_1} = 0.$$

解方程(5.1.8),得到下面联络系数:

$$\Gamma_1^1 = -\frac{\mathrm{i}}{2}(\varphi + \bar{\varphi}), \quad \Gamma_1^2 = \frac{1}{2}(\bar{\varphi} - \varphi), \quad \Gamma_1^3 = \frac{\lambda}{2}, \quad \Gamma_1^4 = -\frac{\lambda}{2},$$

$$\Gamma_1^5 = -\frac{\mathrm{i}}{2}(\psi + \bar{\psi}), \quad \Gamma_1^6 = \frac{1}{2}(\bar{\psi} - \psi), \quad \Gamma_1^7 = \Gamma_1^8 = 0,$$

$$\Gamma_2^1 = -\frac{1}{2}[(\varphi + \bar{\varphi})(\lambda f - \mathrm{i}h) + (f\bar{\varphi} - f\varphi)_x],$$

$$\Gamma_2^2 = \frac{\mathrm{i}}{2}[(\varphi - \bar{\varphi})(\lambda f - \mathrm{i}h) - (f\varphi + f\bar{\varphi})_x],$$

$$\Gamma_2^3 = -\frac{1}{2}\left[\mathrm{i}\lambda^2 f + \lambda h + \mathrm{i}f_x\int_{-\infty}^x (2\varphi\bar{\varphi} + \psi\bar{\psi})\mathrm{d}x' + \mathrm{i}f(2\varphi\bar{\varphi} + \psi\bar{\psi})\right],$$

$$\Gamma_2^4 = \frac{1}{2}\left(\mathrm{i}\lambda^2 f + \lambda h + \mathrm{i}f_x\int_{-\infty}^x \psi\bar{\psi}\mathrm{d}x' + \mathrm{i}f\bar{\psi}\psi\right),$$

$$\Gamma_2^5 = \frac{1}{2}[(f\psi - f\bar{\psi})_x + (\psi + \bar{\psi})(\mathrm{i}h - \lambda f)],$$

$$\Gamma_2^6 = -\frac{\mathrm{i}}{2}[(f\psi + f\bar{\psi})_x + (\lambda f - \mathrm{i}h)(\bar{\psi} - \psi)],$$

$$\Gamma_2^7 = \frac{\mathrm{i}}{2}\left[f_x\int_{-\infty}^x (\bar{\varphi}\psi + \bar{\psi}\varphi)\mathrm{d}x' + f(\bar{\varphi}\psi + \bar{\psi}\varphi)\right],$$

$$\Gamma_2^8 = -\frac{1}{2}\left[f_x\int_{-\infty}^{x}(\bar{\psi}\varphi - \bar{\varphi}\psi)\mathrm{d}x' + f(\bar{\psi}\varphi - \bar{\varphi}\psi)\right],$$
$$\Gamma_\mu^a = 0 \quad (\mu \geqslant 3, a = 1,\cdots,8) \tag{5.1.9}$$

延拓代数为 $su(2/1)\times R(\lambda)$，λ 是复参数，其生成元的基本表示为

$$\boldsymbol{T} = \frac{\lambda}{2}\begin{pmatrix} & & 0\\ & \boldsymbol{\sigma} & 0\\ 0 & 0 & 0\end{pmatrix}, \quad \boldsymbol{T}_4 = \frac{\lambda}{2}\begin{pmatrix} & & 0\\ & \boldsymbol{I}_2 & 0\\ 0 & 0 & 2\end{pmatrix},$$
$$\boldsymbol{T}_5 = \frac{\lambda^2}{2}\begin{pmatrix} 0 & 0 & 1\\ 0 & 0 & 0\\ 1 & 0 & 0\end{pmatrix}, \quad \boldsymbol{T}_6 = \frac{\mathrm{i}\lambda^2}{2}\begin{pmatrix} 0 & 0 & -1\\ 0 & 0 & 0\\ 1 & 0 & 0\end{pmatrix}, \tag{5.1.10}$$
$$\boldsymbol{T}_7 = \frac{\lambda^2}{2}\begin{pmatrix} 0 & 0 & 0\\ 0 & 0 & 1\\ 0 & 1 & 0\end{pmatrix}, \quad \boldsymbol{T}_8 = \frac{\mathrm{i}\lambda^2}{2}\begin{pmatrix} 0 & 0 & 0\\ 0 & 0 & -1\\ 0 & 1 & 0\end{pmatrix},$$

其中，$\boldsymbol{T}=\{\boldsymbol{T}_1,\boldsymbol{T}_2,\boldsymbol{T}_3\}$，$\boldsymbol{\sigma}=\{\sigma_1,\sigma_2,\sigma_3\}$是 Pauli 矩阵，$\boldsymbol{I}_2$ 是单位阵. $\boldsymbol{T}_1,\cdots,\boldsymbol{T}_4$ 和 $\boldsymbol{T}_5,\cdots,\boldsymbol{T}_8$ 分别是玻色生成元和费米生成元.

利用式(5.1.10)，得到延拓代数的线性实现

$$T_1 = \lambda z^2\frac{\partial}{\partial z^1} + \lambda z^1\frac{\partial}{\partial z^2}, \quad T_2 = \mathrm{i}\lambda z^2\frac{\partial}{\partial z^1} - \mathrm{i}\lambda z^1\frac{\partial}{\partial z^2},$$
$$T_3 = \lambda z^1\frac{\partial}{\partial z^1} - \lambda z^2\frac{\partial}{\partial z^2}, \quad T_4 = \lambda z^1\frac{\partial}{\partial z^1} + \lambda z^2\frac{\partial}{\partial z^2} + 2\lambda\eta\frac{\partial}{\partial\eta},$$
$$T_5 = \lambda^2\eta\frac{\partial}{\partial z^1} + \lambda^2 z^1\frac{\partial}{\partial\eta}, \quad T_6 = \mathrm{i}\lambda^2\eta\frac{\partial}{\partial z^1} - \mathrm{i}\lambda^2 z^1\frac{\partial}{\partial\eta}, \tag{5.1.11}$$
$$T_7 = \lambda^2\eta\frac{\partial}{\partial z^2} + \lambda^2 z^2\frac{\partial}{\partial\eta}, \quad T_8 = \mathrm{i}\lambda^2\eta\frac{\partial}{\partial z^2} - \mathrm{i}\lambda^2 z^2\frac{\partial}{\partial\eta},$$

其中，z^1 和 z^2 是玻色延拓变量，η 是费米延拓变量. 利用线性实现式(5.1.11)，将式(5.1.5)限制到解流形上为零，得到式(5.1.2)的 Lax 表示如下：

$$\begin{pmatrix} z^1\\ z^2\\ \eta\end{pmatrix}_x = \begin{pmatrix} 0 & \mathrm{i}\varphi & \mathrm{i}\psi\\ \mathrm{i}\bar{\varphi} & \lambda & 0\\ \mathrm{i}\bar{\psi} & 0 & \lambda\end{pmatrix}\begin{pmatrix} z^1\\ z^2\\ \eta\end{pmatrix},$$
$$\begin{pmatrix} z^1\\ z^2\\ \eta\end{pmatrix}_t = \begin{pmatrix} \hat{V}_{11} & \hat{V}_{12} & \hat{V}_{13}\\ \hat{V}_{21} & \hat{V}_{22} & \hat{V}_{23}\\ \hat{V}_{31} & \hat{V}_{32} & \hat{V}_{33}\end{pmatrix}\begin{pmatrix} z^1\\ z^2\\ \eta\end{pmatrix}, \tag{5.1.12}$$

其中

$$\hat{V}_{11} = \mathrm{i}f(\varphi\bar{\varphi} + \psi\bar{\psi}) + \mathrm{i}f_x\int_{-\infty}^{x}(\varphi\bar{\varphi} + \psi\bar{\psi})\mathrm{d}x',$$
$$\hat{V}_{12} = \lambda f\varphi - (f\varphi)_x - \mathrm{i}h\varphi,$$

$$
\begin{aligned}
\hat{V}_{13} &= \lambda f\psi - (f\psi)_x - \mathrm{i}h\psi,\\
\hat{V}_{21} &= \lambda f\bar{\varphi} + (f\bar{\varphi})_x - \mathrm{i}h\bar{\varphi},\\
\hat{V}_{22} &= -\mathrm{i}\lambda^2 f - \lambda h - \mathrm{i}f\bar{\varphi}\varphi - \mathrm{i}f_x\int_{-\infty}^{x}\bar{\varphi}\varphi\mathrm{d}x',\\
\hat{V}_{23} &= -\mathrm{i}f\bar{\varphi}\psi - \mathrm{i}f_x\int_{-\infty}^{x}\bar{\varphi}\psi\mathrm{d}x',\\
\hat{V}_{31} &= \lambda f + \bar{\psi}(f\bar{\psi})_x - \mathrm{i}h\bar{\psi},\\
\hat{V}_{32} &= -\mathrm{i}f\bar{\psi}\varphi - \mathrm{i}f_x\int_{-\infty}^{x}\bar{\psi}\varphi\mathrm{d}x',\\
\hat{V}_{33} &= -\mathrm{i}\lambda^2 f - \lambda h - \mathrm{i}f\bar{\psi}\psi - \mathrm{i}f_x\int_{-\infty}^{x}\bar{\psi}\psi\mathrm{d}x'.
\end{aligned}
\tag{5.1.13}
$$

式(5.1.12)中的谱参数满足 $\lambda_t = -\mathrm{i}\lambda^2 f_x - \lambda h_x$ 且 $\lambda_x = 0$.

为了更好地研究超对称推广的 Hirota 方程的可积性质，下面考虑式(5.1.2)的 Bäcklund 变换.

令 $y = \dfrac{z^1}{z^2}$，$\xi = \dfrac{\eta}{z^2}$，得到延拓代数的非线性表示：

$$
\begin{aligned}
&T_1 = \lambda(1 - y^2)\frac{\partial}{\partial y} - \lambda y\xi\frac{\partial}{\partial\xi},\quad T_2 = \mathrm{i}\lambda(1 + y^2)\frac{\partial}{\partial y} + \mathrm{i}\lambda y\xi\frac{\partial}{\partial\xi},\\
&T_3 = 2\lambda y\frac{\partial}{\partial y} + \lambda\xi\frac{\partial}{\partial\xi},\quad T_4 = \lambda\xi\frac{\partial}{\partial\xi},\\
&T_5 = \lambda^2\xi\frac{\partial}{\partial y} + \lambda^2 y\frac{\partial}{\partial\xi},\quad T_6 = \mathrm{i}\lambda^2\xi\frac{\partial}{\partial y} - \mathrm{i}\lambda^2 y\frac{\partial}{\partial\xi},\\
&T_7 = -\lambda^2 y\xi\frac{\partial}{\partial y} + \lambda^2\frac{\partial}{\partial\xi},\quad T_8 = -\mathrm{i}\lambda^2 y\xi\frac{\partial}{\partial y} - \mathrm{i}\lambda^2\frac{\partial}{\partial\xi},
\end{aligned}
\tag{5.1.14}
$$

其中，y 和 ξ 分别为玻色变量和费米变量.

取式(5.1.5)为 $(z^1, z^2) = (y, \xi)$，将其限制到解流形上为零，可得超的 Riccati 方程：

$$
y_x = \mathrm{i}\varphi - \lambda y - \mathrm{i}\bar{\varphi}y^2 + \mathrm{i}\psi\xi,\tag{5.1.15}
$$

$$
\xi_x = \mathrm{i}\bar{\psi}y - \mathrm{i}\bar{\varphi}y\xi,\tag{5.1.16}
$$

$$
\begin{aligned}
y_t &= [\mathrm{i}h\bar{\varphi} - \lambda f\bar{\varphi} - (f\bar{\varphi})_x]y^2 + \left(\mathrm{i}f\bar{\varphi}\psi + \mathrm{i}f_x\int_{-\infty}^{x}\bar{\varphi}\psi\mathrm{d}x'\right)y\xi\\
&\quad + \left[\mathrm{i}f(2\varphi\bar{\varphi} + \psi\bar{\psi}) + \mathrm{i}f_x\int_{-\infty}^{x}(2\varphi\bar{\varphi} + \psi\bar{\psi})\mathrm{d}x' + \mathrm{i}\lambda^2 f + \lambda h\right]y\\
&\quad + [(f\psi)_x + \mathrm{i}h\psi - \lambda f\psi]\xi - (f\varphi)_x - \mathrm{i}h\varphi + \lambda f\varphi,
\end{aligned}
\tag{5.1.17}
$$

$$
\begin{aligned}
\xi_t &= [\mathrm{i}h\bar{\varphi} - (f\bar{\varphi})_x - \lambda f\bar{\varphi}]y\xi + [(f\bar{\psi})_x - \mathrm{i}h\bar{\psi} + \lambda f\bar{\psi}]y\\
&\quad + \left[\mathrm{i}f(\bar{\varphi}\varphi - \bar{\psi}\psi) + \mathrm{i}f_x\int_{-\infty}^{x}(\bar{\varphi}\varphi - \bar{\psi}\psi)\mathrm{d}x'\right]\xi - \mathrm{i}f\bar{\psi}\varphi - \mathrm{i}f_x\int_{-\infty}^{x}\bar{\psi}\varphi\mathrm{d}x'.
\end{aligned}
\tag{5.1.18}
$$

假设式(5.1.15)和式(5.1.16)在变换

$$y \to y,\quad \xi \to \xi,\quad \varphi \to \varphi',\quad \psi \to \psi',\quad \lambda \to \lambda^*, \tag{5.1.19}$$

下保持不变,则可得

$$y_x = \mathrm{i}\varphi' - \lambda^* y - \mathrm{i}\bar{\varphi}' y^2 + \mathrm{i}\psi'\xi, \tag{5.1.20}$$

$$\xi_x = \mathrm{i}\bar{\psi}' y - \mathrm{i}\bar{\varphi}' y\xi, \tag{5.1.21}$$

其中,λ^* 表示 λ 的共轭.

分别令式(5.1.15)与式(5.1.20),式(5.1.16)与式(5.1.21)作差,得到

$$\mathrm{i}(\varphi - \varphi') - \mathrm{i}(\bar{\varphi} - \bar{\varphi}')y^2 + \mathrm{i}(\psi - \psi')\xi = (\lambda - \lambda^*)y, \tag{5.1.22}$$

$$(\bar{\psi} - \bar{\psi}') - (\bar{\varphi} - \bar{\varphi}')\xi = 0. \tag{5.1.23}$$

合并式(5.1.22)、式(5.1.23)及其共轭部分,得到

$$(\varphi - \varphi') - (\varphi - \varphi')^* y^2 + (\psi - \psi')\xi = -\mathrm{i}(\lambda - \lambda^*)y, \tag{5.1.24}$$

$$(\varphi - \varphi')^* - y^{*2}(\varphi - \varphi') + \xi^*(\psi - \psi')^* = \mathrm{i}(\lambda^* - \lambda)y^*, \tag{5.1.25}$$

$$(\psi - \psi')^* = (\varphi - \varphi')^*\xi, \tag{5.1.26}$$

$$(\psi - \psi') = \xi^*(\varphi - \varphi'). \tag{5.1.27}$$

将式(5.1.26)和式(5.1.27)分别代入式(5.1.25)和式(5.1.24),得到

$$(\varphi - \varphi') - (\varphi - \varphi')^* y^2 + (\varphi - \varphi')\xi^*\xi = \mathrm{i}(\lambda^* - \lambda)y, \tag{5.1.28}$$

$$(\varphi - \varphi')^* - y^{*2}(\varphi - \varphi') + (\varphi - \varphi')^*\xi^*\xi = \mathrm{i}(\lambda^* - \lambda)y^*. \tag{5.1.29}$$

利用式(5.1.28)和式(5.1.29),得到方程(5.1.2)的 Bäcklund 变换:

$$\begin{aligned} \varphi - \varphi' &= \frac{\mathrm{i}(\lambda^* - \lambda)y}{1 - |y|^2 + \xi^*\xi}, \\ \psi - \psi' &= \frac{\mathrm{i}(\lambda^* - \lambda)\xi^* y}{1 - |y|^2 + \xi^*\xi}. \end{aligned} \tag{5.1.30}$$

由于 $\varphi = 0$ 和 $\psi = 0$ 是方程(5.1.2)的平凡解,利用 Bäcklund 变换以及 $h = \nu_1 + \mu_1 x$,$f = \nu_2 + \mu_2 x$,可以得到超对称推广的 Hirota 方程(5.1.2)的一组非平凡特解:

$$\begin{aligned} \varphi' &= \frac{\nu_1\beta(\coth x - 1)\exp\left[\mathrm{i}(\coth x - 1)\left(\dfrac{\nu_1}{2\nu_2}x - \dfrac{\nu_1^2}{4\nu_2}xt - \dfrac{\mu_1^2}{4\mu_2}t\right)\right]}{\nu_2(1 - |\beta|^2 + \theta^*\theta)}, \\ \psi' &= \frac{\nu_1\beta\theta^*(\coth x - 1)\exp\left[\mathrm{i}(\coth x - 1)\left(\dfrac{\nu_1}{2\nu_2}x - \dfrac{\nu_1^2}{4\nu_2}xt - \dfrac{\mu_1^2}{4\mu_2}t\right)\right]}{\nu_2(1 - |\beta|^2 + \theta^*\theta)}, \end{aligned} \tag{5.1.31}$$

其中,参数 ν_1,μ_1,ν_2 和 μ_2 是实数,β 是复的玻色常数,θ 是复的费米常数.

5.2 (2+1)维费米协变延拓结构理论的应用

本节将利用(2+1)维费米协变延拓结构理论，对(2+1)维超的非线性Schrödinger方程进行研究，并求出其Lax表示和Bäcklund变换，通过Bäcklund变换得到该方程的一个非平凡特解.

考虑(2+1)维超的非线性演化方程[74]：

$$\begin{aligned} &\mathrm{i}\varphi_t+\varphi_{xy}+\partial_x^{-1}(\varphi\bar{\varphi}+\psi\bar{\psi})_y\varphi+\varphi\partial_x^{-1}(\bar{\varphi}\varphi)_y+\psi\partial_x^{-1}(\bar{\psi}\varphi)_y=0,\\ &\mathrm{i}\psi_t+\psi_{xy}+\partial_x^{-1}(\varphi\bar{\varphi})_y\psi+\varphi\partial_x^{-1}(\bar{\varphi}\psi)_y=0. \end{aligned} \tag{5.2.1}$$

方程(5.2.1)规范等价于(2+1)维超对称推广的Heisenberg铁磁链模型.

引入新的变量 $\varphi_1=\varphi_y$, $\bar{\varphi}_1=\bar{\varphi}_y$, $\psi_1=\psi_y$, $\bar{\psi}_1=\bar{\psi}_y$, $p=\partial_x^{-1}(\bar{\varphi}\varphi)_y$, $q=\partial_x^{-1}(\bar{\psi}\varphi)_y$, $r=\partial_x^{-1}(\bar{\varphi}\psi)_y$ 和 $s=\partial_x^{-1}(\psi\bar{\psi})_y$，存在一个15维空间 $X=\{t,x,y,\varphi,\bar{\varphi},\psi,\bar{\psi},\varphi_1,\bar{\varphi}_1,\psi_1,\bar{\psi}_1,p,q,r,s\}$，在这个空间上定义一组3-形式：

$$\begin{aligned} &\alpha_1=\mathrm{d}t\wedge\mathrm{d}x\wedge\mathrm{d}\varphi-\varphi_1\mathrm{d}t\wedge\mathrm{d}x\wedge\mathrm{d}y,\\ &\alpha_2=\mathrm{d}t\wedge\mathrm{d}x\wedge\mathrm{d}\bar{\varphi}-\bar{\varphi}_1\mathrm{d}t\wedge\mathrm{d}x\wedge\mathrm{d}y,\\ &\alpha_3=\mathrm{d}t\wedge\mathrm{d}x\wedge\mathrm{d}\psi-\psi_1\mathrm{d}t\wedge\mathrm{d}x\wedge\mathrm{d}y,\\ &\alpha_4=\mathrm{d}t\wedge\mathrm{d}x\wedge\mathrm{d}\bar{\psi}-\bar{\psi}_1\mathrm{d}t\wedge\mathrm{d}x\wedge\mathrm{d}y,\\ &\alpha_5=\mathrm{d}t\wedge\mathrm{d}p\wedge\mathrm{d}y-p_x\mathrm{d}t\wedge\mathrm{d}x\wedge\mathrm{d}y,\\ &\alpha_6=\mathrm{d}t\wedge\mathrm{d}q\wedge\mathrm{d}y-q_x\mathrm{d}t\wedge\mathrm{d}x\wedge\mathrm{d}y,\\ &\alpha_7=\mathrm{d}t\wedge\mathrm{d}r\wedge\mathrm{d}y-r_x\mathrm{d}t\wedge\mathrm{d}x\wedge\mathrm{d}y,\\ &\alpha_8=\mathrm{d}t\wedge\mathrm{d}s\wedge\mathrm{d}y-s_x\mathrm{d}t\wedge\mathrm{d}x\wedge\mathrm{d}y,\\ &\alpha_9=\mathrm{id}\varphi\wedge\mathrm{d}x\wedge\mathrm{d}y+\mathrm{d}t\wedge\mathrm{d}\varphi_1\wedge\mathrm{d}y+[(p+s)\varphi+\varphi p+\psi q]\mathrm{d}t\wedge\mathrm{d}x\wedge\mathrm{d}y,\\ &\alpha_{10}=\mathrm{id}\bar{\varphi}\wedge\mathrm{d}x\wedge\mathrm{d}y-\mathrm{d}t\wedge\mathrm{d}\bar{\varphi}_1\wedge\mathrm{d}y-[(p+s)\bar{\varphi}+p\bar{\varphi}+r\bar{\psi}]\mathrm{d}t\wedge\mathrm{d}x\wedge\mathrm{d}y,\\ &\alpha_{11}=\mathrm{id}\psi\wedge\mathrm{d}x\wedge\mathrm{d}y+\mathrm{d}t\wedge\mathrm{d}\psi_1\wedge\mathrm{d}y+(p\psi+\varphi r)\mathrm{d}t\wedge\mathrm{d}x\wedge\mathrm{d}y,\\ &\alpha_{12}=\mathrm{id}\bar{\psi}\wedge\mathrm{d}x\wedge\mathrm{d}y-\mathrm{d}t\wedge\mathrm{d}\bar{\psi}_1\wedge\mathrm{d}y-(p\bar{\psi}+q\bar{\varphi})\mathrm{d}t\wedge\mathrm{d}x\wedge dy. \end{aligned} \tag{5.2.2}$$

式(5.2.2)构成一个闭理想 I. 若将这组3-形式限制到解流形上并要求其为零，则可以得到非线性演化方程(5.2.1).

下面将通过添加一组2-形式来延拓闭理想 I，

$$\Omega^j=\beta\wedge\omega^j=\beta\wedge[\mathrm{d}z^j+\mathrm{d}x^\mu\Gamma_\mu^j(X,z)]\quad(j=1,\cdots,q), \tag{5.2.3}$$

其中，β 是定义在 M 上的待定1-形式，令 $X=\{x^\mu,\mu=1,\cdots,15\}=\{t,x,y,\varphi,\bar{\varphi},$

$\psi,\bar{\psi},\varphi_1,\bar{\varphi}_1,\psi_1,\bar{\psi}_1,p,q,r,s\}$，$z^k(k=1,\cdots,p)$与$z^l(l=p+1,\cdots,q)$分别为偶与偶的延拓变量. 由约束条件(2.3.123)，不妨设

$$\beta = C_\mu \mathrm{d}x^\mu. \tag{5.2.4}$$

将式(5.2.2)和式(5.2.4)分别代入基本方程(2.3.121)，得到一组结构方程：

$$\begin{aligned}
&C_1F^j_{26}-C_2F^j_{16}+C_6F^j_{12}=0,\quad C_1F^j_{27}-C_2F^j_{17}+C_7F^j_{12}=0,\\
&C_1F^j_{210}-C_2F^j_{110}+C_{10}F^j_{12}=0,\quad C_1F^j_{211}-C_2F^j_{111}+C_{11}F^j_{12}=0,\\
&C_1F^j_{212}-C_2F^j_{112}+C_{12}F^j_{12}=0,\quad C_1F^j_{213}-C_2F^j_{113}+C_{13}F^j_{12}=0,\\
&C_1F^j_{214}-C_2F^j_{114}+C_{14}F^j_{12}=0,\quad C_1F^j_{215}-C_2F^j_{115}+C_{15}F^j_{12}=0,\\
&C_1F^j_{34}-C_3F^j_{14}+C_4F^j_{13}=0,\quad C_1F^j_{35}-C_3F^j_{15}+C_5F^j_{13}=0,\\
&C_1F^j_{38}-C_3F^j_{18}+C_8F^j_{13}=0,\quad C_1F^j_{39}-C_3F^j_{19}+C_9F^j_{13}=0,\\
&C_3F^j_{24}-\mathrm{i}(C_1F^j_{36}-C_3F^j_{16})-C_2F^j_{34}-C_4F^j_{23}=0,\\
&C_3F^j_{25}+\mathrm{i}(C_1F^j_{37}-C_3F^j_{17})-C_2F^j_{35}-C_5F^j_{23}=0,\\
&C_3F^j_{28}-\mathrm{i}(C_1F^j_{310}-C_3F^j_{110})-C_2F^j_{38}-C_8F^j_{23}=0,\\
&C_3F^j_{29}+\mathrm{i}(C_1F^j_{311}-C_3F^j_{111})-C_2F^j_{39}-C_9F^j_{23}=0,\\
&C_3F^j_{26}-C_2F^j_{36}-C_6F^j_{23}=0,\quad C_3F^j_{27}-C_2F^j_{37}-C_7F^j_{23}=0,\\
&C_3F^j_{210}-C_2F^j_{310}-C_{10}F^j_{23}=0,\quad C_3F^j_{211}-C_2F^j_{311}-C_{11}F^j_{23}=0,\\
&C_3F^j_{212}-C_2F^j_{312}-C_{12}F^j_{23}=0,\quad C_3F^j_{213}-C_2F^j_{313}-C_{13}F^j_{23}=0,\\
&C_3F^j_{214}-C_2F^j_{314}-C_{14}F^j_{23}=0,\quad C_3F^j_{215}-C_2F^j_{315}-C_{15}F^j_{23}=0,\\
&-C_1F^j_{23}-\varphi_1(C_1F^j_{24}-C_2F^j_{14})-\bar{\varphi}_1(C_1F^j_{25}-C_2F^j_{15})-\psi_1(C_1F^j_{28}-C_2F^j_{18})\\
&-\bar{\psi}_1(C_1F^j_{29}-C_2F^j_{19})+C_2F^j_{13}-[(p+s)\varphi+\varphi p+\psi q](C_1F^j_{36}-C_3F^j_{16})\\
&-[(p+s)\bar{\varphi}+p\bar{\varphi}+r\bar{\psi}](C_1F^j_{37}-C_3F^j_{17})-(p\psi+\varphi r)(C_1F^j_{310}-C_3F^j_{110})\\
&-(p\bar{\psi}+q\bar{\varphi})(C_1F^j_{311}-C_3F^j_{111})+C_1p_xF^j_{312}+C_1q_xF^j_{313}+C_1r_xF^j_{314}\\
&+C_1s_xF^j_{315}-C_3F^j_{12}+C_2F^j_{13}=0.
\end{aligned} \tag{5.2.5}$$

解方程(5.2.5)，得到系数 C_μ 和联络系数 Γ^a_μ 如下：

$$\begin{aligned}
&C_1=1,\quad C_2=0,\quad C_3=-\frac{1}{\lambda},\quad C_\mu=0\quad(\mu\geqslant 4),\\
&\Gamma^1_2=\frac{\mathrm{i}}{2}(\varphi+\bar{\varphi}),\quad \Gamma^2_2=\frac{1}{2}(\varphi-\bar{\varphi}),\quad \Gamma^3_2=-\Gamma^4_2=-\frac{\mathrm{i}}{2}\lambda,\\
&\Gamma^5_2=\frac{\mathrm{i}}{2}(\psi+\bar{\psi}),\quad \Gamma^6_2=\frac{1}{2}(\psi-\bar{\psi}),\quad \Gamma^7_2=\Gamma^8_2=0,\\
&\Gamma^1_3=\frac{1}{2\lambda}(\bar{\varphi}_1-\varphi_1),\quad \Gamma^2_3=\frac{\mathrm{i}}{2\lambda}(\bar{\varphi}_1+\varphi_1),\quad \Gamma^3_3=-\frac{\mathrm{i}}{2\lambda}(s+2p),\\
&\Gamma^4_3=-\frac{\mathrm{i}}{2\lambda}s,\quad \Gamma^5_3=\frac{1}{2\lambda}(\bar{\psi}_1-\psi_1),\quad \Gamma^6_3=\frac{\mathrm{i}}{2\lambda}(\bar{\psi}_1+\psi_1),
\end{aligned}$$

$$\Gamma_3^7 = \frac{\mathrm{i}}{2\lambda}(q + r), \quad \Gamma_3^8 = \frac{1}{2\lambda}(r - q), \tag{5.2.6}$$
$$\Gamma_\mu^a = 0 \quad (\mu = 1,4,5\cdots; a = 1,\cdots,8),$$

其中,谱参数 λ 是一个复常数.

取延拓代数为 $ospu(1,1/1) \times R(\lambda)$. 延拓代数生成元的交换关系由下式给出:

$$\begin{aligned}
&[T_1,T_2] = 2\mathrm{i}\lambda T_3, \quad [T_1,T_3] = -2\mathrm{i}\lambda T_2, \quad [T_1,T_4] = 0,\\
&[T_1,T_5] = \mathrm{i}\lambda T_8, \quad [T_1,T_6] = -\mathrm{i}\lambda T_7, \quad [T_1,T_7] = \mathrm{i}\lambda T_6,\\
&[T_1,T_8] = -\mathrm{i}\lambda T_5, \quad [T_2,T_3] = 2\mathrm{i}\lambda T_1, \quad [T_2,T_4] = 0,\\
&[T_2,T_5] = \mathrm{i}\lambda T_7, \quad [T_2,T_6] = \mathrm{i}\lambda T_8, \quad [T_2,T_7] = -\mathrm{i}\lambda T_5,\\
&[T_2,T_8] = -\mathrm{i}\lambda T_6, \quad [T_3,T_4] = 0, \quad [T_3,T_5] = \mathrm{i}\lambda T_6,\\
&[T_3,T_6] = -\mathrm{i}\lambda T_5, \quad [T_3,T_7] = -\mathrm{i}\lambda T_8, \quad [T_3,T_8] = \mathrm{i}\lambda T_7,\\
&[T_4,T_5] = -\mathrm{i}\lambda T_6, \quad [T_4,T_6] = \mathrm{i}\lambda T_5, \quad [T_4,T_7] = -\mathrm{i}\lambda T_8,\\
&[T_4,T_8] = \mathrm{i}\lambda T_7, \quad [T_5,T_5]_+ = \lambda^3(T_3 + T_4), \quad [T_5,T_6]_+ = 0,\\
&[T_5,T_7]_+ = \lambda^3 T_1, \quad [T_5,T_8]_+ = -\lambda^3 T_2, \quad [T_6,T_6]_+ = \lambda^3(T_3 + T_4),\\
&[T_6,T_7]_+ = \lambda^3 T_2, \quad [T_6,T_8]_+ = \lambda^3 T_1, \quad [T_7,T_7]_+ = \lambda^3(T_4 - T_3),\\
&[T_7,T_8]_+ = 0, \quad [T_8,T_8]_+ = \lambda^3(T_4 - T_3),
\end{aligned} \tag{5.2.7}$$

其中,$[\ ,\ ]_+$,表示反对易关系,$T_i\,(i=1,\cdots,4)$和 $T_i\,(i=5,\cdots,8)$分别表示玻色生成元和费米生成元.

下面列出延拓代数的线性实现:

$$\begin{aligned}
&T_1 = \lambda z^2 \frac{\partial}{\partial z^1} + \lambda z^1 \frac{\partial}{\partial z^2}, \quad T_2 = \mathrm{i}\lambda z^2 \frac{\partial}{\partial z^1} - \mathrm{i}\lambda z^1 \frac{\partial}{\partial z^2},\\
&T_3 = \lambda z^1 \frac{\partial}{\partial z^1} - \lambda z^2 \frac{\partial}{\partial z^2}, \quad T_4 = \lambda z^1 \frac{\partial}{\partial z^1} + \lambda z^2 \frac{\partial}{\partial z^2} + 2\lambda\xi \frac{\partial}{\partial \xi},\\
&T_5 = \lambda^2 \xi \frac{\partial}{\partial z^1} + \lambda^2 z^1 \frac{\partial}{\partial \xi}, \quad T_6 = \mathrm{i}\lambda^2 \xi \frac{\partial}{\partial z^1} - \mathrm{i}\lambda^2 z^1 \frac{\partial}{\partial \xi},\\
&T_7 = \lambda^2 \xi \frac{\partial}{\partial z^2} + \lambda^2 z^2 \frac{\partial}{\partial \xi}, \quad T_8 = \mathrm{i}\lambda^2 \xi \frac{\partial}{\partial z^2} - \mathrm{i}\lambda^2 z^2 \frac{\partial}{\partial \xi},
\end{aligned} \tag{5.2.8}$$

其中,z^1 和 z^2 是偶延拓变量,令 $z^3 = \xi$ 为奇的延拓变量.将式(5.2.3)限制到解流形上,得到(5.2.1)Lax 表示为

$$\begin{pmatrix} z^1 \\ z^2 \\ \xi \end{pmatrix}_x = \boldsymbol{F} \begin{pmatrix} z^1 \\ z^2 \\ \xi \end{pmatrix}, \tag{5.2.9}$$

$$\begin{pmatrix} z^1 \\ z^2 \\ \xi \end{pmatrix}_t = -\lambda \begin{pmatrix} z^1 \\ z^2 \\ \xi \end{pmatrix}_y + \boldsymbol{G} \begin{pmatrix} z^1 \\ z^2 \\ \xi \end{pmatrix}, \tag{5.2.10}$$

其中,$\boldsymbol{F}$ 和 $\boldsymbol{G}$ 由下式给出

$$F = -\mathrm{i}\begin{pmatrix} 0 & \varphi & \psi \\ \bar{\varphi} & \lambda & 0 \\ \bar{\psi} & 0 & \lambda \end{pmatrix}, \tag{5.2.11}$$

$$G = \mathrm{i}\begin{pmatrix} \partial_x^{-1}(\varphi\bar{\varphi} + \psi\bar{\psi})_y & -\mathrm{i}\varphi_y & -\mathrm{i}\psi_y \\ \mathrm{i}\bar{\varphi}_y & -\partial_x^{-1}(\bar{\varphi}\varphi)_y & -\partial_x^{-1}(\bar{\varphi}\psi)_y \\ \mathrm{i}\bar{\psi}_y & -\partial_x^{-1}(\bar{\psi}\varphi)_y & -\partial_x^{-1}(\bar{\psi}\psi)_y \end{pmatrix}, \tag{5.2.12}$$

其中,谱参数 λ 是一个复常数.

下面给出延拓代数的非线性表示:

$$\begin{aligned} &T_1 = \lambda(1 - Z^2)\frac{\partial}{\partial Z} - \lambda Z\eta\frac{\partial}{\partial \eta}, \quad T_2 = \mathrm{i}\lambda(1 + Z^2)\frac{\partial}{\partial Z} + \mathrm{i}\lambda Z\eta\frac{\partial}{\partial \eta}, \\ &T_3 = 2\lambda Z\frac{\partial}{\partial Z} + \lambda\eta\frac{\partial}{\partial \eta}, \quad T_4 = \lambda\eta\frac{\partial}{\partial \eta}, \\ &T_5 = \lambda^2\eta\frac{\partial}{\partial Z} + \lambda^2 Z\frac{\partial}{\partial \eta}, \quad T_6 = \mathrm{i}\lambda^2\eta\frac{\partial}{\partial Z} - \mathrm{i}\lambda^2 Z\frac{\partial}{\partial \eta}, \\ &T_7 = -\lambda^2 Z\eta\frac{\partial}{\partial Z} + \lambda^2\frac{\partial}{\partial \eta}, \quad T_8 = -\mathrm{i}\lambda^2 Z\frac{\partial}{\partial Z} - \mathrm{i}\lambda^2\frac{\partial}{\partial \eta}, \end{aligned} \tag{5.2.13}$$

其中,Z 和 η 分别为偶的和奇的变量.

令$(z^1, z^2) = (Z, \eta)$,将式(5.2.3)限制到解流形上为零,得到

$$Z_x = \mathrm{i}\bar{\varphi}Z^2 + \mathrm{i}\lambda Z - \mathrm{i}\varphi + \mathrm{i}\eta\psi, \tag{5.2.14}$$

$$\eta_x = \mathrm{i}\bar{\varphi}Z\eta - \mathrm{i}\bar{\psi}Z, \tag{5.2.15}$$

$$Z_t = -\lambda Z_y + \varphi_y + \bar{\varphi}_y Z^2 + \psi_y\eta + \mathrm{i}(s + 2p + r\eta)Z, \tag{5.2.16}$$

$$\eta_t = -\lambda\eta_y + \bar{\varphi}_y Z\eta - \bar{\psi}_y Z + \mathrm{i}[(s + p)\eta - q]. \tag{5.2.17}$$

容易发现,方程组(4.3.69)~(4.3.72)与方程组(5.2.14)~(5.2.17)是同一组方程,只是得到该方程组的方法不同,一种方法是利用 Lax 表示求得的方程组,另一种方法是将 2-形式限制到解流形为零.

方程(5.2.1)的 Bäcklund 变换如下:

$$\begin{aligned} \varphi - \varphi' &= \frac{(\lambda - \bar{\lambda})Z}{1 + |Z|^2 - \eta\bar{\eta}}, \\ \psi - \psi' &= \frac{(\lambda - \bar{\lambda})Z\bar{\eta}}{1 + |Z|^2 - \eta\bar{\eta}}. \end{aligned} \tag{5.2.18}$$

由于 $\varphi = 0$ 和 $\psi = 0$ 是方程(5.2.1)的平凡解,利用 Bäcklund 变换(5.2.18),得到新解如下:

$$\varphi' = \frac{(\alpha - \bar{\alpha})\beta\exp\left(\mathrm{i}\,\frac{y - \alpha}{t}x\right)}{t\left[1 + |\beta|^2\exp\left(-\mathrm{i}\,\frac{\alpha - \bar{\alpha}}{t}x\right) - \theta\bar{\theta}|\gamma|^2\right]},$$

$$\psi' = \frac{(\alpha - \bar{\alpha})\bar{\theta}\beta\gamma\exp\left(\mathrm{i}\,\frac{y-\alpha}{t}x\right)}{t\left[1 + |\beta|^2\exp\left(-\mathrm{i}\,\frac{\alpha-\bar{\alpha}}{t}x\right) - \theta\bar{\theta}|\gamma|^2\right]}, \tag{5.2.19}$$

其中,α,β 和 γ 是复玻色常数,θ 是复的费米常数.

参 考 文 献

[1] 姜寿亭，李卫. 凝聚态磁性物理[M]. 北京：科学出版社，2003.

[2] 郭柏灵，丁时进. 自旋波与铁磁链方程[M]. 杭州：浙江科学技术出版社，2000.

[3] Nakamura K, Sasada T. Solitons and wave trains in ferromagnets[J]. Physics Letters A, 1974, 48(5): 321-322.

[4] Lakshmanan M, Ruijgrok T W, Thompson C J. On the dynamics of a continuum spin system[J]. Physica A, 1976, 84(3): 577-590.

[5] Takhtajan L A. Integration of the continuous Heisenberg spin chain through the inverse scattering method[J]. Physics Letters A, 1977, 64(2): 235-237.

[6] Fogedby H C. Solitons and magnons in the classical Heisenberg chain[J]. Journal of Physics A, 1980, 13(4): 1467-1499.

[7] Mermin N D. Absence of ordering in certain classical systems[J]. Journal of Mathematical Physics, 1967, 8(5): 1061-1064.

[8] Lakshmanan M, Porsezian K, Daniel M. Effect of discreteness on the continuum limit of the Heisenberg spin chain[J]. Physics Letters A, 1988, 133(9): 483-488.

[9] Zakharov V E, Takhtadzhyan L A. Equivalence of the nonlinear Schrödinger equation and the equation of a Heisenberg ferromagnet[J]. Theoretical and Mathematical Physics, 1979, 38(1): 17-23.

[10] Wahlquist H D, Estabrook F B. Prolongation structures of nonlinear evolution equations[J]. Journal of Mathematical Physics, 1975, 16(1): 1-7.

[11] Morris H C. Prolongation structures and nonlinear evolution equations in two spatial dimensions[J]. Journal of Mathematical Physics, 1976, 17(10): 1870-1872.

[12] Lu Q K, Guo H Y, Wu K. A formulation of nonlinear gauge theory and its applications[J]. Communications in Theoretical Physics, 1983, 2(2): 1029-1038.

[13] Guo H Y, Hsiang Y Y, Wu K. Connection theory of fiber boundle and prolongation structure of nonlinear evolution equation[J]. Communications in Theoretical Physics, 1982, 1(4): 495-505.

[14] Wu K, Guo H Y, Wang S K. Prolongation structure of nonlinear systerms in higher dimensions[J]. Communications in Theoretical Physics, 1983, 2(5): 1425-1437.

[15] DeWitt B. Supermanifold[M]. New York: Cambridge University Press, 1992.

[16] Rogers A. Supermanifold: theory and applications[M]. Singapore: World Scientific Press, 2006.

[17] Berezin F, Kac G. Lie groups with commuting and anticommuting parameters[J]. Mathematics of the Ussr-sbornik, 1970, 11(3): 311-325.

[18] Kostant B. Graded manifolds, graded Lie theory and prequantization [M]. Berlin: Springer, 1977.

[19] Rogers A. Super Lie groups: global topology and local structure[J]. Journal of Mathematical Physics, 1981, 22(5): 939-945.

[20] Roelofs G H M, van den Hijligenberg N W. Prolongation structures for supersymmetric equations[J]. Journal of Physics A, 1990, 23(22): 5117-5130.

[21] Cheng J P, Wang S K, Wu K, et al. Fermionic covariant prolongation structure theory for supernonlinear evolution equation[J]. Journal of Mathematical Physics, 2010, 51(9): 093501.

[22] Lakshmanan M. Continuum spin system as an exactly solvable dynamical system[J]. Physics Letters A, 1977, 61(1): 53-54.

[23] Gardner C S, Greene J M, Kruskalm M D, et al. Method for solving the Korteweg-de Vires equation[J]. Physical Review Letter, 1967, 19(19): 1095-1097.

[24] Takhtajan L A. Integration of the continuous Heisenberg spin chain through the inverse scattering method[J]. Physics Letters A, 1977, 64 (2): 235-237.

[25] Zhao W Z, Bai Y Q, Wu K. Generalized inhomogeneous Heisenberg ferromagnet model and generalized nonlinear Schrödinger equation[J]. Physics Letters A, 2006, 352(1): 64-68.

[26] Myrzakulov R, Nugmanova G N, Syzdykova R N. Gauge equivalence between (2+1)-dimensional continuous Heisenberg ferromagnetic models and nonlinear Schrödinger-type equations[J]. Journal of Physics A,

1988, 31(47): 9535-9545.

[27] Lakshmanana M, Myrzakulovb R, Vijayalakshmi S, et al. Motion of curves and surfaces and nonlinear evolution equations in (2+1) dimensions[J]. Journal of Mathematical Physics, 1998, 39(7): 3765-3771.

[28] Ishimori Y. Multi-vortex solutions of a two-dimensional nonlinear wave equation[J]. Progress of Theoretical Physics, 1984, 72(1): 33-37.

[29] Myrzakulov R, Lakshmanan M, Vijayalakshmi S, et al. Motion of curves and surfaces and nonlinear evolution equations in (2+1) dimensions[J]. Journal of Mathematical Physics, 1998, 39 (7): 3765-3771.

[30] Daniel M, Porsezian K, Lakshmanan M. On the integrability of the inhomogeneous spherically symmetric Heisenberg ferromagnet in arbitrary dimensions[J]. Journal of Mathematical Physics, 1994, 35(12): 6498-6510.

[31] Zhai Y, Albeverio S, Zhao W Z, et al. Prolongation structure of the (2+1)-dimensional integrable Heisenberg ferromagnet model[J]. Journal of Physics A, 2006, 39(9): 2117-2126.

[32] Yan Z W, Chen M R, Wu K, et al. Integrable deformation of the (2+1)-dimensional Heisenberg ferromagnetic models[J]. Communications in Theoretical Physics, 2012, 58(4): 463-468.

[33] Lamb G L. Solitons on moving space curves[J]. Journal of Mathematical Physics, 1977, 18(8): 1654-1661.

[34] Hasimoto H. A soliton on a vortex filament [J]. Journal of Fluid Mechanics, 1972, 51(03): 477-485 .

[35] Zhao W Z, Li M L, Qi Y H, et al. Modified Heisenberg ferromagnet model and integrable equation[J]. Communications in Theoretical Physics, 2005, 44(3): 415-418.

[36] Krivonos S, Lechtenfelc O, Sutulin A. Supersymmetric many-body Euler-Calogero-Moser model[J]. Physics Letters B, 2019, 790: 191-196.

[37] Shimizu K. Aspects of massive gauge theories on three sphere in infinite mass limit[J]. Journal High Energy Physics, 2019, 01: 090.

[38] Grau A G, Kristjansen C, Volk M, et al. A quantum check of non-supersymmetric AdS/dCFT[J]. Journal High Energy Physics, 2019, 01: 007.

[39] Bargheer T, Caetano J, Fleury T, et al. Handling handles: nonplanar integrability in $N=4$ supersymmetric Yang-Mills theory [J]. Physical Review Letters, 2018, 121(23): 231602.

[40] Pozzo G, Zhang Y. Constraining resonant dark matter with combined LHC electroweakino searches[J]. Physics Letters B, 2019, 789: 582-591.

[41] Mathieu P. Supersymmetric extension of the Korteweg-de Vries equation [J]. Journal of Mathematical Physics, 1988, 29(11): 2499-2506.

[42] Liu Q P, Mañas M. Darboux transformation for the Manin-Radul supersymmetric KdV equation[J]. Physics Letters B, 1997, 394: 337-342.

[43] Manin Yu I, Radul A O. A supersymmetric extension of the Kadomtsev Peoviashvili hierarehy[J]. Communication in Mathematical Physics, 1985, 98(1): 65-77.

[44] Roelofs G H M, Kersten P H M. Supersymmetric extensions of the nonlinear Schrödinger equation: symmetries and coverings[J]. Journal of Mathematical Physics, 1992, 33(6): 2185-2206.

[45] Gürses M, Oǧuz Ö. A super AKNS scheme[J]. Physics Letters A, 1985, 108(9): 437-440.

[46] Xue L L, Liu Q P. A supersymmetric AKNS problem and its Darboux-Bäcklund transformations and discrete systems[J]. Studies in Applied Mathematics, 2015, 135(1): 35-62.

[47] Makhankov V G, Pashaev O K. Continual classical Heisenberg models define on graded su(2/1) and su(3) algebras[J]. Journal of Mathematical Physics, 1992, 33(8): 2923-2936.

[48] Guo J F, Wang S K , Wu K, et al. Integrable higher order deformations of Heisenberg supermagnetic model[J]. Journal of Mathematical Physics, 2009, 50(11): 113502.

[49] Yan Z W, Gegenhasi. On a integrable deformations of Heisenberg supermagnetic model[J]. Journal of Nonlinear Mathematical Physics, 2016, 23(3): 335-342.

[50] Yan Z W, Zhang M N, Cui J F. Higher-order inhomogeneous generalized Heisenberg supermagnetic model[J]. Chinese Physics Letters, 2018, 35(5): 050201.

[51] Yan Z W, Gao B, Chen M R, et al. On the higher order Heisenberg supermagnet model in (2+1)-dimensions[J]. Chaos, Solitons and Fractals, 2019, 118: 94-105.

[52] Jiang N N, Zhang M N, Guo J F, et al. Fifth-order generalized Heisenberg supermagnetic models[J]. Chaos, Solitons and Fractals, 2020, 133: 109644.

[53] Tian K, Liu Q P. Behaviors of $N=1$ supersymmetric Euler derivatives and Hamiltonian operators under general superconformal transformations[J]. Journal of Geometry and Physics, 2014, 83: 69-81.

[54] Chaichian M, Kulish P P. On the method of inverse scattering problem and Bäcklund transformations for supersymmetric equations[J]. Physics Letters B, 1978, 78(4): 413-416.

[55] Mathieu P. The Painlevé property for fermionic extensions of the Korteweg-de Vries equation[J]. Physics Letters A, 1988, 128(3): 169-171.

[56] Ibort A, Alonso L M, Reus E M. Explicit solutions of supersymmetric KP hierarchies: supersolitons and solitinos[J]. Journal of Mathematical Physics, 1996, 37(12): 6157-6172.

[57] Liu Q P. Darboux transformations for supersymmetric Korteweg-de Vries equations[J]. Letters in Mathematical Physics, 1995, 35(2): 115-122.

[58] McArthur I N, Yung C M. Hirota bilinear form for the super-KdV hierarchy[J]. Modern Physics Letters A, 1993, 08(18): 1739-1745.

[59] Choudhury A G, Chowdhury A R. Nonlocal conservation laws and supersymmetric Heisenberg spin chain[J]. International Journal of Theoretical Physics, 1994, 33(10): 2031-2036.

[60] Kundu A. Landau-Lifshitz and higher-order nonlinear systems gauge generated from nonlinear Schrödinger-type equations[J]. Journal of Mathematical Physics, 1984, 25(12): 3433-3438.

[61] Lakshmanan M, Ganesan S. Equivalent forms of a generalized Hirota's equation with linear inhomogeneities[J]. Journal of the Physical Society of Japan, 1983, 52(12): 4031-4033.

[62] 谷超豪,郭柏灵,李翊神,等.孤子理论与应用[M].杭州:浙江科学技术出版社,1990.

[63] 李翊神.孤子与可积系统[M].上海:上海科技教育出版社, 1990.

[64] 陈登远.孤子引论[M]. 北京:科学出版社, 2006.

[65] Saha M, Chowdhury A R. Supersymmetric integrable systems in (2+1) dimensions and their Bäcklund transformation[J]. International Journal of Theoretical Physics, 1999, 38(7): 2037-2047.

[66] Yan Z W, Chen M R, Wu K, et al. (2+1)-dimensional integrable Heisenberg supermagnet model[J]. Journal of the Physical Society of Japan, 2012, 81(9): 094006.

[67] Yan Z W. On the Heisenberg supermagnet model in (2+1)-dimensions

[J]. Zeitschrift für Naturforschung A, 2017, 72(4): 331-337.

[68] Wahlquist H D, Estabrook F B. Bäcklund transformation for solutions of the Korteweg-de Vries Equation[J]. Physical Review Letters, 1973, 31(23): 1386-1390.

[69] Hirota R. Nonlinear evolution equations generated from the Bäcklund transformation for the toda lattice[J]. Progress of Theoretical Physics, 1976, 55(6): 2037-2038.

[70] Hu X B, Zhu Z N. A Bäcklund transformation and nonlinear superposition formula for the Belov-Chaltikian lattice[J]. Journal of Physics A, 1984, 31(20): 4755-4761.

[71] Lou S Y, Hu X B. Broer-Kaup system from Darboux transformation related symmetry constrants of Kadomtsev-Petviashvili equation[J]. Communications in Theoretical Physics, 1998, 29(1): 145-148.

[72] Esmakhanova K R, Nugmanova G N, Zhao W Z, et al. Integrable inhomogeneous Lakshmanan-Myrzakulov equation[J]. arXiv:nlin/0604034v1.

[73] Myrzakulov R, Mamyrbekova G K, Nugmanova G N, et al. Integrable (2+1)-dimensional spin models with self-consistent potentials[J]. Symmetry, 2015,7(3): 1352-1375.

[74] Yan Z W, Li M L, Wu K, et al. Fermionic covariant prolongation structure theory for multidimensional supernonlinear evolution equation[J]. Journal of Mathematical Physics, 2013, 54(3): 033506.

[75] Stormark O. Lie's structural approach to PDE systems[M]. New York: Cambridge University Press, 2000.

索　　引